CBAC
Ffiseg
ar gyfer U2

Llyfr Gwaith Adolygu

Gareth Kelly

Iestyn Morris

Nigel Wood

CBAC Ffiseg ar gyfer U2 – Llyfr Gwaith Adolygu

Addasiad Cymraeg o *WJEC Physics for A2 Level – Revision Workbook* (a gyhoeddwyd yn 2022 gan Illuminate Publishing Limited). Cyhoeddwyd y llyfr Cymraeg hwn gan Illuminate Publishing Limited, argraffnod Hodder Education, an Hachette UK Company, Carmelite House, 50 Victoria Embankment, London EC4Y 0DZ.

Archebion: Ewch i www.illuminatepublishing.com neu anfonwch e-bost at sales@illuminatepublishing.com

Cyhoeddwyd dan nawdd Cynllun Adnoddau Addysgu a Dysgu CBAC

© Gareth Kelly, Iestyn Morris a Nigel Wood (Yr argraffiad Saesneg)

Mae'r awduron wedi datgan eu hawliau moesol i gael eu cydnabod yn awduron y gyfrol hon.

© CBAC 2022 (Yr argraffiad Cymraeg hwn)

Data Catalogio Cyhoeddiadau y Llyfrgell Brydeinig

Mae cofnod catalog ar gyfer y llyfr hwn ar gael gan y Llyfrgell Brydeinig.

ISBN 978-1-912820-95-5

Argraffwyd gan: Cambrian

12.22

Polisi'r cyhoeddwr yw defnyddio papurau sy'n gynhyrchion naturiol, adnewyddadwy ac ailgylchadwy o goed a dyfwyd mewn coedwigoedd cynaliadwy. Disgwylir i'r prosesau torri coed a gweithgynhyrchu gydymffurfio â rheoliadau amgylcheddol y wlad y mae'r cynnyrch yn tarddu ohoni.

Gwnaed pob ymdrech i gysylltu â deiliaid hawlfraint y deunydd a atgynhyrchwyd yn y llyfr hwn. Mae'r awduron a'r cyhoeddwyr wedi cymryd llawer o ofal i sicrhau un ai bod caniatâd ffurfiol wedi ei roi ar gyfer defnyddio'r deunydd hawlfraint a atgynhyrchwyd, neu bod deunydd hawlfraint wedi'i ddefnyddio o dan ddarpariaeth canllawiau masnachu teg yn y DU – yn benodol, ei fod wedi'i ddefnyddio'n gynnil, at ddiben beirniadaeth ac adolygu yn unig, a'i fod wedi'i gydnabod yn gywir. Os cânt eu hysbysu, bydd y cyhoeddwyr yn falch o gywiro unrhyw wallau neu hepgoriadau ar y cyfle cyntaf.

Gosodiad y llyfr Cymraeg: Neil Sutton, Cambridge Design Consultants

Dyluniad a gosodiad gwreiddiol: Nigel Harriss

Llun y clawr: © Shutterstock / Pavel L Photo and Video

Cydnabyddiaeth

Hoffai'r awduron ddiolch i Adrian Moss am ein tywys ni drwy gamau cynnar y broses gynhyrchu, ac i dîm Illuminate, sef Eve Thould, Geoff Tuttle a Nigel Harriss, am eu hamynedd a'u sylw craff. Mawr yw ein diolch hefyd i Helen Payne am ei llygaid barcud wrth sylwi ar gamgymeriadau ac anghysonderau, ac am ei hawgrymiadau deallus.

Cydnabyddiaeth ffotograffau

t. 148, Yr Athro J. Leveille / Science Photo Library

Darluniau eraill © Illuminate Publishing

Cynnwys

Cyflwyniad

CWESTIYNAU YMARFER

Uned 3: Osgiliadau a Niwclysau

Uned 4: Meysydd ac Opsiynau

PAPURAU ENGHREIFFTIOL

ATEBION

Sut i ddefnyddio'r llyfr hwn

Beth sydd yn y llyfr hwn

Mae'r cwrs Ffiseg U2, sef ail flwyddyn y cwrs Ffiseg Safon Uwch, yn cynnwys dwy uned theori ac uned ymarferol.

Uned 3: Osgiliadau a Niwclysau – wedi'u rhannu'n chwe thestun – sy'n cael eu hasesu gan gyfres o gwestiynau yn Adran A papur arholiad, ac sy'n werth 80 marc. Mae Adran B yn cynnwys darn darllen a deall ar destun ffiseg ac yna cyfres o gwestiynau yn seiliedig ar y darn darllen a deall am 20 marc. Mae'r darn darllen a deall fel arfer yn ddwy dudalen o hyd a bydd yn cynnwys rhywfaint o ffiseg newydd sy'n gysylltiedig â rhyw ran o'r cwrs. Mae Adran B yn synoptig felly bydd y cwestiynau'n ymwneud ag Unedau 1, 2 a 4 yn bennaf, yn hytrach nag Uned 3. Cyfanswm amser yr arholiad yw 2 awr 15 munud.

Uned 4: Meysydd ac Opsiynau – wedi'u rhannu'n bum testun gorfodol a phedwar opsiwn – sy'n cael eu hasesu gan arholiad 2 awr. Mae'r testunau gorfodol yn ffurfio Adran A yr arholiad ac wedi'u marcio allan o 80 marc. Mae Adran B ar gyfer yr opsiynau ac mae'n werth 20 marc – byddwch chi'n astudio un o'r opsiynau.

Uned 5: Arholiad ymarferol – yn cynnwys tasg arbrofol a thasg dadansoddi arbrofol

Mae gan y llyfr hwn gwestiynau ymarfer ar gyfer Unedau 3 a 4, sy'n cynnwys cwestiynau ar sgiliau ymarferol gan gynnwys y gwaith ymarferol penodol.

Mae gan bob testun yn Unedau 3 a 4 ei adran ei hun yn y llyfr hwn, lle byddwch chi'n gweld y canlynol:

- Map cysyniadau, sy'n dangos sut mae'r cysyniadau gwahanol o fewn y testun yn gysylltiedig â'i gilydd ac â thestunau eraill.
- Set o gwestiynau graddedig, â lle gwag ar gyfer eich atebion, gyda'r nod o brofi cynnwys y testun mewn ffordd sy'n debyg i'r arholiad.
- Adran cwestiynau ac atebion sy'n cynnwys un neu ddwy enghraifft o gwestiynau arddull arholiad, gydag atebion gan ddau fyfyriwr, Rhodri a Ffion (sy'n rhoi atebion o safon wahanol), ynghyd â marciau a sylwadau gan arholwyr.

Mae'r adran nesaf yn cynnwys dau bapur enghreifftiol – un ar gyfer pob uned. Mae'r adran olaf yn cynnwys atebion i'r holl gwestiynau graddedig a'r papurau enghreifftiol.

Sut i ddefnyddio'r llyfr hwn yn effeithiol

Gallwch chi ddefnyddio'r llyfr hwn i adolygu yn unig, ac os felly byddwch chi'n gweithio eich ffordd yn raddol drwy'r cwestiynau wrth i chi adolygu pob testun. Fel arall, gallwch chi ei ddefnyddio'n rheolaidd wrth i chi weithio eich ffordd drwy'r cwrs Ffiseg Safon Uwch, gan ddefnyddio'r cwestiynau fel gwiriad/prawf diwedd testun. Efallai y bydd eich athro am ei ddefnyddio fel llyfr gwaith cartref sy'n cynnwys 15 set o gwestiynau gwaith cartref diwedd testun, yn ogystal â'r papurau enghreifftiol.

Mae'n debyg mai'r dull gwaethaf o adolygu Ffiseg yw darllen eich nodiadau neu eich gwerslyfrau yn unig. Bydd hyn yn gwneud i chi gysgu, ac ychydig iawn o'r wybodaeth byddwch chi'n ei chofio. Beth bynnag fydd ansawdd ysgrifennu'r nodiadau/gwerslyfrau, bydd darllen nodiadau bob amser yn cael effaith gysglyd ar bobl! Un ffordd o fynd i'r afael â'r duedd hon i golli'r gallu i ganolbwyntio yw gwneud eich nodiadau eich hun wrth i chi ddarllen drwy'r nodiadau/gwerslyfr. Fodd bynnag, os byddwch chi'n ailddarllen nodiadau yn unig, byddwch chi ond yn paratoi ar gyfer cwestiynau arholiad lle byddwch chi'n ailadrodd pethau rydych chi wedi'u dysgu. Dim ond 30% o'r arholiadau sy'n gwestiynau o'r fath, sef rhai Amcan Asesu 1 (AA1). Mae angen technegau adolygu gwahanol ar gyfer y sgiliau lefel uwch sydd eu hangen ar gyfer AA2 ac AA3. Gweler tudalennau 5 i 7 am wybodaeth bellach.

Fe welwch chi'r mai'r ffordd orau o adolygu yw ateb cwestiynau arddull arholiad. Fel yn achos nifer o feysydd eraill, arfer yw mam pob meistrolaeth mewn Ffiseg a dylech chi ymarfer cynifer â phosibl o'r cwestiynau ymarfer a'r papurau enghreifftiol yn y llyfr hwn.

Mae'n anochel y byddwch chi'n dod ar draws cwestiynau sy'n ymddangos yn anodd. Os na allwch chi ateb cwestiwn, dylech chi ddarllen eich nodiadau/gwerslyfr eto, ond byddwch chi'n gwneud hynny er mwyn eich helpu chi i ganolbwyntio. Os ydych chi'n dal i fethu ateb y cwestiwn, edrychwch ar yr atebion yng nghefn y llyfr. Os nad ydych chi'n deall yr ateb, yna mae'n bryd gofyn i'ch athro neu eich cyd-fyfyrwyr am esboniad o sut a pham mae'r ateb yn gywir. Efallai y bydd eich athro hefyd yn nodi y gall atebion gwahanol ennill marciau, yn enwedig mewn cwestiynau trafod.

Felly bydd ateb y cwestiynau hyn a dadansoddi'r atebion enghreifftiol yn fwy defnyddiol wrth baratoi ar gyfer yr arholiad na dim ond darllen nodiadau neu wneud amserlenni adolygu (waeth pa mor lliwgar ydyn nhw)!

Amcanion asesu

Mae angen i chi ddangos eich gallu i ateb cwestiynau arholiad mewn ffyrdd gwahanol. Un ffordd o edrych ar gwestiwn arholiad yw ystyried a yw'n fathemategol ai peidio – ym maes Ffiseg, mae mathemateg yn y rhan fwyaf o gwestiynau. Mae rhai cwestiynau yn gofyn am arbenigedd o ran sgiliau ymarferol, hyd yn oed yn y papurau ysgrifenedig. Fodd bynnag, mae'n rhaid bodloni'r amcanion asesu hefyd. Mae tri amcan asesu.

Amcan Asesu 1 (AA1)

Cwestiynau AA1 yw rhai lle bydd angen:

dangos gwybodaeth a dealltwriaeth o syniadau, prosesau, technegau a dulliau gweithredu gwyddonol

Mae'r cwestiynau hyn yn ennill 28% o'r marciau yn y ddau bapur uned U2. Yn y Safon Uwch lawn, mae'r canran yn 30% oherwydd bod yr unedau UG yn cynnwys llai o'r amcanion asesu eraill.

Mae'r frawddeg mewn print trwm yn edrych yn fwy cymhleth nag ydyw mewn gwirionedd. Yn y bôn, dyma'r marciau y gallwch chi eu hennill heb ormod o waith meddwl. Mae'r categori hwn yn cynnwys y canlynol:

- Galw i gof ddiffiniadau, deddfau ac esboniadau o'r fanyleb
- Mewnosod data priodol mewn hafaliadau
- Deillio hafaliadau lle bo angen yn y fanyleb
- Disgrifio arbrofion o'r **gwaith ymarferol penodol**.

Yn gyffredinol, does dim angen i chi lunio barn na meddwl am bethau newydd. Mae'n bosibl dysgu diffiniad neu ddeddf heb ei ddeall yn llawn, felly mae'n syniad da defnyddio llyfryn termau a diffiniadau CBAC i'ch helpu i gofio'r rhain. Mae'r termau a'r diffiniadau sydd yn y llyfryn wedi'u hargraffu mewn **print trwm** ar y map cysyniadau sydd wedi'i gynnwys yn y llyfr hwn ar gyfer pob testun.

Enghreifftiau o gwestiynau AA1

1. Esboniwch pam mae niwclysau ysgafn yn tueddu i fynd drwy adweithiau ymasiad yn hytrach nag adweithiau ymholltiad. [4]

Ateb da (4/4): Mae egni clymu fesul niwcleon yn fesur da iawn o sefydlogrwydd niwclear. Mae gan niwclysau ysgafn egni clymu fesul niwcleon isel ac felly maen nhw'n ansefydlog. Mae'r niwclysau mwyaf sefydlog o gwmpas haearn-56 neu nicel-62. Pan fydd niwclysau ysgafnach yn mynd drwy ymasiad, byddan nhw'n cynyddu'r rhif niwcleon ac yn cynyddu eu hegni clymu fesul niwcleon. Mae hyn yn golygu bod cynhyrchion yr ymasiad yn fwy sefydlog a bod egni'n cael ei ryddhau yn y broses. Pe bai niwclews ysgafn yn mynd drwy ymholltiad, byddai'n symud i ffwrdd o sefydlogrwydd a byddai'n endothermig iawn.

Ateb gwael (1/4): Y mwyaf yw'r niwclews y mwyaf sefydlog ydyw, felly mae ymasiad niwclysau bob amser yn arwain at niwclews sy'n fwy sefydlog. Heblaw pan fydd gennych chi bethau fel wraniwm mae'n well ganddyn nhw fynd drwy ymholltiad i ryddhau egni.

Mae'r *ateb gwael* yn anghywir wrth ddweud mai y mwyaf yw'r niwclews, y mwyaf sefydlog ydyw oherwydd bod niwclysau'n mynd yn llai sefydlog ar ôl rhif niwcleon o tua 60. Mae'n ymddangos bod y myfyriwr yn deall y dylai ymasiad arwain at niwclysau mwy sefydlog a gallai ddeall y cysylltiad rhwng cynyddu sefydlogrwydd a rhyddhau egni ond dim ond un marc mae'r ymateb hwn yn ei haeddu.

2. Nodwch ystyr mudiant harmonig syml. [2]

Ateb da (2/2): Mae'n fudiant osgiliadol sy'n deillio o gyflymiad sydd mewn cyfrannedd â'r dadleoliad o bwynt sefydlog ac wedi'i gyfeirio tuag at y pwynt hwnnw.

Ateb gwael (0/2): Mae'n digwydd pan fydd y cyflymiad mewn cyfrannedd â'r pellter.

Mae'r ateb gwael yn methu'r syniad bod y pellter o bwynt sefydlog a dim yn sôn am gyfeiriad y cyflymiad o gwbl.

Amcan Asesu 2 (AA2)

Cwestiynau AA2 yw rhai lle bydd angen:

cymhwyso gwybodaeth a dealltwriaeth o syniadau, prosesau, technegau a dulliau gweithredu gwyddonol:
1. **mewn cyd-destun damcaniaethol**
2. **mewn cyd-destun ymarferol**
3. **wrth ymdrin â data ansoddol**
4. **wrth ymdrin â data meintiol.**

Y geiriau allweddol yma yw 'cymhwyso gwybodaeth'. Mae angen cymhwyso gwybodaeth mewn cyd-destunau damcaniaethol, ymarferol, ansoddol a meintiol. Mae cyd-destun damcaniaethol yn golygu rhyw gyd-destun delfrydol sydd wedi'i lunio gan yr arholwr. Mae cyd-destun ymarferol yn golygu bod y data yn debygol o fod wedi dod o arbrawf go iawn (er bod y data fel arfer yn cael eu creu gan yr arholwr). Mae cyd-destun ansoddol yn golygu heb rifau a chyfrifiadau, ac mae meintiol yn golygu'r gwrthwyneb (h.y. gyda rhifau a chyfrifiadau).

Sylwch y gall cymhwyso gwybodaeth yma hefyd gynnwys dadansoddi data, er bod 'dadansoddi' yn ymddangos yn AA3 (gweler tudalen 8). Yn gyffredinol, os bydd cwestiwn yn dweud wrthych chi pa fath o ddadansoddiad i'w wneud, sgiliau AA2 fydd y rhain. Os bydd y cwestiwn yn fwy penagored, ac mae'n rhaid i chi ddewis y dulliau dadansoddi eich hun, bydd y cwestiwn yn cael ei ddosbarthu fel AA3. AA2 yw'r math mwyaf cyffredin o gwestiwn ac mae'n ennill 44% o'r marciau ar y papurau. Sylwch fod yn rhaid i bob cyfrifiad fod yn farciau AA2 yn bennaf: rydyn ni wedi gweld bod mewnosod data mewn hafaliad yn cael ei ystyried yn AA1, ond bydd unrhyw waith trin hafaliadau, fel newid y testun, a chynhyrchu ateb terfynol yn dod o dan AA2.

Enghreifftiau o gwestiynau AA2

1. Mae gan gynhwysydd plât paralel blatiau sy'n ddalennau metel sgwâr wedi'u gwahanu gan 0.285 mm o aer. Mae gan y dalennau metel sgwâr ochrau â hyd 18.6 cm. Cyfrifwch yr egni sy'n cael ei storio gan y cynhwysydd pan fydd gp o 18.0 V ar ei draws. [4]

Ateb da (4/4): $C = \dfrac{\varepsilon_0 A}{d}$ a $Q = CV$ felly $Q = \dfrac{\varepsilon_0 A}{d} V$

Ond $U = \dfrac{1}{2} QV$ felly $U = \dfrac{1}{2} \dfrac{\varepsilon_0 A}{d} V^2 = \dfrac{1}{2} \dfrac{8.85 \times 10^{-12}\,\text{F m}^{-1} \times (0.186\,\text{m})^2}{0.285 \times 10^{-3}\,\text{m}} \times (18\,\text{V})^2 = 1.74 \times 10^{-7}\,\text{J}$

Ateb gwael (1/4): $C = \dfrac{\varepsilon_0 A}{d} = \dfrac{8.85 \times 10^{-12} \times 18.6^2}{0.285} = 10.7\,\text{nF}$

$E = \dfrac{1}{2} QV = \dfrac{1}{2} 10.7 \times 10^{-7} \times 18 = 97\,\text{nJ}$

Mae'r ateb gwael yn cynnwys llawer o gamgymeriadau. Yn gyntaf, nid yw'r trawsnewidiadau o cm a mm yn cael eu gwneud. Fodd bynnag, mae'r prif gamgymeriad yn drosedd arbennig o wael. Mae'r ymgeisydd o'r farn y gall y cynhwysiant, C, o'r hafaliad cyntaf gael ei roi i mewn fel y wefr, Q, yn yr ail hafaliad. Mae hyn yn gamgymeriad eithaf cyffredin a gall fod ganddo rywbeth i'w wneud â'r ffaith fod gan y cynhwysiant a'r wefr yr un rhagddodiaid SI (nF, nC neu debyg).

2. Mae dadleoliad, x (mewn metr) màs 56.0 g sy'n osgiliadu â MHS yn cael ei roi gan yr hafaliad:

$$x = 0.250\cos(14.7t)$$

lle t yw'r amser mewn s. Cyfrifwch y grym cydeffaith mwyaf sy'n gweithredu ar y màs. [4]

Ateb da (4/4): O edrych ar yr hafaliad, $A = 0.250$ m a $\omega = 14.7$ s^{-1}
Mae'r cyflymiad mwyaf yn cael ei roi gan $a_{\text{mwyaf}} = \omega^2 A$ ac rydyn ni'n gwybod bod $F = ma$.

Gan gyfuno'r rhain, cawn ni $= F_{\text{mwyaf}} = ma_{\text{mwyaf}} = m\omega^2 A = 0.056 \times 14.7^2 \times 0.250 = 3.03$ N

Ateb gwael (1/4): Gallaf weld bod $A = 0.250$ m a $\omega = 14.7$ ond mae'r unig hafaliad yn y llyfryn yn dweud $a = -\omega^2 x$. Pa amser ydw i'n ei ddefnyddio i gael ? Help!

Mae'r ymgeisydd yn nodi'r osgled a'r cyflymder onglaidd yn gywir ond nid yw'n sylweddoli bod yn rhaid i chi ddefnyddio'r osgled i gael y cyflymiad mwyaf.

Amcan Asesu 3 (AA3)

Cwestiynau AA3 yw rhai lle bydd angen:

dadansoddi, dehongli a gwerthuso gwybodaeth, syniadau a thystiolaeth wyddonol, gan gynnwys mewn perthynas â materion, er mwyn:
1. **llunio barn a dod i gasgliadau;**
2. **datblygu a mireinio dylunio a dulliau gweithredu ymarferol.**

Mae'r cwestiynau hyn yn ennill 28% o'r marciau yn y papurau uned U2, a 25% o'r marciau yn y Safon Uwch lawn.

Mae'r berfau dadansoddi, dehongli a gwerthuso i gyd yn berthnasol ac, yn wir, dyma beth fydd yn rhaid i chi ei wneud. Bydd y rhan fwyaf o'r marciau AA3 hyn yn canolbwyntio ar y pwynt cyntaf – *llunio barn* a *dod i gasgliadau*. Bydd y cyd-destun yn aml yn debyg i enghraifft o waith ymarferol penodol gyda data realistig. Mae'n ddigon posibl y bydd eich dadansoddiad yn cynnwys dadansoddi graffiau er mwyn dod i gasgliadau rhifiadol. Efallai y bydd yn rhaid i chi werthuso ansawdd y data a'ch casgliadau. Mewn rhai cwestiynau, bydd gosodiad yn cael ei roi i chi, a bydd yn rhaid i chi benderfynu a yw'n gywir (neu i ba raddau mae'n gywir) ai peidio. Fel arfer, mae sawl ffordd o gael ateb synhwyrol: mae'n rhaid i chi ddewis un a strwythuro eich ateb yn ofalus. Mae cwestiynau eraill yn ymwneud ag ail ran y gosodiad AA3 – datblygu a mireinio dylunio a dulliau gweithredu ymarferol. Fel arfer, mae'r cwestiynau hyn yn seiliedig ar amherffeithiadau yn y data, a sut gallech chi wella'r dull gweithredu neu'r cyfarpar er mwyn cael gwell data. I ateb y cwestiynau hyn, bydd angen i chi eu darllen yn ofalus oherwydd bydd cliw (efallai ar y dechrau) ynglŷn â beth aeth o'i le.

Mae math arall o gwestiwn yn seiliedig ar y rhan o'r gosodiad sy'n nodi '*gan gynnwys mewn perthynas â materion*'. Mae'r '**materion**' yn cynnwys, risgiau a manteision; materion moesegol; sut mae gwybodaeth newydd yn cael ei dilysu; sut mae gwyddoniaeth yn llywio'r broses o wneud penderfyniadau. Ceisiwch wneud sylwadau synhwyrol! Bydd y cynllun marcio yn caniatáu sawl ffordd o fynd i'r afael â'r cwestiynau hyn, a bydd y marciau'n eithaf cyraeddadwy – ewch ati i ateb cwestiynau fel gwleidydd: gwnewch yn siŵr bod gennych chi farn. Mae gan bob papur theori un cwestiwn materion.

Enghreifftiau o gwestiynau AA3

1. Yn ôl theori, dylai tymheredd y bloc alwminiwm gynyddu'n llinol mewn perthynas ag amser. Trafodwch ansawdd y data a gafodd Gwydion ar gyfer tymheredd y bloc alwminiwm yn erbyn amser.   [4]

Ateb da (4/4): Ar ddechrau'r arbrawf, mae ychydig o oedi cyn i dymheredd y bloc ddechrau cynyddu'n iawn. Mae hyn i'w ddisgwyl gan fod y gwresogydd ychydig cm i ffwrdd o'r thermomedr. Yna mae'r tymheredd yn codi'n llinol cydag amser gyda'r llinell syth ffit orau yn pasio drwy'r holl farrau cyfeiliornad nes cyrraedd tymheredd o 60 °C. Ar ôl y pwynt hwn, mae graddiant y llinell yn gostwng yn raddol. Mae hyn yn digwydd oherwydd bod y gyfradd colli gwres yn cynyddu wrth i dymheredd y bloc alwminiwm gynyddu. Dylai Gwydion fod wedi ynysu'r bloc alwminiwm er mwyn cael canlyniadau gwell.

Ateb gwael (1/4): Mae data Gwydion o ansawdd da ac maen nhw'n gywir oherwydd mae'n bosibl tynnu cromlin lefn drwy'r holl bwyntiau data.

Dydy'r ateb gwael ddim yn mynd i'r afael â'r ffaith nad yw canlyniadau Gwydion i gyd yn gorwedd ar linell syth.

2. Mae rhai pobl yn credu bod yr holl archwilio gofod yn wastraff amser ac arian. Trafodwch yn fyr a yw'n bosibl cyfiawnhau'r safbwynt hwn ai peidio.   [3]

Ateb da (3/3): Telesgop Gofod Hubble sy'n gyfrifol am gynhyrchu rhai o'r delweddau artistig mwyaf prydferth sydd wedi'u cynhyrchu erioed. Mae'r math hwn o gelfyddyd, ynddo'i hun, yn werth miliynau. Weithiau, rhaid gwneud ymchwil er mwyn dod o hyd i ddarganfyddiadau gwyddonol hyd yn oed os na fyddan nhw'n gwneud elw ariannol. Hefyd, oherwydd y ffordd rydyn ni'n lladd y Ddaear ar hyn o bryd, mae'n ddigon posibl y bydd arnon ni angen rhywle newydd i fyw yn y dyfodol. Ar y llaw arall, mae'n wir bod biliynau o ddoleri wedi'u gwario ar brosiectau gofod na fyddan nhw byth yn achub bywydau nac yn gwella bywydau pobl tlawd neu fywydau pobl sy'n cael eu gormesu. Fodd bynnag, yn gyffredinol, byddwn i'n dweud y byddai'r mwyafrif helaeth o bobl yn anghytuno bod archwilio gofod yn wastraff amser ac arian.

Ateb gwael (1/3): Ni fydd unrhyw elw byth yn cael ei wneud allan o archwilio'r gofod felly mae hwn yn safbwynt cwbl ddilys.

Dim ond un pwynt mae'r ateb gwael yn ei wneud a dydy e ddim yn ystyried y safbwynt amgen.

Paratoi ar gyfer yr Arholiadau

Cynlluniau marcio arholiadau

Pan fydd arholwyr yn ysgrifennu cwestiynau ar gyfer arholiadau Safon Uwch, byddan nhw hefyd yn paratoi cynlluniau marcio sy'n cynnwys manylion sut bydd y cwestiynau hyn yn cael eu marcio. Gweler tudalen 66 i gael enghraifft o gwestiwn a chynllun marcio perthnasol. Byddwch chi'n sylwi bod pob rhan o'r cwestiwn yn cael sylw, gyda manylion am y math o ateb sydd ei angen ar gyfer pob marc. Bydd y cynllun marcio hefyd yn cynnwys gwybodaeth am yr Amcanion Asesu ac unrhyw farciau sy'n cyfrif tuag at y sgiliau mathemategol ac ymarferol yn y papur – yn y cwestiwn hwn does dim sgiliau ymarferol. Fodd bynnag, mae'r cwestiwn yn eithaf trwm o ran AA3.

Gadewch i ni edrych yn fanwl ar y cynllun marcio hwn:

Mae rhan (a) yn gwestiwn un marc sy'n gofyn i chi enwi rhywbeth ac esbonio eich ateb. Sylwch ar yr ymadrodd '*neu ateb cyfatebol*' sy'n golygu y bydd yr arholwr yn chwilio am ffyrdd eraill o esbonio sy'n cynnwys ffiseg gywir. Mae'r marcwyr i gyd yn athrawon neu'n gyn-athrawon Ffiseg felly byddan nhw'n gwybod sut i ddehongli ateb sydd ychydig yn wahanol.

Mae rhan (b) yn gwestiwn AA3 nodweddiadol lle mae'n rhaid i chi ddod i gasgliad yn seiliedig ar ddata. Sylwch fod y marciau'n cael eu rhoi am y rhesymau a fyddan nhw ddim yn cael eu rhoi os nad yw'r casgliad sylfaenol yn gywir, sef ei fod yn enghraifft o ryngweithiad cryf.

Mae rhan (c) yn ddarn o waith llyfr y bydd disgwyl i chi ei wybod. Felly, mae'n AA1.

Mae rhannau (d)(i) – (iii) yn AA2 ac maen nhw'n cynnwys cymhwyso gyda chyfrifiadau. Dim ond un cwestiwn sydd yma mewn gwirionedd, ond mae wedi cael ei rannu i'ch helpu chi i ddewis eich ffordd drwy'r gwahanol syniadau.

Yn rhan (d)(iv) sylwch ar y llythrennau *dgy*. Ystyr hyn yw *dwyn gwall ymlaen*. Rydych chi eisoes wedi cyfrifo cyfanswm yr egni ac mae angen i chi ei haneru i gael y marc yma. Os rhoddodd eich cyfrifiad blaenorol yr ateb anghywir, yna gallwch chi ddal i ennill marc am ddefnyddio'r gwerth hwn. Yn gyffredinol, bydd y rheol hon yn cael ei defnyddio hyd yn oed pan nad yw'r cynllun marcio'n dweud hynny'n benodol.

Y marcio

Edrychwch nawr ar atebion Rhodri a Ffion i'r cwestiwn hwn. Mae eu hatebion wedi cael eu marcio. Sylwch fod yr arholwr wedi rhoi tic neu groes lle mae'r marc wedi'i roi neu ei atal. Fe welwch chi hefyd rai sylwadau gan yr arholwr. Os byddwch chi'n cael marc drwy *dgy*, bydd yr arholwr yn ysgrifennu hyn – edrychwch ar ateb Rhodri i (d)(iv).

Yn ateb Ffion i (b)(ii), mae'r arholwr wedi ysgrifennu 'dim digon ar gyfer dgy.' Mae hyn yn dangos bod angen rheswm mwy penodol arno.

Sylw cyffredin arall yw *mya* – edrychwch ar ateb Rhodri i ran (c). Ystyr hyn yw *mantais yr amheuaeth*. Nid yw gosodiad Rhodri ynglŷn â bod angen egni uchel wedi'i gysylltu'n benodol â gwrthyriad ond roedd yr arholwr yn credu bod digon o 'awgrym' yno.

Sylwch hefyd fod Rhodri wedi defnyddio dull cyfrifo dilys a oedd yn wahanol i'r un yn y cynllun marcio yn (d)(i). Sylwodd yr arholwr ffiseg profiadol ei fod yn ffiseg gadarn, gan roi'r marciau.

Uned 3

Chwe thestun sydd yn Adran A, a bydd tua 11 marc ar gael am bob testun. Byddai disgwyl i arholiad Uned 3 gynnwys chwe chwestiwn – un ar bob testun. Bydd gwahaniaethau helaeth rhwng papur pob blwyddyn a'r strwythur sylfaenol hwn, ond bydd yr arholwyr yn ceisio dosbarthu eu marciau'n deg rhwng y testunau: mae chwe chwestiwn yn ddisgwyliad synhwyrol. Er hyn, mae pedwar peth (heb gynnwys hap-ddosbarthiad) sy'n codi i ddymchwel y system gymesur hon.

1. Cynnwys ymarferol: Gallwch chi ddisgwyl i 20% o'r arholiad fod yn seiliedig ar ddadansoddi arbrofol. Mae hyn fel arfer yn golygu y bydd un (neu ddau o bosibl) o'r cwestiynau yn seiliedig ar un o'r chwe darn o waith ymarferol penodol ar gyfer yr uned hon. Gallai hyn fod yn ddisgrifiad o'r dull, yn ddadansoddiad o gyfeiliornadau, yn graffiau a chasgliadau – dyma'n aml y cwestiwn hiraf yn y papur.

2. Ansawdd Ymateb Estynedig (AYE): Cwestiwn 6 marc yw hwn, gyda llawer o linellau ar gyfer ysgrifennu ac efallai rhyfaint o le ar gyfer diagramau hefyd. Mae'r rhain yn tueddu i fod yn farciau AA1 ac felly'n dibynnu arnoch chi i ddysgu'r ffiseg sylfaenol sydd ei hangen i ateb y cwestiwn. Ond dim ond rhan o'r broblem yw hyn. Nid yn unig mae'n rhaid i chi roi'r wybodaeth ofynnol i lawr ar bapur, ond mae'n rhaid i chi hefyd wneud hynny mewn fformat rhesymegol, wedi'i gyflwyno'n dda, ac sy'n defnyddio sgiliau iaith da. Dim ond 1 marc ar y mwyaf yw'r gosb am sillafu, atalnodi a gramadeg gwael, ond 6 marc yw'r gosb am beidio â gwybod y ffiseg berthnasol! Math cyffredin o gwestiwn ar gyfer y cwestiwn AYE 6 marc hwn yw disgrifiad o waith ymarferol penodol.

3. Cynnwys synoptig: Er bod arholiad Uned 3 fel arfer ychydig ddyddiau cyn arholiad Uned 4, mae angen i chi wneud yn siŵr eich bod chi wedi adolygu Uned 4 yn drylwyr oherwydd y cynnwys synoptig hwn. Dylech chi hefyd fod yn gyfarwydd â'r Unedau UG 1 a 2. Gall unrhyw un o destunau Uned 1, 2 neu 4 gael ei gyfuno â thestun Uned 3 i wneud cwestiwn anoddach, e.e. gallai cwestiwn am egni niwclear neu ymbelydredd gynnwys syniadau o'r ffiseg gronynnau yn Uned 1.

4. Materion: Bydd cwestiwn bob amser am 'faterion', a bydd hwn yn werth 2 neu 3 marc AA3. Fyddwch chi ddim yn gallu adolygu ar gyfer y cwestiynau hyn, ond dylech chi ymarfer y cwestiynau sydd wedi codi yn y gorffennol. Byddwch yn hyderus, a cheisiwch nodi rhai pwyntiau synhwyrol sy'n arwain at gasgliad synhwyrol.

Uned 4

Mae Adran A y papur hwn yn cynnwys pum testun sy'n arwain at gymedr o 16 marc am bob testun, felly mae'n deg disgwyl y bydd pum cwestiwn. Sylwch y gallai dau destun weithiau gael eu cyfuno yn un cwestiwn hirach, neu gallai un testun gael ei rannu yn ddau gwestiwn llai. Mae popeth am y cynnwys ymarferol, AYE, cynnwys synoptig a materion yr un mor berthnasol i Uned 4, ond mae un peth i'w ychwanegu am y cynnwys ymarferol.

Cynnwys ymarferol yn Uned 4: Bydd arholwyr yn gwneud pob ymdrech i wneud yn siŵr bod y sgiliau ymarferol sy'n cael eu hasesu yn Uned 4 yn wahanol i'r rhai sy'n cael eu hasesu yn Uned 3, e.e. fel arfer, fydd y ddwy uned ddim yn gofyn i chi am graffiau log-log. Mae'r un peth yn wir am y sgiliau ymarferol eraill, fel mesur graddiannau a disgrifio llinellau ffit orau. Felly, ar ôl Uned 3 byddwch chi'n gwybod beth i edrych amdano yn Uned 4, ond cofiwch fod y sgiliau hyn hefyd yn cael eu profi yn yr Arholiad Ymarferol.

Mae gan Adran B un cwestiwn hir, gwerth 20 marc, ar bob un o'r testunau dewisol. Dylech chi ateb y cwestiwn ar un testun yn unig.

Geiriau ac ymadroddion gorchymyn pwysig

Dyma'r geiriau neu'r ymadroddion sy'n rhoi gwybod i chi pa fath o ateb sydd i'w ddisgwyl – mae cryn dipyn ohonyn nhw:

Nodwch (*state*): Mae disgwyl i chi roi gosodiad, heb esboniad.

> Enghraifft: Nodwch ystyr A a Z yn y symbol ^A_ZX ar gyfer niwclid.

> Ateb: Z yw'r rhif atomig (neu'r rhif proton, neu nifer y protonau yn y niwclews); A yw'r rhif màs (neu'r rhif niwcleon neu gyfanswm nifer y protonau a niwtronau yn y niwclews).

Diffiniwch: Mae angen i chi roi gosodiad sy'n agos at (neu'n cyfateb i) beth sy'n ymddangos yn llyfryn Termau a Diffiniadau CBAC.

> Enghraifft: Diffiniwch egni clymu niwclews.

> Ateb: Dyma'r egni sydd angen ei gyflenwi er mwyn daduno (gwahanu) niwclews i'w niwcleonau cyfansoddol.

Esboniwch beth yw ystyr: Gall hyn olygu un neu ddau o bethau.

> 1. Weithiau mae'n golygu'r un peth â 'diffiniwch'.
>   Enghraifft: Esboniwch beth yw ystyr y term egni clymu niwclews.
>   Ateb: [Yn union yr un peth â'r uchod.]
> 2. Weithiau mae'n ddiffiniad gyda rhif wedi'i gynnwys.
>   Enghraifft: Esboniwch beth yw ystyr y gosodiad, 'Mae actifedd ffynhonnell ymbelydrol β^- yn 1.6 MBq'.
>   Ateb: Mae'r ffynhonnell yn allyrru 1.6×10^6 o ronynnau β^- (neu electronau) bob eiliad.

Esboniwch y gwahaniaeth (rhwng dau beth): Mae'n gofyn i chi roi dau ddiffiniad mewn gwirionedd, oherwydd drwy roi diffiniad o'r ddau beth byddwch chi wedi esbonio'r gwahaniaeth rhyngddyn nhw yn awtomatig.

> Enghraifft: Esboniwch y gwahaniaeth rhwng y fflwcs magnetig a'r cysylltedd fflwcs drwy goil.

> Ateb: Fflwcs magnetig maes, B, ar ongl θ i goil ag arwynebedd A yw $\Phi = AB\cos\theta$. Y cysylltedd fflwcs yw'r fflwcs wedi'i luosi â nifer y troadau yn y coil.

Disgrifiwch: Mae angen rhoi disgrifiad cryno, ond does dim angen esboniad.

> Enghraifft: Disgrifiwch sut mae'r egni clymu fesul niwcleon yn dibynnu ar rif màs, A, niwclysau.

> Ateb: Wrth i'r rhif niwcleon gynyddu (o 1) mae'r egni clymu fesul niwcleon yn cynyddu (gyda sbigyn (*spike*) ar ^{4}He) nes cyrraedd uchafbwynt ar tua ^{56}Fe ac yna'n gostwng yn raddol.

Esboniwch ... (rhyw osodiad): Weithiau mae hyn yn gofyn am ddadl resymegol.

> Enghraifft: Esboniwch yn gryno pam mae ymholltiad ^{235}U yn rhyddhau egni.

> Ateb: Mae'r egni clymu fesul niwcleon ^{235}U yn fwy nag egni clymu fesul niwcleon cynhyrchion yr ymholltiad.

Awgrymwch ... (neu awgrymwch reswm ...): Er nad yw'n air gorchymyn cyffredin, gall gynhyrchu rhai cwestiynau sy'n anodd eu hateb. Bydd y rhain yn aml yn farciau AA3, sy'n ymddangos ar ddiwedd cwestiwn sy'n gofyn am sgiliau gwerthuso.

> Enghraifft: Mae'r gyfradd cyfrif sy'n cael ei mesur ar 10 cm o'r ffynhonnell ymbelydrol yn llawer llai na'r hyn sydd i ddisgwyl o'r actifedd sydd wedi'i gyfrifo. Awgrymwch reswm pam.

> Atebion posibl: Gallai'r ffynhonnell ymbelydrol fod yn allyrru gronynnau α sydd â chyrhaeddiad o lai na 10 cm (mewn aer) / mae'r allyriadau o ganol y ffynhonnell yn cael eu hamsugno cyn y gallan nhw ddod allan.

Cyfrifwch neu **Darganfyddwch**: Y nod yw cael yr ateb cywir (ynghyd â'r uned gywir, os yw'n ofynnol yn ôl y cynllun marcio). Gyda'r gair gorchymyn hwn, bydd yr ateb cywir yn cael marciau llawn heb y gwaith cyfrifo. Er hyn, mae'n syniad da iawn i chi ddangos eich gwaith cyfrifo gan fod marciau ar gael am hyn, hyd yn oed os yw'r ateb yn anghywir.

Enghraifft: Cyfrifwch y maes magnetig 1.2 cm o wifren hir syth o ganlyniad i gerrynt o 6.0 A yn y wifren.

Ateb: $B = \dfrac{\mu_0 I}{2\pi r} = \dfrac{4\pi \times 10^{-7}\ \text{H m}^{-1} \times 6.0\ \text{A}}{2\pi \times 1.2 \times 10^{-2}\ \text{m}} = 1.0 \times 10^{-4}\ \text{T}$

[Sylwch nad oes rhaid i chi roi unedau yn y cyfrifiad – ond bydd angen i chi eu rhoi yn eich ateb!]

Cymharwch: Dydy hwn ddim yn air gorchymyn cyffredin ond dylech chi wneud yn union beth mae'n dweud wrthych chi am ei wneud – cymharu'r pethau mae'r cwestiwn yn eu dweud wrthych chi am eu cymharu.

Enghraifft: Mae cysonyn dadfeiliad niwclid 1 ddeg gwaith cysonyn dadfeilio niwclid 2. Cymharwch (a) y ddau hanner oes a (b) actifedd samplau'r ddau niwclid gyda'r un nifer o atomau.

Ateb: (a) Hanner oes 2 = 10 × hanner oes 1. (b) Actifedd 1 = 10 × actifedd 2.

Gwerthuswch: Bydd gofyn i chi lunio barn, e.e. a yw gosodiad yn gywir neu'n anghywir, neu i benderfynu a yw data'n dda neu a yw gwerth terfynol yn fanwl gywir.

Cyfiawnhewch: Bydd y gair hwn weithiau'n cael ei ddefnyddio mewn ffordd debyg i'r gair 'darganfyddwch' pan fydd marciau AA3 yn cael eu hasesu, e.e. cyfiawnhewch osodiad Blodeuwedd bod y darlleniad 2.00 V yn anomalaidd (afreolaidd).

Trafodwch: Gall hwn fod yn air gorchymyn yn y cwestiwn 'materion' yn aml. Yn gyffredinol, byddwch chi'n weddol agos ati os byddwch chi'n gwneud ychydig o bwyntiau o blaid mater y drafodaeth, ychydig o bwyntiau yn ei erbyn, ac yna'n dod i ryw fath o gasgliad synhwyrol.

Camgymeriadau cyffredin

1. **Peidio â thrawsnewid y rhifau sy'n cael eu rhoi yn gywir:** Fel arfer, mae pellteroedd planedol mewn km ond mae radiysau gwifrau mewn mm. Gall gwrthyddion fod mewn Ω, kΩ, MΩ. Mae'n rhaid trawsnewid y gwerthoedd hyn i'r pwerau o 10 cywir. Mae trawsnewidiadau cyffredin eraill i'w cael, fel newid diamedr i radiws wrth ddefnyddio fformiwlâu arwynebedd neu gyfaint. Gall y rhain i gyd arwain at gamgymeriadau syml nad ydyn nhw'n dangos dealltwriaeth wael o'r ffiseg. Fydd camgymeriadau o'r fath ddim yn cael cosb o fwy nag un marc fel arfer. Er hynny, mae'n debyg mai dyma'r camgymeriadau mwyaf cyffredin gan fyfyrwyr Ffiseg.

2. **Peidio â darllen y cwestiwn yn ddigon gofalus**: Mae hyn fel arfer yn arwain at beidio ag ateb y cwestiwn sy'n cael ei ofyn – naill ai drwy ateb cwestiwn gwahanol yn gyfan gwbl neu drwy fethu rhan o'r cwestiwn. Y rhannau mwyaf cyffredin o gwestiynau sy'n cael eu hepgor yw'r rhai nad oes ganddyn nhw linellau toredig i chi eu hateb arnyn nhw, e.e. ychwanegu at ddiagramau. Rhowch sylw arbennig i'r rhannau byr hyn o gwestiynau. Cwestiynau cyffredin eraill sy'n cael eu methu yw rhai sydd ag amod **a/ac** yn y cwestiwn ei hun, e.e. cyfrifwch y maint **ac** y cyfeiriad. Bydd myfyriwr wedi anghofio un rhan o'r cwestiwn neu'r llall yn yr ateb.

3. **Peidio â deall hafaliadau'n iawn**: Mae hyn yn aml yn golygu amnewid gwerthoedd anghywir mewn hafaliadau – pechod anfaddeuol! Mewn hafaliadau cinematig, er enghraifft, mae u a v yn aml yn cael eu cymysgu. Ddylech chi ddim gorfod defnyddio'r llyfryn data mewn gwirionedd; dylech chi wybod yr hafaliadau, gan wirio o bryd i'w gilydd i wneud yn siŵr eich bod chi'n eu cofio'n gywir. Sut mae gwneud yn siŵr nad ydych chi'n camddeall hafaliad? Ymarfer, ymarfer, ymarfer!

4. **Peidio â gwybod y termau a'r diffiniadau sylfaenol** (achos rhyfeddol o gyffredin o golli marciau): Mae gan CBAC lyfryn yn llawn o'r rhain – dylech chi wybod popeth sydd yn y llyfryn hwn.

5. **Anghofio sgwario gwerth yn yr hafaliad**: Mae hyn yn digwydd amlaf gyda'r hafaliad egni cinetig – bydd yr hafaliad $E = \frac{1}{2} mv^2$ wedi'i ysgrifennu'n gywir ond yna bydd yr ymgeisydd yn anghofio sgwario'r cyflymder ar y cyfrifiannell. Neu i'r gwrthwyneb, yn anghofio cyfrifo ail isradd yr ateb wrth ddefnyddio'r un hafaliad i gyfrifo'r cyflymder!

6. **Peidio â chynllunio'r strwythur cyn ateb cwestiwn AYE** (ac esboniadau estynedig): Mae gormod o ymatebion AYE yn ddryslyd ac yn ddistrwythur. Mae'n hawdd gwella hyn drwy dreulio eiliad neu ddwy yn cynllunio ac yn strwythuro eich ateb. Mae defnyddio brawddegau byr yn tueddu i helpu hefyd.

7. **Peidio â chydweddu'r gwerthoedd cyfatebol cywir mewn cyfrifiad**: Yr enghraifft fwyaf cyffredin o'r camgymeriad hwn yw yn achos cylchedau trydanol: cerrynt, gp a gwrthiant, e.e. bydd gp a cherrynt yn cael eu cyfuno i gael gwrthiant ($R = V / I$) ond dydy'r cerrynt a'r gp ddim yn cydweddu – mae'r gp ar gyfer un gwrthydd a'r cerrynt ar gyfer un arall.

Uned 3: Osgiliadau a Niwclysau

Adran 1: Mudiant cylchol

Crynodeb o'r testun

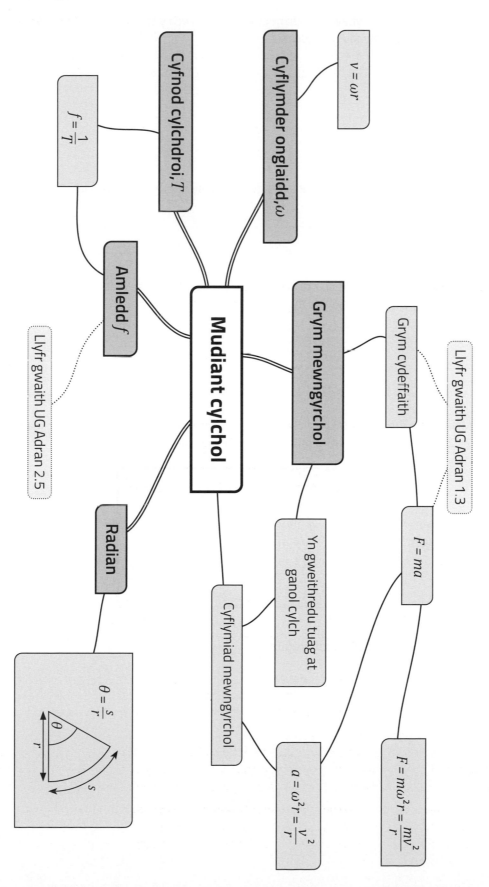

Mudiant cylchol

Cyflymder onglaidd, ω

$v = \omega r$

Cyfnod cylchdroi, T

$f = \dfrac{1}{T}$

Amledd f

Llyfr gwaith UG Adran 2.5

Radian

$\theta = \dfrac{s}{r}$

Grym mewngyrchol

Grym cydeffaith

Llyfr gwaith UG Adran 1.3

$F = ma$

Yn gweithredu tuag at ganol cylch

Cyflymiad mewngyrchol

$a = \omega^2 r = \dfrac{v^2}{r}$

$F = m\omega^2 r = \dfrac{mv^2}{r}$

C1 Mae gan ongl, θ, faint o 1.2 radian. Esboniwch ystyr y gosodiad hwn, gyda chymorth diagram, ac esboniwch sut gallwn ni fynegi ongl mewn radianau mewn graddau (°). [2]

C2 Mae gwrthrych yn cyflawni mudiant cylchol. Diffiniwch y termau *cyfnod cylchdroi* ac *amledd* ac esboniwch y berthynas rhyngddynt. [3]

C3 (a) Diffiniwch *cyflymder onglaidd* ar gyfer gwrthrych sy'n symud mewn cylch. [1]

(b) Mae cyfradd cylchdroi fwyaf peiriant golchi yn cael ei hysbysebu fel 1400 o gylchdroadau y funud. Cyfrifwch gyflymder onglaidd mwyaf y peiriant golchi. [2]

C4 Mae gwrthrych â màs 65 kg yn teithio mewn cylch sydd â radiws 4.5 m ac ar fuanedd cyson, v, o 23.2 m s⁻¹ ar iâ. Mae rhaff ysgafn yn cysylltu'r gwrthrych â chanol y cylch.

Cyfrifwch y tyniant yn y rhaff ysgafn. [2]

Mae'r rhaff yn cael ei thynnu tuag at y canol i'w gwneud yn fyrrach. Esboniwch pam mae hyn yn gwneud i'r gwrthrych symud yn gyflymach. [2]

....

....

....

....

C5 Mae car yn teithio ar fuanedd cyson ar hyd ffordd wastad ac o amgylch cromlin sydd â radiws crymedd o 24.0 m.

(a) Nodwch gyfeiriad cyflymiad y car a'r grym cydeffaith ar y car. Nodwch beth sy'n darparu'r grym hwn. [3]

....

....

....

(b) Pan fydd maint y grym mewngyrchol yn fwy na phwysau'r car, bydd y car yn sgidio ac yn colli rheolaeth. Cyfrifwch y buanedd uchaf y gall y car deithio o amgylch y gromlin yn ddiogel. [3]

....

....

....

....

(c) Mae Joe yn honni, pan fydd radiws crymedd y tro yn cynyddu, gall y car deithio'n gyflymach o amgylch y gromlin ond bod yn rhaid i'r cyflymder onglaidd mwyaf leihau. Penderfynwch a yw honiadau Joe yn gywir ai peidio. [4]

....

....

....

....

....

....

C6 (a) Defnyddiwch y data am y blaned Sadwrn i ateb y cwestiynau canlynol:

Planed	Radiws orbit (km)	Màs (kg)	Cyfnod orbit (blwyddyn)	Radiws y blaned (km)	Hyd y diwrnod (awr)
Sadwrn	1.43×10^9	5.68×10^{26}	29.5	60 000	10.7

(i) Cyfrifwch gyflymder onglaidd Sadwrn o gwmpas yr Haul. [2]

(ii) Cyfrifwch gyflymder onglaidd Sadwrn o gwmpas ei hechelin Gogledd–De. [2]

(b) (i) Cyfrifwch fuanedd orbitol Sadwrn (o gwmpas yr Haul). [2]

(ii) Cyfrifwch fuanedd cylchdroi pwynt ar gyhydedd Sadwrn. [2]

(c) (i) Cyfrifwch y cyflymiad mewngyrchol a'r grym sy'n gweithredu ar y blaned Sadwrn a nodwch beth sy'n darparu'r grym hwn. [4]

(ii) Y cyflymiad oherwydd disgyrchiant, g, ar arwyneb Sadwrn yw 10.4 m s^{-2}. Byddai arbrawf i fesur g ar y cyhydedd yn cael gwerth llai oherwydd sbin y blaned. Cyfrifwch y gostyngiad canrannol yng ngwerth mesuredig g ar gyhydedd Sadwrn. [4]

C7 Mae bob pendil syml yn teithio mewn cylch llorweddol, ar fuanedd cyson, fel sydd i'w weld:

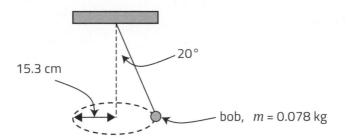

(a) Nodwch beth sy'n darparu'r grym mewngyrchol. [1]

....

....

....

(b) Drwy ystyried y tyniant yn y llinyn, darganfyddwch fuanedd y bob. [5]

....

....

....

....

....

....

....

....

....

C8 (a) Dangoswch fod buanedd orbitol, v, gwrthrych mewn orbit crwn â radiws , r, o amgylch gwrthrych â màs llawer yn fwy, M, yn cael ei roi gan $v^2 = \dfrac{GM}{r}$. [2]

....

....

....

(b) Mae gan lwch ar ymyl gweladwy galaeth fuanedd orbitol o 4700 km s⁻¹. Pan fydd y pellter o ganol yr alaeth yn cael ei ddyblu, mae gan lwch fuanedd mesuredig o 3400 km s⁻¹. Gwerthuswch a yw'r data hyn yn gwrthbrofi bodolaeth mater tywyll ai peidio. [3]

....

....

....

....

....

....

Dadansoddi cwestiynau ac atebion enghreifftiol

C&A 1

(a) Esboniwch y gwahaniaeth rhwng cyflymder a chyflymder onglaidd ar gyfer gwrthrych sy'n symud mewn cylch ar fuanedd cyson a nodwch y berthynas rhwng meintiau'r cyflymder a'r cyflymder onglaidd. [3]

(b) Mae'r blaned Wolf 1061c yn symud mewn cylch â radiws 12.6×10^6 km o gwmpas y seren Wolf 1061 a'i chyfnod orbitol yw 17.9 diwrnod. Cyfrifwch:

    (i) cyflymder onglaidd y blaned o gwmpas y seren [2]

    (ii) buanedd orbitol y blaned [2]

    (iii) cyflymiad mewngyrchol y blaned [2]

    (iv) y grym disgyrchiant sy'n cael ei roi gan y seren Wolf 1061 ar y blaned Wolf 1061c o ystyried mai màs y blaned Wolf 1061c yw 2.6×10^{25} kg. [2]

(c) Cyfrifwch fàs y seren Wolf 1061. [2]

(ch) Mae'r seren Wolf 1061 yn gorrach coch gyda thymheredd arwyneb isel ac mae gan y blaned Wolf 1061c werth arwyneb o g sy'n 60% yn fwy na'r Ddaear. Mae Jemima, llefarydd NASA, yn honni y byddai unrhyw anifeiliad sy'n byw ar Wolf 1061c yn gryf yn gorfforol ond na fydden nhw'n gallu goddef golau UV. Trafodwch i ba raddau gallai Jemima fod yn gywir. [3]

Beth sy'n cael ei ofyn?

Cwestiwn diffinio yw rhan (a) mewn gwirionedd. Os oes angen y gwahaniaeth rhwng dau derm, fe welwch chi y bydd diffiniad o bob term yn ddigonol. Er bod rhan (b) yn edrych yn newydd ac yn rhyfedd ar yr olwg gyntaf, mae'n gymhwysiad syml iawn o hafaliadau mudiant cylchol. Mae rhan (c) yn synoptig oherwydd bod angen meysydd disgyrchiant, sydd yn Uned 4, ond rhaid i chi gofio bod gan bob papur U2 rywfaint o gynnwys synoptig. Nid yw'n ymddangos bod y rhan olaf yn Uned 3 ychwaith ac mae'n debyg mai ymgais yr arholwr hwn yw ar gwestiwn 'materion' (mae'n debyg ei fod yn ceisio cyrraedd 'Ystyriwch gymwysiadau a goblygiadau gwyddoniaeth a gwerthuswch eu manteision a'u risgiau cysylltiedig.').

Cynllun marcio

Rhan o'r cwestiwn		Disgrifiad	AA			Cyfanswm	Sgiliau	
			1	2	3		M	Y
(a)		Cyflymder, v, yw'r gyfradd newid dadleoliad [1] Cyflymder onglaidd, ω, yw'r ongl, $\Delta\theta$ (mewn radianau),sy'n cael ei sgubo wedi'i rhannu â'r amser, Δt [1] Perthynas $v = r\omega$, lle r yw radiws (y mudiant cylchol) [1]	3			3		
(b)	(i)	Defnyddio ongl mewn radian wedi'i rhannu ag amser [1] $\omega = 4.06 \times 10^{-6}$ rad s^{-1} [1]	1	1		2	1	
	(ii)	Defnyddio $v = r\omega$ **neu** $v = \frac{2\pi r}{t}$ [1] Ateb cywir (dgy ar ω ond angen sylw os yw'r buanedd yn fwy na 3×10^8 m s^{-1}) $= 51\,200$ m s^{-1} [1]	1	1		2	1	
	(iii)	Defnyddio $a = \omega^2 r$ **neu** $a = \frac{v^2}{r}$ [1] Ateb cywir (dgy ar ω, v a km) $= 0.208$ m s^{-2} [1]	1	1		2	1	
	(iv)	Sylweddoli mai grym disgyrchiant yw'r grym mewngyrchol (gall yr ateb awgrymu hynny) [1] Ateb cywir $= ma = 5.41 \times 10^{24}$ N (dgy ar a) [1]		1 1		2	2	
(c)		Ad-drefnu $F = \frac{GMm}{r^2}$ h.y., $M = \frac{Fr^2}{Gm}$ [1] Ateb cywir $= 4.95 \times 10^{29}$ kg [1]		2		2	2	

(ch)	Cryfder corfforol yn cael ei gysylltu â disgyrchiant cryf [1] Tymheredd is yn cael ei gysylltu â llai o UV [1] Casgliad derbyniol wedi'i gysylltu â'r ddau bwynt uchod neu â phwynt newydd, e.e. Mae Jemima yn anghywir oherwydd dydyn ni ddim yn gallu tybio bod bywyd yn bodoli ar y blaned hon **neu** mae casgliad Jemima yn gywir ac mae'n gysylltiedig â sylwadau synhwyrol ynglŷn â chryfder ac UV [1]			3	3	
Cyfanswm		6	7	3	16	7

Atebion Rhodri

(a) Cyflymder yw pellter dros amser a chyflymder onglaidd yw ongl dros amser ✓ mya

Yr hafaliad sy'n eu cysylltu yw $v = \omega r$

SYLWADAU'R MARCIWR
Mae diffiniad Rhodri o gyflymder yn wael – dylai ddefnyddio'r gair dadleoliad ac nid pellter. Mae ei ddiffiniad o gyflymder onglaidd hefyd yn wael ond mae'n llawer agosach at yr hyn sy'n ofynnol yn y cynllun marcio ac mae wedi cael y marc gyda mya. Dydy e ddim wedi esbonio ystyr r yn ei hafaliad ac ni all dderbyn y marc olaf.

1 marc

(b)(i) $\dfrac{360}{(17.9 \times 24 \times 3600)}$ X
$= 2.33 \times 10^{-4}\,^{\circ}s^{-1}$ X

SYLWADAU'R MARCIWR
Mae Rhodri wedi anghofio defnyddio onglau yn yr uned radian a dydy e ddim yn gallu cael y marc cyntaf. Does dim dgy o fewn rhan o gwestiwn ac felly mae'n colli'r ail farc hefyd.

0 marc

(ii) $v = \omega r = 2.33 \times 10^{-4} \times 12.6 \times 10^{6}$ ✓
$= 2935.8$ m/s X dim dgy

SYLWADAU'R MARCIWR
Mae Rhodri wedi defnyddio'r hafaliad cywir ac yn ennill y marc cyntaf. Dydy e ddim yn ennill yr ail farc oherwydd ei fod wedi anghofio trawsnewid km i m.

1 marc

(iii) $a = \omega^2 r = (2.33 \times 10^{-4})^2 \times 12.6 \times 10^{6}$ ✓
$= 0.67$ m s^{-2} ✓ dgy

SYLWADAU'R MARCIWR
Mae Rhodri eisoes wedi cael ei gosbi am beidio â thrawsnewid km i m ac ni ddylai gael ei gosbi eto. Mae hefyd wedi cael ei gosbi am ei gyflymder onglaidd anghywir. Mae hyn yn golygu bod yr ateb hwn, gyda dgy, yn ennill marciau llawn.

2 farc

(iv) $F = ma = 2.6 \times 10^{25} \times 0.67$ ✓
$= 1.7 \times 10^{25}$ N ✓ dgy

SYLWADAU'R MARCIWR
Mae Rhodri wedi defnyddio'r hafaliad cywir ac mae ei ateb yn gywir gyda dgy ac felly mae'n cael marciau llawn. Sylwch nad oedd yn rhaid iddo nodi mai'r grym disgyrchiant oedd y grym mewngyrchol oherwydd bod hyn yn ymhlyg yn ei ateb terfynol.

2 farc

(c) Dydw i ddim yn deall pam mae'r cwestiwn hwn ar y papur hwn. Tybed beth fydd OFQUAL yn ei ddweud am hyn Mr Arholwr?
$M = \dfrac{Gm}{Fr^2}$ X $= 6.4 \times 10^{-25}$ kg X

SYLWADAU'R MARCIWR
Mae'n ymddangos nad yw Rhodri'n gwybod bod gan bob papur gynnwys synoptig ac felly gall arholwr holi am Uned 4. Felly mae'r cwestiwn hwn yn gwbl unol â gofynion Ofqual. Dydy Rhodri ddim yn ennill unrhyw farciau oherwydd ei fod wedi ad-drefnu'r hafaliad yn anghywir ac mae'r marc cyntaf ar gyfer ad-drefnu cywir.

0 marc

(ch) Yn bendant, dydy hyn ddim yn rhan o Uned 3. Mae'n debyg bod Jemima yn iawn oherwydd byddai'n rhaid i chi fod yn gryf iawn i ymdopi â'r disgyrchiant uwch ✓ a dydyn nhw ddim yn gwerthu eli haul ar blanedau Wolf.

SYLWADAU'R MARCIWR
Unwaith eto, mae Rhodri'n rhoi ychydig o ryddhad ysgafn i'r arholwr. Mae'n ennill y marc cyntaf am gysylltu cryfder ychwanegol â'r disgyrchiant cryfach. Dydy e ddim yn ennill y marc olaf oherwydd nad yw ei sylw UV, er yn ddoniol, yn synhwyrol.

1 marc

Cyfanswm **7 marc /16**

Atebion Ffion

(a) Cyflymder yw cyfradd newid dadleoliad ✓ tra mae cyflymder onglaidd yn gyfradd newid ongl (mewn rad) ✓ Hefyd, mae cyflymder yn fector ond dydy cyflymder onglaidd ddim. Y cyflymder onglaidd yw'r cyflymder wedi'i rannu â'r radiws. ✓

> **SYLWADAU'R MARCIWR**
> Mae diffiniad Ffion o gyflymder yn rhagorol a gellid dadlau bod ei diffiniad o gyflymder onglaidd yn well na diffiniad y cynllun marcio. Mae ei ffaith am nad yw cyflymder onglaidd yn fector yn anghywir mewn 3D ond mae hyn ymhell y tu hwnt i gwmpas Safon Uwch ac ni fyddai'n cael ei gosbi yma. Mae ei pherthynas olaf yn glir gyda'r holl dermau wedi'u henwi.
> **3 marc**

(b) (i) $\omega = \dfrac{\theta}{t} = \dfrac{2\pi}{17.9}$ ✓ $= 0.351$ ✗

> **SYLWADAU'R MARCIWR**
> Er bod ateb Ffion yn bell o fod yn gywir, mae hi'n ffodus ennill y marc cyntaf am ei bod wedi defnyddio'r uned gywir ar gyfer yr ongl. Mae ei hateb yn anghywir oherwydd nad yw wedi trawsnewid diwrnod i s a dydy hi ddim yn haeddu'r ail farc.
> **1 marc**

(ii) $v = \omega r = 0.351 \times 12.6 \times 10^6$ ✓
$= 4.4 \times 10^6$ km/s
(wps, mae'n edrych yn rhy fawr) ✗
[dim digon ar gyfer dgy]

> **SYLWADAU'R MARCIWR**
> Mae ateb Ffion yn gyflymach na buanedd golau ond mae'n gywir gyda dgy. Er mwyn ennill y marc terfynol drwy dgy roedd angen iddi ei gwneud yn glir ei fod yn fwy na c.
> **1 marc**

(iii) $a = \omega^2 r = 0.351 \times 12.6 \times 10^9$ ✓ mya
$= 4.4 \times 10^9$ m s^{-2} ✗ dim dgy

> **SYLWADAU'R MARCIWR**
> Mae Ffion yn ffodus i gael marc yma. Er ei bod wedi ysgrifennu'r hafaliad cywir, mae wedi anghofio sgwario'r cyflymder onglaidd. Mae'r arholwr wedi dyfarnu'r marc 1af gyda mya oherwydd mae'n ymddangos ei bod yn ceisio defnyddio'r hafaliad cywir.
> **1 marc**

(iv) Y grym disgyrchiant sy'n darparu'r grym mewngyrchol. Felly, ✓
$F = ma = 2.6 \times 10^{25} \times 4.4 \times 10^9 = 1.1 \times 10^{35}$ N ✓ dgy

> **SYLWADAU'R MARCIWR**
> Mae ateb Ffion ymhell o fod yn ateb cywir ond mae pob gwerth anghywir mae hi wedi'i ddefnyddio wedi cael ei gosbi o'r blaen. Mae hi'n ennill marciau llawn gyda dgy. Sylwch pa mor galed mae'n rhaid i'r arholwyr weithio i sicrhau bod dgy yn cael ei gymhwyso'n gywir!
> **2 farc**

(c) $M = \dfrac{Fr^2}{Gm}$ ✓
$= 1 \times 10^{34}$ kg ✗ dim dgy

> **SYLWADAU'R MARCIWR**
> Mae Ffion yn ennill y marc 1af am ad-drefnu cywir ond dydy hi ddim yn gallu ennill y marc olaf drwy dgy gan ei bod wedi anghofio trawsnewid km yn m. Does dim dgy ar gael i Ffion yma oherwydd dyma'r tro cyntaf iddi wneud y camgymeriad hwn. Unwaith eto, sylwch pa mor anodd yw bod yn arholwr!
> **1 marc**

(ch) Byddai cryfder ychwanegol yn ddefnyddiol pe bai g yn 16 m s^{-2} oherwydd byddai'n rhaid i chi wneud mwy o waith yn erbyn disgyrchiant wrth godi pethau ✓. Byddai sbectrwm pelydrydd cyflawn y seren hon yn bendant yn rhoi llai o UV oherwydd y tymheredd is ✓. Fodd bynnag, gallai sylwadau Jemima fod yn nonsens oherwydd gallai'r atmosffer fod yn garbon deuocsid a sylffwr deuocsid fel y blaned Gwener.

> **SYLWADAU'R MARCIWR**
> Mae sylwadau Ffion am ddisgyrchiant ac UV yn berthnasol ac wedi'u mynegi'n dda. Mae'n ymddangos bod ei sylw olaf yn ymwneud â'r ffaith bod bywyd ei hun yn amhosibl ac nid yw'n mynd i'r afael â'r cwestiwn.
> **2 farc**

Cyfanswm **11 marc /16**

Adran 2: Dirgryniadau

Crynodeb o'r testun

Cwestiynau Ymarfer Uned 3

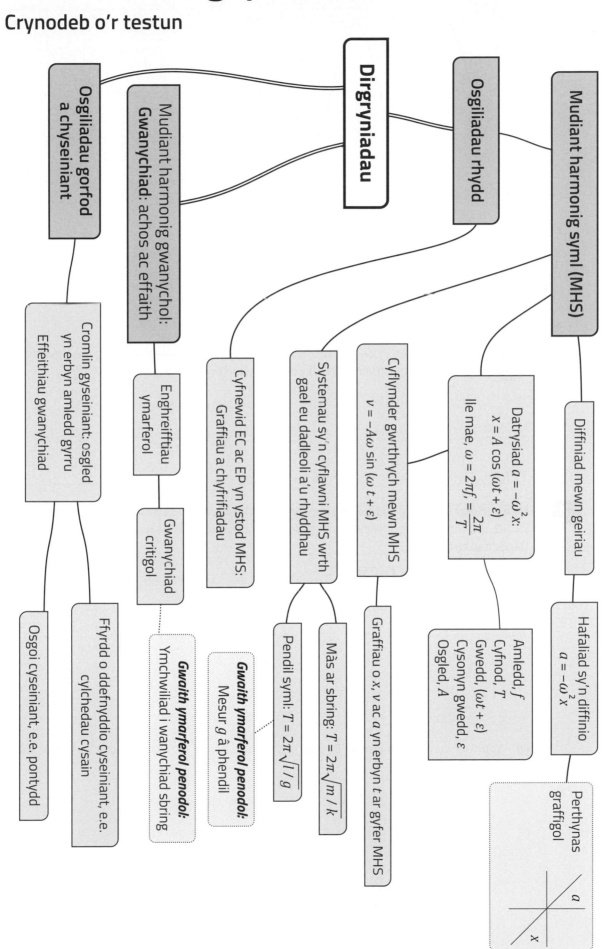

Dirgryniadau

Osgiliadau rhydd

Mudiant harmonig syml (MHS)

Osgiliadau gorfod a chyseiniant

Mudiant harmonig gwanychol: Gwanychiad: achos ac effaith

Cromlin gyseiniant: osgled yn erbyn amledd gyrru
Effeithiau gwanychiad

Enghreifftiau ymarferol

Gwanychiad critigol

Gwaith ymarferol penodol:
Ymchwiliad i wanychiad sbring

Cyfnewid EC ac EP yn ystod MHS:
Graffiau a chyfrifiadau

Systemau sy'n cyflawni MHS wrth gael eu dadleoli a'u rhyddhau

Cyflymder gwrthrych mewn MHS
$v = -A\omega \sin(\omega t + \varepsilon)$

Datrysiad $a = -\omega^2 x$:
$x = A \cos(\omega t + \varepsilon)$
lle mae, $\omega = 2\pi f$, $= \dfrac{2\pi}{T}$

Diffiniad mewn geiriau

Osgoi cyseiniant, e.e. pontydd

Ffyrdd o ddefnyddio cyseiniant, e.e. cylchedau cysain

Gwaith ymarferol penodol:
Mesur g â phendil

Pendil syml: $T = 2\pi\sqrt{l/g}$

Màs ar sbring: $T = 2\pi\sqrt{m/k}$

Graffiau o x, v ac a yn erbyn t ar gyfer MHS

Amledd, f
Cyfnod, T
Gwedd, $(\omega t + \varepsilon)$
Cysonyn gwedd, ε
Osgled, A

Hafaliad sy'n diffinio
$a = -\omega^2 x$

Perthynas graffigol

C1 Mae graff dadleoliad–amser ar y chwith ar gyfer gwrthrych sy'n cyflawni MHS.

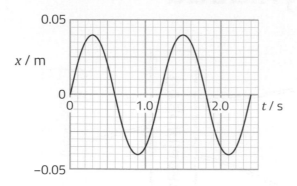 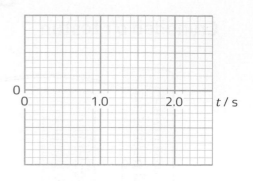

(a) Ar gyfer yr osgiliad hwn, darganfyddwch werthoedd A, ω a ε yn yr hafaliad

$$x = A \cos (\omega t + \varepsilon).$$

(i) A .... [1]

(ii) ω .... [2]

(iii) ε .... [1]

(b) Gan ddefnyddio'r grid ar y dde uchod, brasluniwch graff cyflymder–amser ar gyfer y gwrthrych, gan ddarparu graddfa fertigol. Defnyddiwch y lle gwag isod i wneud eich gwaith cyfrifo. [4]

C2 Mae pêl fetel sydd wedi'i glynu wrth sbring sydd â'i ben arall yn sefydlog yn cael ei dadleoli $x = +0.140$ m o'i safle ecwilibriwm a'i rhyddhau ar amser $t = 0$. Mae'n cyflawni MHS â chyfnod 0.800 s. Darganfyddwch:

(a) (i) Dadleoliad y bêl ar $t = 0.50$ s. [3]

....
....
....
....
....

(ii) Yr amser cyntaf a'r ail amser lle mae dadleoliad y bêl yn +0.070 m. [Gallai braslunio graff helpu.]
[3]

....
....
....
....

(b) (i) Cyflymder y bêl ar t = 0.50 s. [3]

....

....

....

....

(ii) Yr amser cyntaf a'r ail amser lle mae cyflymder y bêl yn +0.55 ms^{-1}. [Gallai braslunio graff helpu.]
[3]

....

....

....

....

....

C3 Mae'r diagram yn dangos system sy'n cyflawni MHS ag amledd 0.40 Hz, mewn plân llorweddol, pan gaiff ei dadleoli o'i safle ecwilibriwm a'i rhyddhau.

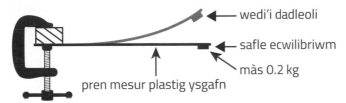

- wedi'i dadleoli
- safle ecwilibriwm
- màs 0.2 kg
- pren mesur plastig ysgafn

Mae cyflymiad, a, y màs yn gysylltiedig â'i ddadleoliad, x, gan yr hafaliad:

$$a = \frac{k}{m}x$$

(a) Ar ba ran o'r system mae gwerth k yn dibynnu? [1]

....

(b) Cyfrifwch werth K. [3]

....

....

....

....

....

(c) Brasluniwch graff cyflymder–amser (v–t) ar gyfer dwy gylchred gyntaf mudiant y màs, os caiff ei ryddhau o ddisymudedd gyda dadleoliad x = +0.050 m ar amser t = 0. Nodwch werthoedd arwyddocaol t a gwerth mwyaf v ar yr echelinau. [3]

Lle gwag ar gyfer gwaith cyfrifo:

C4 Ar y Lleuad, mae 100 o osgiliadau bach pendil syml yn cymryd 240 s. Ar y Ddaear, mae 100 o osgiliadau bach yr un pendil yn cymryd 100 s. Cyfrifwch werth ar gyfer g ar y Lleuad. [3]

C5 Mae llwyth â màs 200 g yn hongian o sbring ag anhyblygedd 40 N m^{-1}. Mae pen uchaf y sbring wedi'i glampio'n gadarn. Mae'r llwyth yn cael ei dynnu i lawr 20 cm o dan ei safle ecwilibriwm ac yna'i ryddhau.

(a) Cyfrifwch yr amser mae'r llwyth yn ei gymryd i gyrraedd ei bwynt uchaf. [2]

(b) Mae Fergus yn dweud pe bai'r llwyth wedi'i dynnu i lawr 30 mm, byddai wedi cymryd amser byrrach i gyrraedd ei bwynt uchaf, oherwydd byddai'n profi grym cydeffaith mwy tuag i fyny. Gwerthuswch honiad Fergus. [3]

C6 Mae gwrthrych bach yn cael ei osod ar y sbring ac mae'r sbring yn ymestyn hyd l. Yna mae pendil yn cael ei wneud o hyd l (yn union yr un fath ag estyniad y sbring) a'i osod i osgiliadu wrth ymyl y gwrthrych ar y sbring. Mae Davinder yn sylwi bod y pendil a'r gwrthrych ar y sbring yn osgiliadu gyda'r un amledd yn union. Mae Davinder yn nodi bod hwn yn gyd-ddigwyddiad llwyr. Trafodwch i ba raddau mae Davinder yn gywir. [5]

C7 Mae gan bendil syml hyd o 1.00 m. Màs y bob yw 100 g. Mae'r pendil yn cael ei ddadleoli o'r fertigol drwy ongl o 11.5°. Mae dadleoliad llorweddol bob y pendil yn 0.20 m.

(a) Dangoswch mai egni potensial y bob (mewn perthynas â'i bwynt isaf) yw tua 0.02 J. Gallai braslunio diagram helpu. [3]

....

....

....

....

....

....

(b) Mae'r pendil yn cael ei ryddhau. Rhoddir graff o ddadleoliad (llorweddol), x, yn erbyn amser.

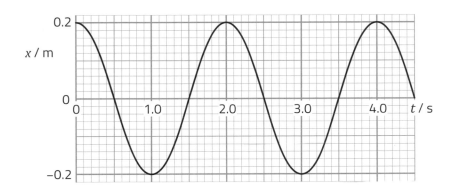

Ar y gridiau isod brasluniwch graffiau o:

(i) Egni potensial y pendil, E_p, yn erbyn amser. [3]

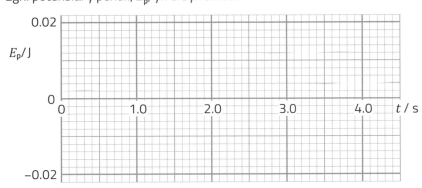

(ii) Egni cinetig y pendil, E_k, yn erbyn amser. [2]

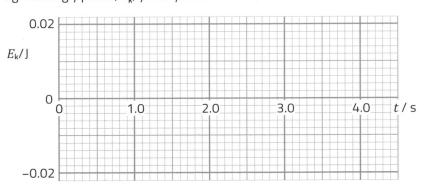

C8 Rhoddir graff cyflymder–amser ar gyfer disg â màs 0.24 kg sydd wedi'i lynu wrth sbring ac sy'n osgiliadu mewn aer.

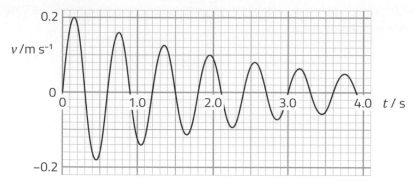

(a) Esboniwch, yn nhermau grymoedd, pam mae'r osgiliadau wedi'u gwanychu. [2]

....

....

....

(b) Mae Sophie yn credu bod brigwerthoedd cyflymder yn lleihau yn *esbonyddol* gydag amser. Gwerthuswch ei honiad. [3]

....

....

....

....

....

(c) Darganfyddwch ganran egni cinetig y disg sy'n cael ei afradloni dros y tair cylchred rhwng y brig positif cyntaf a'r pedwerydd brig positif. [2]

....

....

....

C9 (a) Nodwch beth yw ystyr *gwanychiad critigol*. [2]

....

....

....

(b) Nodwch un ffordd o ddefnyddio gwanychiad critigol, gan esbonio pam na fyddai gwanychiad ysgafnach mor addas. [3]

....

....

....

....

C10 (a) Diffiniwch *osgiliadau gorfod.* [2]

....

....

....

(b) Mae'r diagram yn dangos cyfarpar posibl i ymchwilio i osgiliadau gorfod pendil syml. Does dim disgwyl i chi fod wedi gweld y cyfarpar hwn o'r blaen. [2]

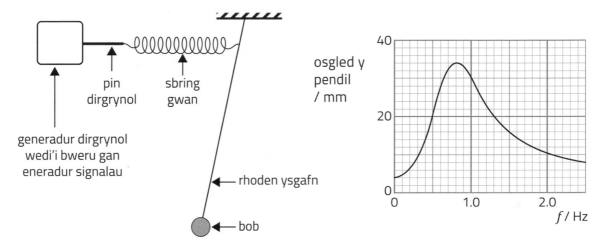

(i) Nodwch y *grym gyrru* ar y pendil. [1]

....

(ii) Cyfrifwch werth ar gyfer hyd y pendil, gan esbonio eich ymresymiad. [4]

....

....

....

....

....

....

....

Dadansoddi cwestiynau ac atebion enghreifftiol

C&A 1

(a) Diffiniwch *mudiant harmonig syml (MHS)*. [2]

(b) Mae'r diagram yn dangos system sy'n gallu perfformio MHS.

sbring (â'r un anhyblygedd wrth gael ei gywasgu neu ei estyn)

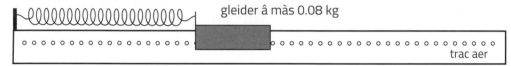

gleider â màs 0.08 kg

trac aer

Mae gleider yn cael ei ddadleoli ar hyd y trac aer o'i safle ecwilibriwm a'i ryddhau ar amser $t = 0$. Mae graff dadleoliad–amser ar y chwith ar gyfer mudiant y gleider ar ôl ei ryddhau.

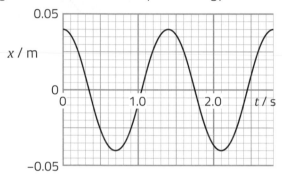

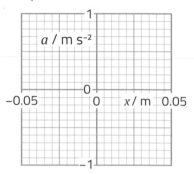

(i) Rhowch werthoedd yr amledd **a'r** cyfnod.[2]

(ii) Ar y grid sydd ar y dde uchod, lluniadwch graff o gyflymiad, a, yn erbyn dadleoliad, x, ar gyfer y gleider. [Mae lle ar gyfer gwaith cyfrifo.] [4]

(iii) Cyfrifwch werth mwyaf egni cinetig y gleider. [2]

(iv) Mae Ahmed yn honni bod egni cinetig ac egni potensial yn amrywio ar amledd o 1.43 Hz. Gwerthuswch yr honiad hwn [3]

Beth sy'n cael ei ofyn

Byddwch wedi gweld osgiliadau màs yn hongian o sbring. Mae'n amlwg ei bod yn fwy anodd cydosod y cyfarpar yn y cwestiwn (ac yn llawer drutach!) ond mae'r ffiseg braidd yn haws mewn gwirionedd!

(a) Diffiniad i ddechrau.

(b) (i) Dim cwestiwn i'ch dal, ond darllenwch y graddfeydd yn ofalus!

(ii) Hyd yn oed os nad ydych wedi dod ar draws y graff sydd yn y cwestiwn o'r blaen, dylai ychydig o feddwl ddweud wrthych chi beth yw'r siâp. Sylwch fod y gair 'lluniadwch' yn cael ei ddefnyddio, yn hytrach na 'brasluniwch', felly mae'n rhaid i'ch llinell fynd drwy'r pwyntiau cywir.

(iii) Y bwriad yma yw cael cyfrifiad syml sy'n symud byrdwn y cwestiwn tuag at agwedd egni MHS, wrth baratoi ar gyfer...

(iv) Mae 'Gwerthuswch' yn awgrym clir bod AA3 yn cael ei brofi. Rhaid i chi weithio allan sut i fynd ati i werthuso. Gallech chi ddechrau drwy gasglu'r hyn rydych chi'n ei wybod am egni mewn MHS, neu gallech chi yn gyntaf geisio gwneud synnwyr o'r 1.43 Hz.

Cynllun marcio

Rhan o'r cwestiwn		Disgrifiad	AA			Cyfanswm	Sgiliau	
			1	2	3		M	Y
(a)		Cyflymiad mewn cyfrannedd â'r dadleoliad o ecwilibriwm [1] ac i'r cyfeiriad dirgroes **neu** wedi'i gyfeirio tuag at ecwilibriwm [1]	2			2		
(b)	(i)	[Osgled =] 0.040 m [1] [Cyfnod =] 1.40 s [1]		2		2		
	(ii)	$\omega = 4.49\ s^{-1}$ neu'n ymhlyg [1] $\omega^2 = 20.1\ s^{-2}$ neu'n ymhlyg [1] Mae'r llinell yn rhedeg rhwng $x = -0.04$ m a $+0.04$ m [1] a rhwng $a = +0.8$ m s^{-2} a -0.8 m s^{-2} gyda graddiant negatif [1]		4		4	4	
	(iii)	$v_{\text{mwyaf}} = 0.040 \times 4.49$ [1] [$= 0.180$ m s^{-2}] neu'n ymhlyg $E_{k\ \text{mwyaf}} = 1.29$ mJ **uned** [1]		2		2	2	
	(iv)	Dangos bod 1.43 Hz ddwywaith amledd amrywiad y dadleoliad [1] Unrhyw ddadl bod EC yn amrywio ar yr amledd 'dwbl' hwn, e.e. uchafsymiau bob tro mae'n pasio drwy ecwilibriwm [1] Unrhyw ddadl bod EP yn amrywio ar yr amledd 'dwbl' hwn, e.e. uchafsymiau ar estyniad a chywasgiad mwyaf y sbring [1]			3	3	1	
Cyfanswm			2	8	3	13	7	0

Atebion Rhodri

(a) Mae cyflymiad mewn cyfrannedd â dadleoliad. ✓
X

SYLWADAU'R MARCIWR
Mae Rhodri wedi hepgor y gosodiad am y cyfeiriad. Mae'n bwysig!

1 marc

(b)(i) 0.035 m X   1.40 s ✓

(ii) $\omega = \dfrac{2\pi}{T} = \dfrac{2\pi}{1.4} = 4.49$ ✓

cyflymiad mwyaf = 4.49 × 0.035 = 0.16 X

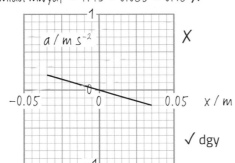

X

√ dgy

SYLWADAU'R MARCIWR
Camgymeriad wrth ddarllen yr osgled ond mae'r cyfnod yn gywir.

1 marc

SYLWADAU'R MARCIWR
Mae Rhodri yn ennill y marc 1af, am gyfrifo ω. Ond dydy e ddim yn ei sgwario ac mae'n colli'r 2il a'r 4ydd marc. Gyda dgy ar A o (b)(i) mae'n ennill y 3ydd marc.

2 farc

(iii) $v = -A\omega \sin \omega t$
Uchafswm pan fydd $t = 1.05$ s
$v = -0.35 \times 4.49 \sin(4.49 \times 1.05)$ X
$= -0.129$
EC mwyaf $= \dfrac{1}{2} \times 0.08 \times (-0.129)^2$
$= 6.7 \times 10^{-6}$ J X dim dgy]

SYLWADAU'R MARCIWR
Dydy Rhodri ddim wedi gweld mai gwerthoedd eithaf y ffwythiant sin yw ±1, felly mae $v_{\text{mwyaf}} = A\omega$. Yn lle hynny, mae wedi nodi'n gywir yr amser ar gyfer v mwyaf, ond mae wedi bwydo ωt mewn radianau i gyfrifiannell sydd wedi'i osod i raddau. Camgymeriad cyffredin, ond un costus.

0 marc

(iv) Yr amledd yw $1/T = 0.714$ Hz ✓
Mae ffigur Ahmed o 1.43 Hz yn ddwbl hyn, felly mae Ahmed yn anghywir.

SYLWADAU'R MARCIWR
Mae'n amlwg bod Rhodri wedi ennill y marc cyntaf, ond dydy e ddim wedi sylweddoli y *dylai'r* amrywiad yn yr egni fod ar yr amledd dwbl hwn.

1 marc

| **Cyfanswm** | **5 marc /13** |

Atebion Ffion

(a) Mae'r cyflymiad mewn cyfrannedd â'r pellter o bwynt sefydlog ✓ac wedi'i gyfeirio tuag at y pwynt hwnnw.
✓

> **SYLWADAU'R MARCIWR**
> Mae gosodiad Ffion yn gywir, er ei bod yn fwy diogel defnyddio 'dadleoliad' yn hytrach na 'phellter' (gan fod x yn yr hafaliad yn ddadleoliad).
>
> **2 farc**

(b) (i) 0.04 m ✓ 1.4 s ✓

> **SYLWADAU'R MARCIWR**
> Mae'r ddau ddarlleniad yn gywir. Byddai wedi bod yn braf gweld ffigur ystyrlon ychwanegol yn cael ei roi ar gyfer y ddau werth ond does dim cosb i hyn.
>
> **2 farc**

(ii) $a_{mwyaf} = \omega^2 A = \left(\dfrac{2\pi}{1.4}\right)^2 0.04 = 0.81 \ m \ s^{-2}$ ✓✓

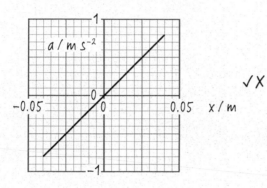

✓X

> **SYLWADAU'R MARCIWR**
> Mae Ffion wedi gwneud popeth yn gywir heblaw am anghofio'r arwydd minws, felly mae graddiant ei graff yn bositif yn hytrach na negatif. Mae hi'n colli'r 4ydd marc.
>
> **3 marc**

(iii) $v_{mwyaf} = A\omega = 0.040 \times \dfrac{2\pi}{1.4} = 0.1795 \ m \ s^{-1}$ ✓

$(EC)_{mwyaf} = \dfrac{1}{2} m v_{mwyaf}^2 = \dfrac{1}{2} 0.08 \times 0.1795^2$
$= 1.29 \times 10^{-3} \ J$ ✓

> **SYLWADAU'R MARCIWR**
> Mae Ffion wedi defnyddio $v_{mwyaf} = A\omega$, ac wedi gwneud y cyfrifiad yn gywir.
>
> **2 farc**

(iv) Mae'r EP fwyaf ar safleoedd eithaf y dadleoliad ac mae'r EC fwyaf yn y canol, pa bynnag ffordd mae'r gleider yn symud. ✓
Felly mae'r egni'n cael ei drosglwyddo ddwywaith mor aml ag amledd yr osgiliad, ac mae Ahmed yn iawn. ✓

> **SYLWADAU'R MARCIWR**
> Mae Ffion yn deall beth sy'n digwydd, ond heb *ddangos* mewn gwirionedd bod 1.43 Hz ddwywaith amledd yr osgiliad cyffredin, gan golli'r marc 1af.
>
> **2 farc**

> **Cyfanswm**   **11 marc /13**

Adran 3: Damcaniaeth ginetig

Crynodeb o'r testun

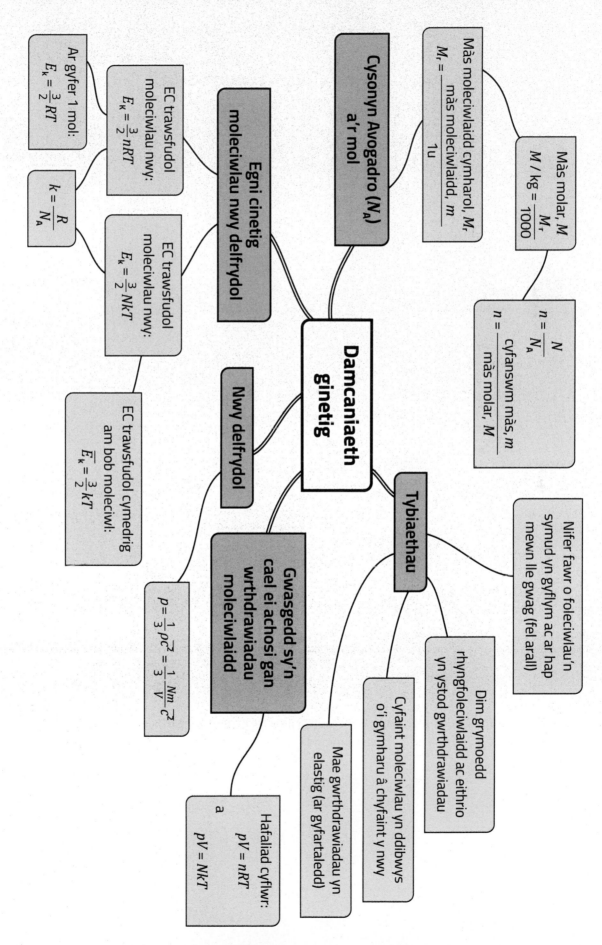

Damcaniaeth ginetig

Cysonyn Avogadro (N_A)

Màs moleciwlaidd cymharol, M_r:
$$M_r = \frac{\text{màs moleciwlaidd, } m}{1u}$$

Màs molar, M:
$$M / kg = \frac{M_r}{1000}$$

$$n = \frac{N}{N_A}$$
$$n = \frac{\text{cyfanswm màs, } m}{\text{màs molar, } M}$$

Egni cinetig moleciwlau nwy delfrydol

Ar gyfer 1 mol:
$$E_k = \frac{3}{2}RT$$

$$k = \frac{R}{N_A}$$

EC trawsfudol moleciwlau nwy:
$$E_k = \frac{3}{2}nRT$$

EC trawsfudol moleciwlau nwy:
$$E_k = \frac{3}{2}NkT$$

EC trawsfudol cymedrig am bob moleciwl:
$$\overline{E_k} = \frac{3}{2}kT$$

Nwy delfrydol

$$p = \frac{1}{3}\rho \overline{c^2} = \frac{1}{3}\frac{Nm}{V}\overline{c^2}$$

Tybiaethau

Nifer fawr o foleciwlau'n symud yn gyflym ac ar hap mewn lle gwag (fel arall)

Dim grymoedd rhyngfoleciwlaidd ac eithrio yn ystod gwrthdrawiadau

Cyfaint moleciwlau yn ddibwys o'i gymharu â chyfaint y nwy

Mae gwrthdrawiadau yn elastig (ar gyfartaledd)

Gwasgedd sy'n cael ei achosi gan wrthdrawiadau moleciwlaidd

Hafaliad cyflwr:
$$pV = nRT$$
a
$$pV = NkT$$

C1 Nodwch ragdybiaethau'r ddamcaniaeth ginetig nwyon. [4]

C2 Diffiniwch gysonyn Avogadro a'r mol. [2]

C3 Esboniwch, yn nhermau symudiad moleciwlau a deddfau Newton, sut mae nwy yn rhoi gwasgedd ar waliau ei gynhwysydd a sut mae'r gwasgedd hwn yn amrywio gyda thymheredd. [6 AYE]

C4 Defnyddiwch yr hafaliadau $pV = nRT$ a $pV = NkT$ i ddeillio'r berthynas $k = \dfrac{R}{N_A}$. Esboniwch beth mae'r symbolau n, N ac N_A yn eu cynrychioli. [3]

C5 Defnyddiwch yr hafaliadau $pV = \frac{1}{3}Nm\overline{c^2}$ a $pV = nRT$ i ddangos bod egni cinetig trawsfudol, U, n mol o nwy monatomig yn cael ei roi gan $U = \frac{3}{2}nRT$. [3]

....

....

....

....

....

C6 Mae'r ffrwydrad y tu mewn i fag aer diogelwch car yn cynhyrchu 3.0 mol o nwy nitrogen (màs moleciwlaidd cymharol = 28). Y gwasgedd y tu mewn i'r bag aer yw 140 kPa a buanedd isc y moleciwlau nitrogen yw 550 m s⁻¹. Cyfrifwch gyfaint y bag aer. [4]

....

....

....

....

....

....

C7 Mae balŵn meteorolegol yn cael ei ryddhau o lefel y ddaear. Mae gan yr heliwm yn y balŵn gyfaint cychwynnol o 0.89 m³ a thymheredd o 298 K. Y gwasgedd ar lefel y ddaear yw 102 kPa.

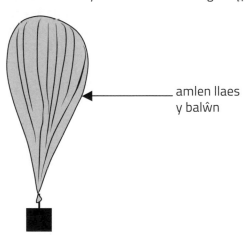

amlen llaes y balŵn

(a) Cyfrifwch nifer y moleciwlau heliwm yn y balŵn. [3]

....

....

....

....

....

(b) Cyfrifwch fuanedd isc moleciwlau'r heliwm (màs moleciwl heliwm yw 6.64×10^{-27} kg). [2]

(c) Mae'r balŵn yn codi i uchder lle mae'r gwasgedd yn 23 kPa a'r tymheredd yn 232 K. Cyfrifwch gyfaint newydd y balŵn gan nodi unrhyw ragdybiaethau a wnewch chi. [3]

C8 Mae aer wedi'i gynnwys mewn dau gynhwysydd ar wahân sydd wedi'u cysylltu â thiwb cul sydd wedi'i ffitio â thap. Mae'r aer yn y ddau gynhwysydd mewn ecwilibriwm thermol â'r amgylchoedd, sydd â thymheredd o 293 K.

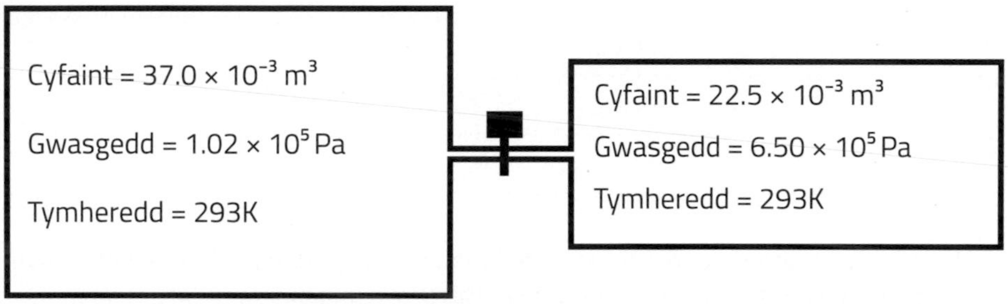

Cyfaint = 37.0×10^{-3} m³

Gwasgedd = 1.02×10^5 Pa

Tymheredd = 293K

Cyfaint = 22.5×10^{-3} m³

Gwasgedd = 6.50×10^5 Pa

Tymheredd = 293K

Caiff y tap ei agor ac mae aer yn llifo o'r cynhwysydd ar y dde i'r un ar y chwith nes bod y gwasgedd yn y ddau gynhwysydd yn hafal a bod y cynwysyddion mewn ecwilibriwm thermol gyda'r amgylchoedd.

(a) Cyfrifwch y gwasgedd terfynol yn y cynwysyddion. [5]

(b) Cyn cyrraedd ecwilibriwm thermol, mae Tudor yn honni y bydd y cynhwysydd ar y dde yn oeri a bydd y cynhwysydd ar y chwith yn cynhesu. Trafodwch a yw Tudor yn gywir. [3]

C9 Mae aer â dwysedd 1.35 kg m^{-3} a thymheredd 293 K, gyda gwasgedd o 112 kPa, wedi'i drapio mewn potel Cola â chyfaint 1.5 × 10^{-3} m^3.

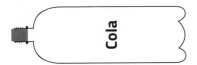

(a) Cyfrifwch fuanedd isc y moleciwlau aer. [3]

....

....

....

....

....

b) Cyfrifwch beth yw màs 1 mol o aer. [3]

....

....

....

....

....

(c) (i) Mae aer yn cael ei bwmpio'n raddol i mewn i'r botel nes bod y botel yn ffrwydro pan fydd y gwasgedd yn 935 kPa a thymheredd yr aer yn 320 K. Cyfrifwch beth yw màs yr aer y tu mewn i'r botel pan fydd hyn yn digwydd, gan nodi unrhyw dybiaeth a wnewch chi. [3]

....

....

....

....

....

(ii) Esboniwch pam mae'r tymheredd y tu mewn i'r botel yn cynyddu wrth i aer gael ei bwmpio i mewn. [2]

....

....

....

Cwestiynau Ymarfer Uned 3

Dadansoddi cwestiynau ac atebion enghreifftiol

 C&A 1

(a) Mae gan sampl o nwy delfrydol, â swm o 0.078 mol, ar dymheredd o 157 K, gyfaint o $1.45 \times 10^{-3}\,m^3$.

   (i) Cyfrifwch wasgedd y nwy. [2]

   (ii) Esboniwch beth yw ystyr 0.078 mol. [1]

   (iii) Dwysedd y nwy yw 4.52 kg m⁻³. Cyfrifwch fuanedd isc y moleciwlau a màs molar y nwy. [5]

   (iv) Mae Gwesyn yn gwneud dau osodiad am y moleciwlau nwy. Ym mhob achos, penderfynwch a yw'r gosodiad yn gywir:

   Gosodiad 1: 'Byddai haneru màs pob moleciwl yn haneru egni cinetig cymedrig y moleciwlau (ar gyfer tymheredd penodol).'

   Gosodiad 2: 'Byddai dyblu'r tymheredd yn dyblu buanedd isc y moleciwlau.' [5]

(b)

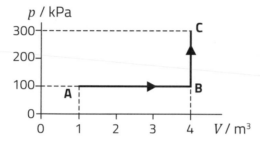

Mae sampl gwahanol o nwy monatomig yn cael ei gymryd o bwynt A i bwynt C ar y diagram $p-V$. Defnyddiwch gyfrifiadau i gymharu'r canlynol:

   (i) y tymereddau ar A, B ac C, a [2]

   (ii) y ffyrdd mae egni'n cael ei drosglwyddo rhwng y nwy a'i amgylchoedd yn ystod y ddau gam, AB a BC. [3]

Beth sy'n cael ei ofyn?

Mae rhan (a)(i) yn gyfrifiad syml, un-cam; mae'r marc cyntaf yn AA1 ond mae'r ail farc sy'n gofyn am gyfrifiad yn AA2. Mae rhan (ii) yn gysylltiedig â diffiniad y mol (ac felly mae'n farc AA1). Mae'r ddau gyfrifiad nesaf yn rhan (iii) ychydig yn fwy anodd, gyda'r ail yn gofyn am gyfrifiad dau-gam. Mae gwahanol ffyrdd o gael yr atebion cywir ac mae'r rhain yn farciau AA2. Mae rhan (iv) yn gwestiwn AA3 safonol lle mae'n rhaid i chi ddefnyddio ffiseg i werthuso gosodiadau – gyda sawl ffordd o gael yr ateb. Mae rhan (b) yn gorgyffwrdd â'r maes astudio ffiseg thermol, sy'n eithaf cyffredin gan fod gan y ddau lawer o syniadau yn gyffredin.

Cynllun marcio

Rhan o'r cwestiwn		Disgrifiad	AA 1	AA 2	AA 3	Cyfanswm	Sgiliau M	Sgiliau Y
(a)	(i)	Amnewid yn $pV = nRT$ [1] Ateb = 70 200 Pa [1]	1	1		2	1	
	(ii)	$N / N_A = 0.078$ neu ateb cyfatebol, e.e. 4.7×10^{22} o ronynnau [1]	1			1		
	(iii)	Ad-drefnu $p = \frac{1}{3}\rho \overline{c^2}$, h.y. $\overline{c^2} = \frac{3p}{\rho}$ (lleiafswm) **neu** dewis arall, e.e. $\frac{3}{2}kT$ a chael màs m [1] buanedd isc = 216 m s⁻¹ (ateb cywir yn unig) [1] Cyfanswm y màs = ρV = 6.55 g **neu** $m = 1.39 \times 10^{-25}$ kg [1] Rhannu â nifer y molau NEU 1u (nid y ddau) [1] Ateb = 84 g mol⁻¹ (neu 0.084 kg mol⁻¹) ***uned*** [1]		5		5	5	

Cwestiynau Ymarfer Uned 3

	(iv)	**Gosodiad 1**: Dim ond ar y tymheredd mae egni cinetig yn dibynnu neu hafaliad, e.e. $\frac{1}{2}m\overline{c^2} = \frac{3}{2}kT$ [1] Felly mae Gwesyn yn anghywir, h.y. casgliad cywir sy'n gysylltiedig â ffiseg gywir [1] **Gosodiad 2**: EC $\propto T$ neu ateb cyfatebol, e.e. $\frac{1}{2}m\overline{c^2} = \frac{3}{2}kT$ [1] $c_{isc} \propto \sqrt{T}$ neu ateb cyfatebol **neu** cyfrifiad $\longrightarrow c_{isc} = 305$ m s^{-1} [1] Mae c_{isc} yn cynyddu gan ffactor o $\sqrt{2}$ **neu** rhaid i T gynyddu × 4 i hyn fod yn wir **neu** ateb cyfatebol [1]			5	5	2
(b)	(i)	Gan ddefnyddio $pV = nRT$ neu $pV \propto T$ [1] $T_C : T_B : T_A = 12{:}4{:}1$ [1]				2	2
	(ii)	O leiaf un o'r canlynol: U (A) = 150 kJ, U(B) = 600 kJ a U(C) = 1800 kJ **neu** ΔU(AB) = 450 kJ, ΔU(BC) = 1200 kJ [1] W(BC) = 0 **a** W(AB) = 300 kJ [1] Q(AB) = 750 kJ; Q(BC) = 1200 kJ [1]				3	3
Cyfanswm			2	6	10	18	8

Atebion Rhodri

(a) (i) $p = \dfrac{nRT}{V} = \dfrac{0.078 \times 8.31 \times 157}{1.45 \times 10^{-3}}$ ✓

$= 70\ 100$ Pa ✓ [mya]

SYLWADAU'R MARCIWR
Mae gwaith cyfrifo Rhodri yn berffaith gywir. Mae wedi talgrynnu'r gwasgedd (70.18 kPa) yn anghywir ond dydy hyn ddim yn cael ei gosbi bob amser (ac eithrio mewn cwestiynau ymarferol) – mae'n gywir i 2 ff.y. beth bynnag. **2 farc**

(ii) Ha ha, hawdd, bydd gennych chi $0.078 \times N_A$ o foleciwlau ✓

SYLWADAU'R MARCIWR
Mae ateb Rhodri yn cyfateb i'r cynllun marcio. Bydd sylwadau amherthnasol yn cael eu hanwybyddu oni bai eu bod yn anghwrtais neu'n awgrymu mater diogelu. **1 marc**

(iii) $\overline{c^2} = \dfrac{3p}{\rho}$ ✓ $= 46\ 500$ m s^{-1}

$M = \rho V = 0.006554$ ✓

$Mm = 0.006554 / (0.078 \times 6.02 \times 10^{23})$

$Mm = 1.396 \times 10^{-25}$

SYLWADAU'R MARCIWR
Mae Rhodri wedi gwneud camgymeriad cyffredin. Mae wedi cyfrifo'r buanedd sgwâr cymedrig ac wedi anghofio cymryd yr ail isradd.
Mae 2il ateb Rhodri hefyd yn anghywir gan ei fod wedi cyfrifo màs moleciwl yn hytrach na màs mol. Mae cymysgu'r gwahanol fasau yn gamgymeriad cyffredin. Sylwch na all Rhodri gael y marc olaf ond un oherwydd ei fod wedi rhannu â 0.078 a N_A. **2 farc**

(iv) Gan fod EC = mc^2

Mae'n amlwg bod EC mewn cyfrannedd â'r màs ac mae Gwesyn yn iawn ✗

SYLWADAU'R MARCIWR
Mae Rhodri wedi syrthio i'r fagl yma ac wedi anghofio y bydd gan ronynnau ysgafnach fuaneddau isc uwch ar yr un tymheredd. Mae wedi edrych ar y fformiwla egni cinetig ac wedi dod i'r casgliad anghywir. **0 marc**

Gan ddefnyddio 1/2mc^2 = 3/2 kT ✓

Felly mae c^2 mewn cyfrannedd â T

Ac mae Gwesyn yn gywir (unrhyw siawns o gael cwestiynau mwy anodd y tro nesaf os gwelwch yn dda ☺)

SYLWADAU'R MARCIWR
Mae Rhodri'n ennill y marc 1af oherwydd ei fod yn sylweddoli bod $\frac{1}{2}m\overline{c^2} = \frac{3}{2}kT$ yn fan cychwyn addas. Er gwaethaf ei hunanfodlonrwydd, mae wedyn yn gwneud yr un camgymeriad ag yn rhan (c) – o ystyried y buanedd sgwâr cymedrig ac nid yr isc – camgymeriad <u>ffiseg</u>, felly ni fydd unrhyw dâu yn cael ei ddyfarnu yma. **1 marc**

(b) (i) $pV = nRT$ felly $T = \dfrac{pV}{nR}$ ✓

Ond dydyn ni ddim yn gwybod n felly dydyn ni ddim yn gallu cyfrifo'r tymheredd – dim digon o wybodaeth!

SYLWADAU'R MARCIWR
Mae Rhodri'n ennill marc oherwydd bod $pV = nRT$ yn fan cychwyn da. Dydy e ddim yn sylweddoli arwyddocâd y cyfarwyddyd i <u>gymharu'r</u> tymereddau, e.e. dod o hyd i'r gymhareb, felly mae'n amhosibl iddo gael yr 2il farc. **1 marc**

(ii) A i B: W = arwynebedd o dan y graff

$= 3 \times 100 \times 10^3$

$= 300\ 000$ J

B i C: W = 0 (cyfaint yn gyson) ✓

SYLWADAU'R MARCIWR
Yr unig farc mae Rhodri yn ei gael yw'r un ar gyfer dau werth W. Mae'n ymddangos nad yw'n ystyried Q o gwbl, mae'n debyg am nad oes ganddo syniad sut i gyfrifo ΔU – sy'n debyg i'w anhawster gyda rhan (i). **1 marc**

Cyfanswm **8 marc /18**

Atebion Ffion

(a) (i) $p = \dfrac{nRT}{V} = 70$ kPa ✓✓

SYLWADAU'R MARCIWR

Mae Ffion wedi ad-drefnu'r hafaliad yn gywir ac wedi cael yr ateb cywir am farciau llawn. Mae hi wedi talgrynnu'n gywir i 2 ff.y. yma sy'n ddelfrydol gan mai dim ond i 2 ff.y. mae nifer y molau. Sylwch fod ff.y. a thalgrynnu yn cael eu cosbi'n bennaf yn y cwestiynau ymarferol. **2 farc**

(ii) Nifer y gronynnau yw 0.078 × nifer y gronynnau mewn 12g o garbon-12 ✓

SYLWADAU'R MARCIWR

Mae ateb Ffion yn gywerth ag ateb Rhodri ond mae hi hefyd wedi darparu diffiniad (diangen) hen ffasiwn o'r mol (sy'n cael ei ddiffinio bellach fel 6.022 140 76 × 10^{23} o ronynnau ond digwyddodd hyn ar ôl i'r llyfryn Termau a diffiniadau gael ei ysgrifennu). **1 marc**

(iii) $\frac{1}{2}m\overline{c^2} = \frac{3}{2}kT$: Yn gyntaf cyfrifwch m ✓

$M = \rho V = 4.52 \times 0.00145 = 0.006554$ kg

$m = \dfrac{6.554 \times 10^{-3}}{0.078 \times 6.02 \times 10^{23}} = 1.396 \times 10^{-25}$ kg

$\overline{c^2} = \dfrac{3kT}{m}$, felly $c_{isc} = 216$ m s^{-1} ✓

Màs molar $= \dfrac{1.396 \times 10^{-25}}{1.66 \times 10^{-27}} = 87$ ✓✓ uned

SYLWADAU'R MARCIWR

Mae ateb Ffion yn raenus ond mae hi wedi gwneud bywyd yn anodd iddi hi ei hun drwy ddilyn y llwybr amgen i ddod o hyd i fuanedd isc yn ogystal â dull amgen o ddod o hyd i'r màs molar. Hefyd mae'r ddau gyfrifiad wedi'u cydblethu – problem i'r arholwr! Yr unig beth wnaeth hi ei hepgor yw'r uned derfynol ar gyfer y màs molar – ac mae'r dull arall, h.y. rhannu cyfanswm y màs â nifer y molau yn gwneud hyn yn gamgymeriad llai tebygol. **4 marc**

(iv) Gan ddefnyddio $\frac{1}{2}m\overline{c^2} = \frac{3}{2}kT$ eto ✓

Mae'r ochr dde yn aros yr un fath (yr un tymheredd) felly mae'r ochr chwith yn aros yr un fath ac felly mae Gwesyn yn anghywir ✓

SYLWADAU'R MARCIWR

Mae ateb Ffion wedi rhoi ateb braf (cryno) sy'n hollol gywir – gan ennill marciau llawn. **2 farc**

Gan ddefnyddio $\frac{1}{2}m\overline{c^2} = \frac{3}{2}kT$ ✓

Os yw c ×2 yna c^2 ×4 ✓ Felly byddai angen i chi bedwaru'r tymheredd i ddyblu'r buanedd ac mae Gwesyn yn anghywir eto. ✓

SYLWADAU'R MARCIWR

Mae Ffion wedi dewis dyblu'r buanedd (isc) a dangos y byddai'r tymheredd yn cael ei luosi â 4. Ffordd yr un mor ddilys fyddai dyblu T a dangos bod y buanedd yn cael ei luosi â $\sqrt{2}$. Beth bynnag – ateb perffaith a marciau llawn. **3 marc**

(b) (i) $pV \propto T$.

Pwynt A: $pV = 100k \times 1 = 100\,000$ ✓

Pwynt B: $pV = 400\,000$

Pwynt C: $pV = 1\,200\,000$

∴ $T_C = 12 \times T_A$ a $T_B = 4 \times T_A$ ✓

SYLWADAU'R MARCIWR

Mae Ffion yn defnyddio'r berthynas $pV \propto T$ a dydy hi ddim yn ceisio cyfrifo'r tymheredd gwirioneddol ond mae'n gallu darganfod gan ba ffactorau mae B ac C yn uwch na thymheredd A – gan ennill y ddau farc. **2 farc**

(ii) A ⟶ B: $W = 100 \times (4 - 1) = 300$ kJ

$U = \frac{3}{2}nRT = \frac{3}{2}pV$

∴ $\Delta U = \frac{3}{2} \times 100 \times (4 - 1) = 450$ kJ ✓

∴ $Q = \Delta U + W = 750$ kJ

B ⟶ C: $W = 0$ ✓

$\Delta U = \frac{3}{2} \times (300 - 100) \times 4 = 800$ kJ ✗

∴ $Q = 1200$ kJ

SYLWADAU'R MARCIWR

Mae ateb Ffion bron yn berffaith. Dydy hi ddim yn cyfrifo'r egni mewnol ar unrhyw un o A, B neu C ond mae'n cyfrifo'r ΔU(AB) yn gywir (marc 1af). Mae W ar gyfer y ddau gam yn ennill yr 2il farc iddi. Dydy hi ddim yn cael y trydydd marc oherwydd mae hi'n gwneud camgymeriad wrth gyfrifo ΔU(BC) – gan anghofio defnyddio'r ffactor $\frac{3}{2}$ **2 farc**

Cyfanswm **16 marc /18**

Adran 4: Ffiseg thermol

Crynodeb o'r testun

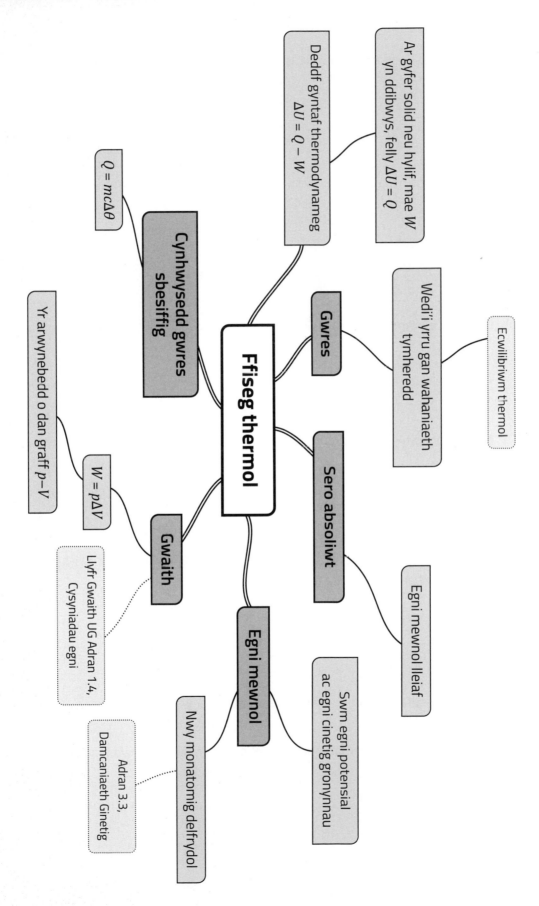

Ffiseg thermol

Gwres
- Wedi'i yrru gan wahaniaeth tymheredd
  - Ecwilibriwm thermol

Ar gyfer solid neu hylif, mae W yn ddibwys, felly $\Delta U = Q$

Deddf gyntaf thermodynameg
$\Delta U = Q - W$

$Q = mc\Delta\theta$

Cynhwysedd gwres sbesiffig

Yr arwynebedd o dan graff p–V

$W = p\Delta V$

Gwaith

Llyfr Gwaith UG Adran 1.4, Cysyniadau egni

Sero absoliwt

Egni mewnol lleiaf

Swm egni potensial ac egni cinetig gronynnau

Egni mewnol

Nwy monatomig delfrydol

Adran 3.3, Damcaniaeth Ginetig

C1 Nodwch beth yw ystyr *egni mewnol system.* [2]

....

....

....

C2 Esboniwch arwyddocâd *sero absoliwt* o ran egni mewnol. [2]

....

....

....

C3 (a) Esboniwch pam mae egni mewnol nwy delfrydol yn wahanol i egni mewnol systemau yn gyffredinol. [2]

....

....

....

(b) Cyfrifwch egni mewnol 30 g o nwy neon ar dymheredd o 26.85 °C (mae màs molar neon yn 20 g). [2]

....

....

....

C4 Esboniwch beth yw ystyr y term *gwres.* [2]

....

....

....

C5 Mae dwy system mewn cyswllt thermol mewn *ecwilibriwm thermol.* Nodwch beth yw ystyr *ecwilibriwm thermol* yn nhermau *gwres* a *tymheredd.* [2]

....

....

....

C6 (a) Gallwn ni ysgrifennu deddf gyntaf thermodynameg ar y ffurf:

$$\Delta U = Q - W$$

Esboniwch ystyr pob term yn yr hafaliad a sut mae'r hafaliad hwn yn cynrychioli cadwraeth egni. [3]

....

....

....

....

(b) Esboniwch pam mae deddf gyntaf thermodynameg yn lleihau i $\Delta U = Q$ ar gyfer solid neu hylif. [2]

....

....

....

C7 Diffiniwch *cynhwysedd gwres sbesiffig* sylwedd. [2]

....

....

....

C8 Mae grŵp o fyfyrwyr yn defnyddio'r cyfarpar canlynol i ymchwilio i sut mae gwasgedd sampl o aer yn amrywio gyda thymheredd, ar gyfaint cyson. Disgrifiwch sut gallen nhw ddefnyddio'r cyfarpar i gael amcangyfrif o sero absoliwt. [6 AYE]

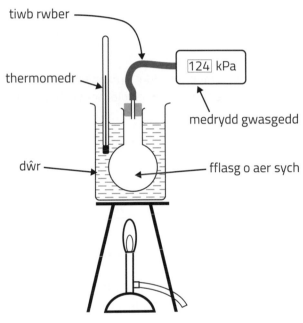

tiwb rwber

thermomedr

124 kPa

medrydd gwasgedd

dŵr

fflasg o aer sych

....

....

....

....

....

....

....

....

....

....

Cwestiynau Ymarfer Uned 3

C9 Mae nwy yn cael ei ehangu'n gyflym fel nad oes gwres yn cael ei drosglwyddo i'r nwy. Esboniwch pam mae tymheredd y nwy yn lleihau. [3]

C10 (a) Mae cyfaint nwy yn cael ei gynyddu gan $2.7 \times 10^{-3}\,m^3$ ar wasgedd cyson o $1.42 \times 10^5\,Pa$. Cyfrifwch y gwaith sy'n cael ei wneud ar y nwy. [2]

(b) Yna caiff yr un nwy ei gywasgu o'r cyfaint cynyddol hwn ar wasgedd cyson o $1.42 \times 10^5\,Pa$ i gyfaint terfynol sydd $1.5 \times 10^{-3}\,m^3$ yn llai na'r cyfaint gwreiddiol ar ddechrau rhan (a). Cyfrifwch y gwaith sy'n cael ei wneud gan y nwy. [3]

C11 Mae moron â màs 0.700 kg a chynhwysedd gwres sbesiffig $1880\,J\,kg^{-1}\,K^{-1}$ yn cael eu gosod ar dymheredd o $20\,°C$ mewn 1.2 kg o ddŵr berw. Cynhwysedd gwres sbesiffig dŵr yw $4210\,J\,kg^{-1}\,K^{-1}$.

Cyfrifwch dymheredd ecwilibriwm y moron a'r dŵr, gan nodi unrhyw ragdybiaethau a wnewch chi. [5]

C12 Mae sampl o nwy yn cael ei gymryd o amgylch cylchred gaeedig ABCA fel sydd i'w weld yn y diagram $p–V$.

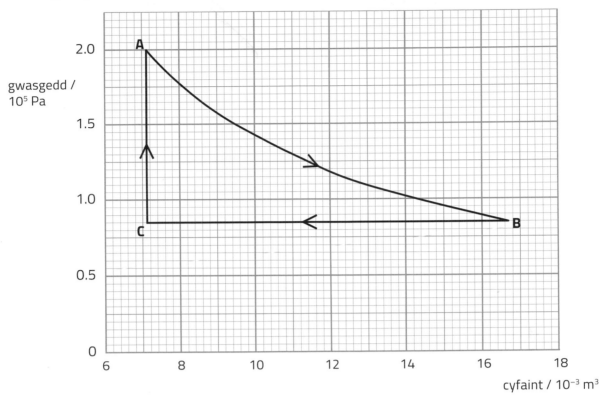

(a) Cyfrifwch y gwaith sy'n cael ei wneud gan y nwy:

(i) ar gyfer proses CA; [1]

....

(ii) ar gyfer proses BC; [2]

....

....

....

(iii) ar gyfer proses AB. [3]

....

....

....

....

....

(b) Mae Charlie yn honni bod proses AB yn isotherm, h.y. mae'n digwydd ar dymheredd cyson. Trafodwch pam mae Charlie yn gywir. [4]

....

....

....

....

....

....

(c) Cwblhewch y tabl canlynol gyda'r data cywir: [6]

	AB	BC	CA	ABCA
ΔU / J	0			
Q / J				
W / J	(a)(iii)	(a)(ii)	(a)(i)	

Lle gwag ar gyfer gwaith cyfrifo:

C13 Mae Tegfryn yn gwneud arbrawf i fesur cynhwysedd gwres sbesiffig alwminiwm gan ddefnyddio'r cyfarpar safonol sydd i'w weld isod.

Dydy e ddim yn defnyddio unrhyw ynysiad ac mae tymheredd y bloc yn dechrau o dymheredd ystafell o 20°C. Mae hefyd yn mesur y gwerthoedd canlynol:

Màs y bloc alwminiwm = 1.000 kg, gp = 12.00 V, cerrynt = 4.20 A.

Mae'n gwirio ar y rhyngrwyd ac yn canfod mai cynhwysedd gwres sbesiffig alwminiwm yw 900 J kg^{-1} K^{-1}.

Plotiwch graff o'r canlyniadau sydd i'w disgwyl ar y grid isod. [6]

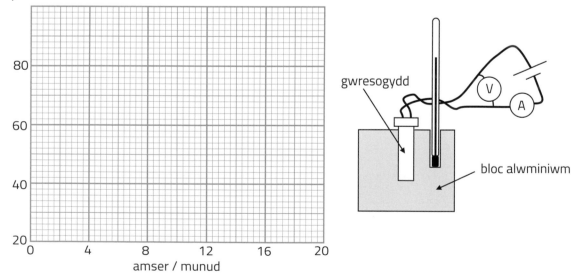

Lle gwag ar gyfer gwaith cyfrifo:

C14 (a) Dangoswch fod yr hafaliad ar gyfer y gwaith, W, sy'n cael ei wneud gan nwy sy'n ehangu

$$W = p\,\Delta V$$

yn gywir o ran yr unedau (neu'r dimensiynau). [2]

(b) Mae chwistrell gyda'i allfa wedi'i blocio yn cynnwys 110×10^{-6} m³ o argon (nwy monatomig) ar dymheredd o 20 °C. Mae'r chwistrell yn cael ei throchi mewn dŵr berw ar 100 °C. Mae'r argon yn ehangu i gyfaint o 140×10^{-6} m³, drwy symud piston y chwistrell. Y gwasgedd yw 100 kPa drwy'r arbrawf.

(i) Gwiriwch fod swm dibwys o nwy yn dianc yn ystod yr ehangiad. [4]

(ii) **Gan roi eich ymresymiad yn glir**, dangoswch fod 7.5 J o wres yn mynd i mewn i'r nwy yn ystod yr ehangiad. [5]

(iii) Mae Lucia yn defnyddio'r data yn y cwestiwn hwn i ddod i'r casgliad canlynol: 'Y gwres sydd ei angen i godi tymheredd 1.0 mol o nwy argon 1.0 K yw 21 J.' Darganfyddwch i ba raddau mae'n bosibl cyfiawnhau ei gosodiad. [4]

Dadansoddi cwestiynau ac atebion enghreifftiol

C&A 1

(a) Mae'n bosibl ysgrifennu deddf gyntaf thermodynameg ar y ffurf:

$$\Delta U = Q - W$$

Nodwch ystyr y tri therm: ΔU, Q a W. [3]

(b) Mae nwy monatomig delfrydol yn mynd drwy'r gylchred ABCA sydd i'w gweld yn y graff:

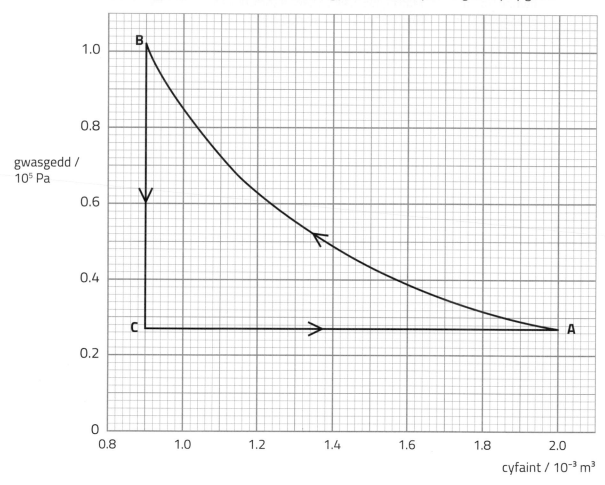

gwasgedd / 10^5 Pa

cyfaint / 10^{-3} m^3

(i) Y tymheredd ar A yw 293 K. Cyfrifwch nifer y molau o nwy. [2]

(ii) Cyfrifwch y tymereddau ar bwyntiau B ac C. [3]

(iii) Cyfrifwch y newid yn yr egni mewnol rhwng A a B. [2]

(iv) Dangoswch fod y gwaith sy'n cael ei wneud gan y nwy yn ystod rhan AB tua −60 J. [3]

(v) Mae Teilo yn dweud nad oes unrhyw wres yn cael ei drosglwyddo yn ystod proses AB. Darganfyddwch i ba raddau mae Teilo yn gywir. [2]

(vi) Cyfrifwch werthoedd ΔU, Q a W ar gyfer y gylchred gyfan ABCA. [4]

Beth sy'n cael ei ofyn?

Rhan (a) yw'r cyflwyniad graddol gyda thri marc AA1 hawdd iawn. Mae rhan (b) yn ddadansoddiad yn bennaf o gylchred nwy. Mae rhannau (i) & (ii) yn gysylltiedig â'r testun blaenorol (damcaniaeth ginetig) ond gallwch chi ddisgwyl cymysgedd o'r ddau destun hyn yn aml. Er hynny, dydy'r rhain ddim yn gyfrifiadau anodd – maen nhw'n cynnwys un hafaliad yn unig ($pV = nRT$). Mae rhan (iii) yn seiliedig ar y testun hwn ond mae hefyd yn gyfrifiad un-cam syml. Mae rhan (iv) ychydig yn fwy cymhleth ac mae'n gofyn am frasamcan o'r arwynebedd o dan y gromlin. Er mai sgiliau AA2 yw (i)–(iv) yn bennaf, mae geiriad (v) yn nodweddiadol o farciau AA3. Mae sawl ffordd o gwblhau rhan (v), fel sy'n digwydd fel arfer gyda'r cwestiynau hyn. Mae'r rhan olaf yn profi sgiliau AA2 ac mae angen dealltwriaeth dda o gylchred gaeedig a deddf gyntaf thermodynameg.

Cynllun marcio

Rhan o'r cwestiwn		Disgrifiad	AA			Cyfanswm	Sgiliau	
			1	2	3		M	Y
(a)		ΔU, newid mewn egni mewnol [1] Q, gwres sy'n cael ei gyflenwi i'r nwy/system [1] W, gwaith sy'n cael ei wneud *gan* y nwy/system [1]	3			3		
(b)	(i)	Defnyddio $pV = nRT$ [1] $n = 0.0222$ mol [1]	1	1		2	1	
	(ii)	Naill ai defnyddio $pV = nRT$ neu pV/T = cysonyn [1] T_B = 498 K [1] T_C = 132 K [1]	1	2		3	2	
	(iii)	Defnyddio $U = \frac{3}{2}nRT$ neu $\frac{3}{2}pV$ [1] Ateb = 57 J (dgy) [1]	1	1		2	1	
	(iv)	Cymhwyso gwaith = arwynebedd o dan gromlin [1] Sylweddoli bod gwaith sydd wedi'i wneud ar y nwy neu'r arwydd –if yn gysylltiedig â chywasgiad [1] Ateb manwl gywir i'w weld [derbyn 52 J i 64 J] [1]		3		3	3	
	(v)	Cymhwyso'r ddeddf gyntaf, e.e. $\Delta U = Q - W$ 60 = 0 – (–60) NEU $Q = \Delta U + W = 60 – 60 = 0$ [1] casgliad dilys o ganlyniad i'r ddeddf gyntaf (dgy) [1]		2		2	1	
	(vi)	$\Delta U = 0$ (tymheredd ar y dechrau a'r diwedd yn hafal) [1] Arwynebedd ar gyfer CA wedi'i gyfrifo neu'n ymhlyg e.e. $\Delta V \times p = 1.1 \times 10^{-3} \times 0.27 \times 10^5$ (29.7 J) [1] felly $W = -30$ J [1] $Q = W$ [1]		4		4	2	
Cyfanswm			6	11	2	19	10	

Atebion Rhodri

(a) ΔU yw'r egni mewnol X (dim digon)

Q yw gwres sy'n mynd i mewn neu allan o'r nwy X

W yw'r gwaith sy'n cael ei wneud ar y nwy neu gan y nwy X

SYLWADAU'R MARCIWR
Mae pob un o atebion Rhodri yn brin o'r cynllun marcio ac nid yw'n ennill unrhyw farciau o gwbl. Dydy e ddim yn bell o ennill 3 marc ond mae pob gosodiad ychydig yn anghywir neu'n amwys.
0 marc

(b)(i) $n = \dfrac{pV}{RT} = \dfrac{0.27 \times 2}{8.31 \times 293}$ ✓ ~0.000222 mol X

SYLWADAU'R MARCIWR
Mae Rhodri yn ennill y marc cyntaf ond nid yr ail gan ei fod wedi methu â sylwi ar y lluosyddion cywir yn yr unedau ar y graff.
1 marc

(ii) $T = \dfrac{pV}{nR} = \dfrac{1.2 \times 0.9}{0.000222 \times 8.31} = 585$ ✓

$T = \dfrac{pV}{nR} = \dfrac{0.27 \times 0.9}{0.000222 \times 8.31} = 132$ ✓

SYLWADAU'R MARCIWR
Mae Rhodri wedi cymhwyso'r hafaliad yn gywir ar gyfer y marc cyntaf ac wedi cael yr ateb cywir ar gyfer y trydydd marc (sylwch ar sut mae pwerau o 10 yn canslo yn yr adran hon). Dydy Rhodri ddim yn ennill yr ail farc oherwydd ei fod wedi darllen y raddfa gwasgedd yn anghywir (dylai'r gwasgedd fod yn 1.02×10^5Pa).
2 farc

(iii) $U = \frac{3}{2}nRT = 1.5 \times 0.000222 \times 8.31 \times 585$ ✓
= 1.08 J X

SYLWADAU'R MARCIWR
Yma, dydy Rhodri ddim wedi cyfrifo'r newid mewn egni mewnol, dim ond yr egni mewnol ar y tymheredd uwch (anghywir). Er hynny, mae wedi defnyddio'r hafaliad ac yn ennill marc hael.
1 marc

(iv)   Cyfrif sgwariau, Rwy'n dyfalu bod yna 13.5 sgwâr mawr o dan y gromlin ✓

Mae pob sgwâr yn $0.2 \times 0.2 = 0.04$ J

Gwaith sy'n cael ei wneud = $0.04 \times 13.5 = 0.54$ J

SYLWADAU'R MARCIWR
Mae ateb olaf Rhodri yn gywir ar ôl iddo luosi ei ateb â ffactor o 100. Mae ei esboniad o pam mae wedi gwneud hyn yn cael mya gan yr arholwr. Mae hefyd wedi dweud bod y gwaith yn cael ei wneud ar y nwy.
3 marc

Ond mae'r gwasgedd yn $\times 10^5$, y cyfaint yn $\times 10^{-3}$ felly'r gwaith sy'n cael ei wneud yw 54 J. Hefyd, mae'r gwaith hwn yn cael ei wneud ar y nwy nid gan y nwy. ✓✓ mya $\times 100$ (dgy)

(v) $\Delta U = 1.08$J a W$= -54$ J

$\Delta U = Q - W$ felly $Q = \Delta U + W = -53$ J ✓

Felly mae'n ymddangos i mi nad yw Teilo yn Einstein ac mae wedi gwneud pethau'n anghywir. ✓dgy

SYLWADAU'R MARCIWR	
Mae ΔU blaenorol Rhodri yn anghywir ond ni ellir ei gosbi am hyn eto. Mae wedi dod o hyd i ddull da o wirio, h.y. cymhwyso'r ddeddf 1af ac mae ei gasgliad yn gywir gyda dgy.	
	2 farc

(vi) gwaith sy'n cael ei wneud ar gyfer
CA $= 0.27 \times 1.1 = 0.297$ J ✓ mya

Felly gwaith sy'n cael ei wneud
$= -54 + 29.7 = -24.3$J ✓

Mae'n debyg bod disgwyl i mi ddefnyddio $\Delta U = Q - W$
ond dydw i ddim yn gallu cyfrifo $\Delta U = Q - W$

SYLWADAU'R MARCIWR	
Mae gwaith cyfrifo Rhodri ar gyfer y gwaith sy'n cael ei wneud yn gywir. Nid yw ei niferoedd yn union yr un fath â'r cynllun marcio ond o fewn goddefiant. Ni all ennill mwy o farciau oherwydd nid yw'n sylweddoli bod $\Delta U = 0$ ar gyfer cylchred gaeedig.	
	2 farc
Cyfanswm	**11 marc /19**

Atebion Ffion

(a) ΔU yw'r cynnydd mewn egni mewnol ✓
Q yw gwres sy'n dod i mewn i'r system ✓
W yw'r gwaith sy'n cael ei wneud gan y nwy ✓

SYLWADAU'R MARCIWR	
Mae atebion Ffion yn rhagorol, ac mae hi'n ennill marciau llawn. Sylwch fod 'newid' bob amser yn cael ei ddiffinio fel 'terfynol – cychwynnol' fel bod newid a chynnydd yn gywerth. Mae Ffion yn anghyson yn ei defnydd o 'system' a 'nwy' ond dydy hyn ddim yn cael ei gosbi.	
	3 marc

(b)(i) $n = \dfrac{pV}{RT} = \dfrac{0.27 \times 10^5 \times 2.00 \times 10^{-3}}{8.31 \times 293}$ ✓

$= 0.0222$ mol ✓

SYLWADAU'R MARCIWR	
Mae ateb Ffion yn gywir ac mae hi'n ennill y ddau farc.	**2 farc**

(ii) $\dfrac{p_A V_A}{T_A} = \dfrac{p_B V_B}{T_B}$, ✓ felly

$T_B = \dfrac{p_B V_B}{p_A V_A} T_A = \dfrac{1.05 \times 0.90 \times 293}{0.27 \times 2.00} = 513$ K

$T_C = \dfrac{V_C}{V_A} T_A = \dfrac{0.90 \times 293}{2.00} = 132$ K

a $T_C = 132$ K ✓✓

SYLWADAU'R MARCIWR	
Mae Ffion yn defnyddio'r ffurf $\dfrac{pV}{T}$ = cysonyn o'r ddeddf nwy delfrydol. Mae hi'n ennill marciau llawn am hyn. Sylwch nad oes angen iddi ddefnyddio'r lluosyddion oherwydd eu bod yn canslo wrth ddefnyddio cymarebau'r gwasgedd a'r cyfaint yn y cyfrifiadau.	
	3 marc

(iii) $\Delta U = \frac{3}{2} nR (513 - 293) = 61$ J ✓✓

SYLWADAU'R MARCIWR	
Mae ateb Ffion yn ennill marciau llawn er ei fod yn anghywir ar yr olwg gyntaf. Dyma le mae'n rhaid i'r arholwr wirio rhifau Ffion o ateb blaenorol a gweld ei bod wedi gwneud popeth yn iawn.	
	2 farc

(iv) Gan frasamcanu AB i linell syth
Arwynebedd $= 0.5 \times (1.02+0.27) \times 10^5 \times 1.1 \times 10^{-3}$

$= 71$ J ✓

sy'n agos at 60 J   QED

SYLWADAU'R MARCIWR	
Mae brasamcan Ffion o'r arwynebedd yn rhy fawr – mae hi wedi brasamcanu AB i linell syth. Dydy hi ddim wedi esbonio'r arwydd negatif ychwaith ac mae hi dim ond yn ennill y marc cyntaf am wybod mai'r arwynebedd o dan y gromlin yw'r gwaith.	
	1 marc

(v) Yn $\Delta U = Q - W$, mae gennyn ni

$61 = Q + 71$ Felly $Q = 10$ J ✓ mya

Ac mae'r gwres sy'n cael ei drosglwyddo yn fach o'i gymharu felly mae Teilo yn eithaf manwl gywir. ✓

SYLWADAU'R MARCIWR	
Gallai'r arholwr fod wedi cosbi Ffion am fod ei W blaenorol wedi newid arwydd. Ond cafodd mya gan fod yr arholwr yn credu bod Ffion yn cywiro ei chamgymeriad blaenorol gyda'r arwydd.	
	2 farc

(vi) $\Delta U = 0$ oherwydd mae'n gylchred gaeedig ✓

Gwaith sy'n cael ei wneud ar gyfer CA $= 0.27 \times 10^5$
$\times 1.1 \times 10^{-3} = 30$ J ✓

Felly cyfanswm y gwaith sy'n cael ei wneud
$= 30 - 70 = 40$ J ✓ dgy

Dyma'r gwres hefyd oherwydd Q = W os nad yw'r egni mewnol yn newid ✓

SYLWADAU'R MARCIWR	
Mae ateb Ffion yn berffaith er bod ei hateb olaf ychydig yn fawr. Dim ond effaith ganlyniadol yw hyn o ran (iv) ac mae'n haeddu marciau llawn gyda dgy.	
	4 marc
Cyfanswm	**17 marc /19**

Adran 5: Dadfeiliad niwclear

Crynodeb o'r testun

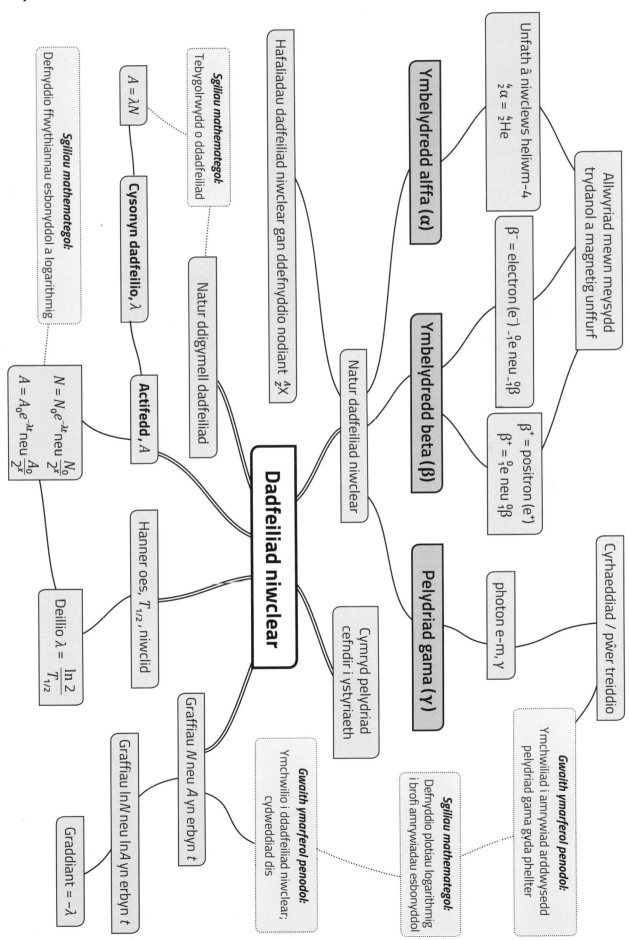

Dadfeiliad niwclear

Natur dadfeiliad niwclear

Hafaliadau dadfeiliad niwclear gan ddefnyddio nodiant $_Z^A X$

Ymbelydredd alffa (α)

Unfath â niwclews heliwm-4
$_2^4 α = _2^4 He$

Allwyriad mewn meysydd trydanol a magnetig unffurf

Ymbelydredd beta (β)

$β^- = electron (e^-) _{-1}^0 e$ neu $_{-1}^0 β$

$β^+ = positron (e^+)$
$β^+ = _1^0 e$ neu $_1^0 β$

Pelydriad gama (γ)

photon e-m, γ

Cyrhaeddiad / pŵer treiddio

Gwaith ymarferol penodol:
Ymchwiliad i amrywiad arddwysedd pelydriad gama gyda phellter

Sgiliau mathemategol:
Defnyddio plotiau logarithmig i brofi amrywiadau esbonyddol

Gwaith ymarferol penodol:
Ymchwilio i ddadfeiliad niwclear; cydweddiad dis

Cymryd pelydriad cefndir i ystyriaeth

Graffiau N neu A yn erbyn t

Graffiau $\ln N$ neu $\ln A$ yn erbyn t

Graddiant = $-λ$

Hanner oes, $T_{1/2}$, niwclid

Deillio $λ = \dfrac{\ln 2}{T_{1/2}}$

$N = N_0 e^{-λt}$ neu $\dfrac{N_0}{2^x}$
$A = A_0 e^{-λt}$ neu $\dfrac{A_0}{2^x}$

Sgiliau mathemategol:
Defnyddio ffwythiannau esbonyddol a logarithmig

Actifedd, A

Cysonyn dadfeilio, $λ$

$A = λN$

Sgiliau mathemategol:
Tebygolrwydd o ddadfeiliad

Natur ddigymell dadfeiliad

C1 Ar ôl cael ei gofyn i ddisgrifio beth oedd ymbelydredd β, ysgrifennodd Alex, 'Mae'n llif o electronau.' Dywedodd Charlie fod disgrifiad Alex yn anghyflawn.

Nodwch beth sydd ar goll o'i disgrifiad. [2]

....

....

....

C2 Gall **actifedd**, A, sampl ymbelydrol gael ei gyfrifo drwy ddefnyddio'r hafaliad:

$$A = \lambda N$$

(a) Nodwch beth yw ystyr *actifedd* a rhowch ei uned. [2]

....

....

....

(b) Cysonyn dadfeiliad plwtoniwm-239 yw 9.11×10^{-13} s^{-1}. Mae myfyriwr yn darllen, mewn unrhyw flwyddyn, fod gan atom o blwtoniwm-239 debygolrwydd o lai nag 1 mewn 30 000 o ddadfeilio.

Gwerthuswch a yw hyn yn gywir. [3]

....

....

....

....

....

C3 Mewn arbrawf i ymchwilio i'r ymbelydredd sy'n cael ei allyrru gan sampl ymbelydrol, mae myfyriwr yn gosod y sampl 10 cm o ganfodydd ymbelydredd. Mae cyfrifon yn cael eu cymryd dros gyfnodau o 5 munud heb unrhyw amsugnydd, gydag amsugnydd papur tenau ac amsugnydd alwminiwm 3 mm. Mae'r canlyniadau fel hyn:

Amsugnydd	dim	papur	alwminiwm
Cyfrif	576	570	568

(a) Esboniwch pa gasgliadau sy'n gallu cael eu tynnu o'r canlyniadau am allyriad ymbelydredd α, β a phelydriad γ gan y sampl. [3]

....

....

....

....

(b) Awgrymwch ddau welliant i'r arbrawf ac esboniwch sut byddan nhw'n caniatáu cyrraedd casgliadau mwy cyflawn. [3]

....

....

....

....

C4 Mae wraniwm-235 ($^{235}_{92}$U), yn dadfeilio drwy allyriad-α i isotop o thoriwm (Th).

(a) Ysgrifennwch yr hafaliad dadfeilio ar gyfer $^{235}_{92}$U. [3]

$$^{235}_{92}U \longrightarrow$$

(b) Wedyn mae'r isotop thoriwm yn mynd drwy gyfres o ddadfeiliadau α a β^- nes ffurfio isotop sefydlog o blwm. Mae tri isotop sefydlog o blwm, $^{206}_{82}$Pb, $^{207}_{82}$Pb a $^{208}_{82}$Pb .

(i) Mae Paul yn dweud bod yn rhaid i'r isotop sy'n cael ei ffurfio fod yn $^{207}_{82}$Pb. Esboniwch pam mae'n gywir. [2]

....

....

(ii) Darganfyddwch nifer y dadfeiliadau α a β^- sy'n digwydd yn y gyfres ddadfeiliad o $^{238}_{92}$U i $^{206}_{82}$Pb ac esboniwch eich ateb. Gallai eich helpu i gwblhau'r hafaliad canlynol (gallwch chi anwybyddu niwtrinoeon: [3]

$$^{238}_{92}U \longrightarrow {}^{206}_{82}Pb + \text{...............} + \text{...............}$$

....

....

....

....

(iii) Mae'r isotop wraniwm $^{233}_{92}$U yn rhan o gyfres ddadfeiliad ymbelydrol wahanol. Esboniwch pam na all y gyfres hon **ddod i ben** ar isotop o blwm. [2]

....

....

....

C5 Mae athro yn gosod ffynhonnell gama cobalt-60 20 cm o ganfodydd ymbelydredd a mesurydd cyfradd. Y darlleniad, wedi'i gywiro ar gyfer cefndir, yw 9.76 cyfrif yr eiliad. Union flwyddyn yn ôl, roedd y darlleniad yn 11.50 cyfrif yr eiliad.

(a) Cyfrifwch beth fydd y darlleniad:

(i) ymhen blwyddyn. [2]

....

....

(ii) ymhen 10 mlynedd. [1]

....

(b) Lefel y pelydriad cefndir yn labordy'r athro yw 0.42 cyfrif yr eiliad. Darganfyddwch yr amser y bydd yn ei gymryd i'r ffynhonnell cobalt-60 ddadfeilio i'r un lefel â hyn wedi'i fesur ar bellter o 20 cm. [3]

....

....

....

C6 Mae gronynnau buanedd uchel o'r gofod, sy'n cael eu galw'n belydrau cosmig, yn gwrthdaro ag atomau yn yr atmosffer uwch. Mae rhai o'r gwrthdrawiadau'n arwain at allyriad niwtronau sy'n cael eu hamsugno gan niwclysau nitrogen, $^{14}_{7}N$, gan gynhyrchu niwclysau $^{14}_{6}C$, sy'n β^- ymbelydrol gyda hanner oes o 5730 o flynyddoedd. Mae'r cydbwysedd, rhwng cynhyrchu $^{14}_{6}C$ a'i ddadfeiliad, yn arwain at gymhareb o atomau $^{14}_{6}C / ^{12}_{6}C$ o 1.250×10^{-12}.

Mae meinweoedd organebau byw yn cynnwys $^{14}_{6}C$ yn yr un gymhareb i $^{12}_{6}C$ ag yn yr atmosffer. Ar ôl i organeb farw, mae lefel y $^{14}_{6}C$ yn ei feinweoedd yn gostwng, oherwydd dadfeiliad ymbelydrol. Gallwn ni ddefnyddio'r gostyngiad hwn i amcangyfrif oed gwrthrychau sydd wedi'u gwneud o ddefnyddiau biolegol mewn proses o'r enw dyddio radio-carbon.

(a) Cwblhewch yr hafaliad niwclear ar gyfer cynhyrchu $^{14}_{6}C$. [2]

$$\overline{}n \ + \ ^{14}_{7}N \ \longrightarrow \ ^{14}_{6}C \ +$$

(b) Ysgrifennwch yr hafaliad dadfeilio niwclear ar gyfer $^{14}_{6}C$. [2]

$$^{14}_{6}C \ \longrightarrow \ \text{................} \ + \ \text{................} \ + \ \text{................}$$

(c) (i) Cyfrifwch y cysonyn dadfeiliad ymbelydrol, λ, ar gyfer carbon-14. [2]

(ii) Mae gan arteffact pren o'r Hen Aifft gymhareb $^{14}_{6}C / ^{12}_{6}C$ o $(0.851 \pm 0.002) \times 10^{-12}$. Amcangyfrifwch oed y pren ynghyd â'i ansicrwydd absoliwt. [3]

(iii) Mae llosgi tanwyddau ffosil yn ystod y 200 mlynedd diwethaf wedi lleihau'r swm o $^{14}_{6}C$ yn yr atmosffer o 3%, o'i gymharu â $^{12}_{6}C$. Mae Sioned yn dweud y bydd hyn yn gwneud i wrthrychau sydd wedi'u gweithgynhyrchu'n ddiweddar ymddangos yn hŷn nag y maen nhw mewn gwirionedd, os byddan nhw'n cael eu hasesu gan ddefnyddio dyddio radio-carbon. Gwerthuswch a yw Sioned yn gywir. [2]

C7

Mae dosbarth o fyfyrwyr yn ymchwilio i ddadfeiliad ymbelydrol yn ddamcaniaethol, drwy ddychmygu arbrawf sy'n cynnwys 800 o ddisiau wythochrog, pob un ohonynt gydag un wyneb wedi'i beintio'n ddu.

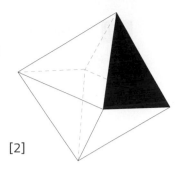

Mae'r myfyrwyr yn ystyried taflu'r disiau sawl gwaith a, bob tro, tynnu unrhyw rai sy'n glanio gyda'r wyneb du i fyny.

(a) Dangoswch fod nifer y disiau mae'r myfyrwyr yn disgwyl i fod ar ôl wedi n o dafliadau yn $800 \times (0.875)^n$. [2]

....

....

....

(b) Yna, mae'r myfyrwyr yn gwneud yr arbrawf gyda'r canlyniadau canlynol:

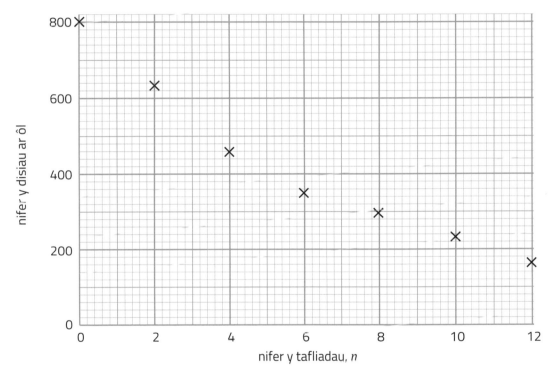

Gwnewch sylw ynglŷn ag a yw'r canlyniadau'n cytuno â 'hanner oes' disgwyliedig y disiau ai peidio. [3]

....

....

....

....

....

(c) Mae'r myfyrwyr yn peintio ail wyneb yn ddu ar bob un o'r disiau ac yn ailadrodd yr arbrawf. Lluniadwch y graff dadfeiliad disgwyliedig ar y grid uchod. [3]

C8 Mae gronynnau β yn colli egni cinetig wrth iddyn nhw basio drwy atomau amsugnydd. Maen nhw'n gwneud hyn drwy ryngweithiadau â'r electronau yn yr atomau.

Eu cyrhaeddiad yn yr amsugnydd yw'r pellter maen nhw'n ei deithio nes eu bod yn colli eu holl egni cinetig.

Mae'r graff yn dangos sut mae cyrhaeddiad gronynnau β **mewn dŵr** yn dibynnu ar eu hegni.

Mae cyrhaeddiad gronynnau β mewn cyfrannedd gwrthdro â dwysedd yr amsugnydd.

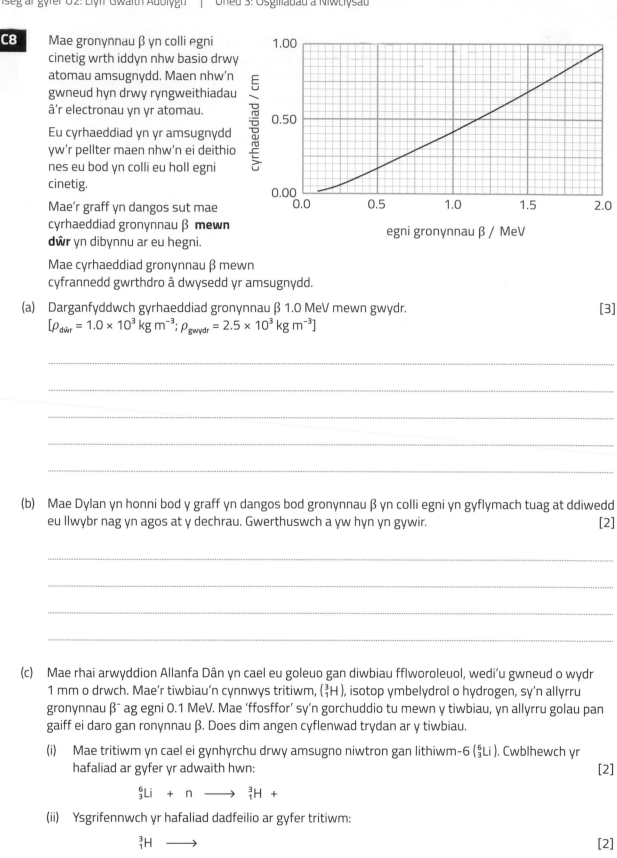

(a) Darganfyddwch gyrhaeddiad gronynnau β 1.0 MeV mewn gwydr. [3]
$[\rho_{dŵr} = 1.0 \times 10^3 \text{ kg m}^{-3}; \rho_{gwydr} = 2.5 \times 10^3 \text{ kg m}^{-3}]$

(b) Mae Dylan yn honni bod y graff yn dangos bod gronynnau β yn colli egni yn gyflymach tuag at ddiwedd eu llwybr nag yn agos at y dechrau. Gwerthuswch a yw hyn yn gywir. [2]

(c) Mae rhai arwyddion Allanfa Dân yn cael eu goleuo gan diwbiau fflworoleuol, wedi'u gwneud o wydr 1 mm o drwch. Mae'r tiwbiau'n cynnwys tritiwm, ($^3_1$H), isotop ymbelydrol o hydrogen, sy'n allyrru gronynnau β⁻ ag egni 0.1 MeV. Mae 'ffosffor' sy'n gorchuddio tu mewn y tiwbiau, yn allyrru golau pan gaiff ei daro gan ronynnau β. Does dim angen cyflenwad trydan ar y tiwbiau.

   (i) Mae tritiwm yn cael ei gynhyrchu drwy amsugno niwtron gan lithiwm-6 ($^6_3$Li). Cwblhewch yr hafaliad ar gyfer yr adwaith hwn: [2]

   $$^6_3\text{Li} \ + \ \text{n} \ \longrightarrow \ ^3_1\text{H} \ +$$

   (ii) Ysgrifennwch yr hafaliad dadfeilio ar gyfer tritiwm: [2]

   $$^3_1\text{H} \ \longrightarrow$$

   (iii) Defnyddiwch y wybodaeth uchod i esbonio pam nad yw pobl yng nghyffiniau'r tiwbiau mewn unrhyw berygl o'r gronynnau β⁻. [2]

C9 Mae dau dechnegydd yn mesur y gyfradd gyfrif, C (mewn cyfrifon yr eiliad), dros 1000 s, o sampl ymbelydrol sydd wedi'i gynhyrchu'n ffres. Maen nhw'n plotio graff o $\ln C$ yn erbyn amser.

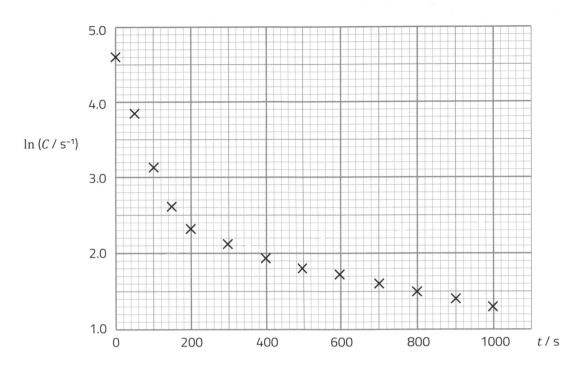

Mae Dominic yn dweud fod yn rhaid bod yna ddau radioisotop gwahanol yn y sampl a bod yr un â'r hanner oes fyrrach wedi dadfeilio i swm dibwys ar ôl tua 400 s.

(a) Nodwch sut mae'r canlyniadau'n cefnogi awgrym Dominic. [2]

....

....

....

(b) Defnyddiwch y canlyniadau ar ôl 400 s i ddarganfod, ar gyfer **isotop 2** (yr un â'r hanner oes hirach):

(i) y cysonyn dadfeiliad. [2]

....

....

....

(ii) y gyfradd gyfrif ar amser $t = 0$. [2]

....

....

....

(c) Darganfyddwch y gyfradd gyfrif gychwynnol o **isotop 1** (yr un â'r hanner oes byrrach). [2]

....

....

....

C10 Weithiau mae ysgolion yn defnyddio'r niwclid ymbelydrol, protoactiniwm-234, $^{234}_{91}$Pa, ar gyfer darganfod hanner oes oherwydd ei hanner oes byr iawn. Caiff $^{234}_{91}$Pa ei gynhyrchu gan ddadfeiliad isotop thoriwm (Th), sy'n cael ei ffurfio gan ddadfeiliad alffa isotop wraniwm (U), sydd â rhif proton 92.

Mae gwefan yn rhoi hanner oes ^{234}Pa fel 1.17 munud.

(a) Cwblhewch yr hafaliadau dadfeilio i ddangos sut mae protoactiniwm-234 yn cael ei ffurfio o wraniwm: [3]

$$U \longrightarrow Th + $$
$$Th \longrightarrow {}^{234}_{91}Pa + $$

(b) Mewn arbrawf dosbarth, mae myfyriwr yn mesur cyfrif cychwynnol o 470 ± 22 dros gyfnod o 10 eiliad. Mewn ail ddarlleniad 3.0 munud yn ddiweddarach, mae'r cyfrif yn 86 ± 9. Dangosodd mesuriad rhagarweiniol fod pelydriad cefndir yn ddibwys o'i gymharu â'r darlleniadau hyn.

Gwerthuswch a yw canlyniadau'r myfyriwr yn gyson â data'r wefan. [5]

....

....

....

....

....

....

....

(c) Disgrifiwch sut gallai'r myfyriwr gael gwell data i gymharu â gwerth hanner oes y wefan. Disgrifiwch y dull dadansoddi yn fyr.

[Noder, gyda'r cyfarpar hwn, nad yw'n bosibl cael cyfradd cyfrif gychwynnol sy'n fwy na thua 500 mewn 10 eiliad.] [3]

....

....

....

....

....

C11 Mae paladr o ronynnau β yn cael ei basio drwy ddwy hollt gul ac yn cael ei ganfod trwy ddefnyddio tiwb GM.

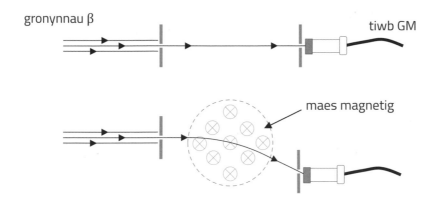

Pan fydd maes magnetig yn cael ei roi rhwng yr holltau, rhaid symud yr ail hollt i lawr er mwyn canfod y gronynnau β.

(a) Esboniwch yr arsylw hwn a diddwythwch a yw'r gronynnau β yn ronynnau β⁻ neu β⁺. [4]

(b) Esboniwch sut byddai'r arsylwadau'n wahanol pe bai'r paladr yn cynnwys gronynnau α neu ffotonau γ. [3]

Dadansoddi cwestiynau ac atebion enghreifftiol

C&A 1

Mae grŵp o fyfyrwyr yn ymchwilio i ddwy ffynhonnell ymbelydrol. Yn gyntaf maen nhw'n mesur y cyfrif cefndir dros gyfnod o 1 munud gan ddefnyddio canfodydd ymbelydredd.

Canlyniad: Cyfrif cefndir mewn 1 munud = 24.

(a) Maen nhw'n cydosod y canfodydd ymbelydredd 10 cm i ffwrdd o ffynhonnell beta (β) ac yn mesur y cyfrif dros 1 funud. Arwynebedd y canfodydd ymbelydredd yw 1.0 cm^2.

Canlyniad: Cyfrif mewn 1 munud = 864.

Amcangyfrifwch actifedd y ffynhonnell beta, gan esbonio eich ymresymiad. [4]

(b) Yna mae'r myfyrwyr yn ymchwilio i amsugniad y pelydriad o ffynhonnell gama mewn plwm. Maen nhw'n mewnosod cyfres o ddarnau o blwm â thrwch o 0.50 cm rhwng y ffynhonnell a'r canfodydd a chofnodi'r cyfrif wedi'i gywiro, C, mewn 1 munud. Dyma'r canlyniadau:

Trwch yr amsugnydd, x / cm	C
0.00	572
0.50	308
1.00	233
1.50	144
2.00	81
2.50	67
3.00	40

Y berthynas ddisgwyliedig yw $C = C_0 e^{-\mu x}$ lle C_0 yw'r gyfradd cyfrif oherwydd y ffynhonnell heb amsugnydd, ac mae μ yn gysonyn.

(i) Dangoswch fod disgwyl i blot o $\ln C$ yn erbyn x fod yn llinell syth. [2]

(ii) Defnyddiwch y grid i blotio graff o $\ln C$ yn erbyn x a thynnwch linell addas. [4]
Does dim angen barrau cyfeiliornad. [Grid 8 cm × 12 cm wedi'i roi]

(iii) Darganfyddwch werth ar gyfer μ a rhowch uned briodol. [3]

(iv) Mae gwahaniad y ffynhonnell a'r canfodydd yn 10.0 cm cyson. Esboniwch, gan ddefnyddio enghraifft, pam mae angen i'r gwahaniad fod yn newidyn rheoledig. [2]

Beth sy'n cael ei ofyn

Mae rhan (a) yn gwestiwn synoptig o Uned 1 sy'n gofyn am gymhwyso deddf sgwâr gwrthdro pelydriad. Mae hefyd yn gofyn am ymdrin â chywiriadau cefndir. Cwestiwn AA2 yw hwn. Mae rhan (b) yn ddadansoddiad arbrofol sy'n seiliedig ar waith ymarferol penodol. Dydy'r theori ddim yn rhan o gynnwys y testun hwn; felly caiff y berthynas ddisgwyliedig ei rhoi. Mae rhannau (c)(i) a (ii) yn AA2 safonol. Mae rhan (iii) yn cael ei hystyried yn AA3 oherwydd nad yw'r dull o ddefnyddio'r canlyniadau i gael yr ateb wedi'i nodi. Mae rhan (iv) yn ymwneud â dyluniad yr arbrawf ac mae'n AA3.

Cynllun marcio

Rhan o'r cwestiwn			Disgrifiad	AA			Cyfanswm	Sgiliau	
				1	2	3		M	Y
(a)			Tynnu'r cefndir [1] Trawsnewid yr unedau amser [1] Cymhwyso $4\pi r^2$ [1] Actifedd = 17 kBq [1] Caniatáu dgy ar 864, gan ddefnyddio munudau a πr^2		4		4	1 1	4
(b)	(i)		Cymryd logiau'n gywir, e.e. $\ln C = \ln C_0 - \mu x$ [1] Cymhariaeth glir â $y = mx + c$ [1]		2		2	2	

	(ii)	Echelinau llinol wedi'u labelu gyda'r uned ar yr echelin x ond nid ar yr echelin $\ln C$ [1] Dewis graddfeydd fel bod y pwyntiau'n ymestyn dros o leiaf 50% o bob echelin [1] Pwyntiau wedi'u plotio'n gywir o fewn <1 sgwâr [1] Llinell syth ffit orau (yn ôl y llygad) wedi'i thynnu [1]		4	4		4
	(iii)	$\dfrac{\Delta y}{\Delta x}$ wedi'i ddefnyddio ar gyfer graddiant (anwybyddu'r arwydd) [1] Wedi defnyddio pwyntiau pell oddi wrth ei gilydd ar y graff. [1] $\mu = 0.86$ cm^{-1} **uned** [goddefiant o ± 0.05] [1]		3	3	1	3
	(iv)	Cyfeirio at ddeddf sgwâr gwrthdro neu'n ymhlyg (derbyn: mae'r gyfradd cyfrif yn is ar bellteroedd uwch <u>oherwydd</u> bod pelydriad yn lledaenu) [1] Cyfrifiad, e.e. ar 20 cm, disgwyl 143 cyfrif heb unrhyw amsugnydd [1]		2	2	1	2
Cyfanswm			0	10	5	15	6	13

Atebion Rhodri

(a) Cyfrif wedi'i gywiro $= 842$ ✓

Ffracsiwn $= \dfrac{1.0\ cm^2}{\pi \times 10^2} = 3.18 \times 10^{-3}$ ✗

felly $3.18 \times 10^{-3}\ A = 842$ ✗

felly $A = 260\ 000$ Bq ✓ dgy

> **SYLWADAU'R MARCIWR**
> Gwnaeth Rhodri gywiriad am gefndir (marc cyntaf) ond nid am amser a chyfrifodd arwynebedd sffêr 10 cm yn anghywir.
> Fodd bynnag, cafodd y marc olaf dgy.
> **2 farc**

(b)(i) $\log C = \log C_0 - \mu x$ ✓
felly llinell syth ✗ (dim digon)

> **SYLWADAU'R MARCIWR**
> Mae angen cymhariaeth glir â hafaliad llinell syth ar gyfer yr ail farc.
> **1 marc**

(ii)

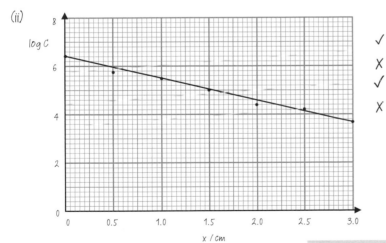

> **SYLWADAU'R MARCIWR**
> ✓
> ✗
> ✓
> ✗
> Mae graddfeydd llinol a labelu cywir yn rhoi'r marc cyntaf. Rydyn ni'n derbyn log yn lle ln neu log$_e$. Mae'r ail farc yn cael ei ddal yn ôl oherwydd bod y pwyntiau'n llenwi llai na hanner yr echelin fertigol.
> Mae'r pwyntiau wedi'u plotio'n gywir – trydydd marc. Dydy'r marc am y llinell ddim yn cael ei roi oherwydd bod mwy o bwyntiau o dan y llinell nag uwchben – mae Rhodri wedi uno'r pwynt cyntaf a'r pwynt olaf yn unig.
> **2 farc**

(iii) $\log C = \log C_0 - \mu x.$
$\log C_0 = 6.35$; pan mae $x = 2$, $\log C = 4.39$ ✓
Felly $4.60 = 6.35 - 2\mu$
$\mu = \dfrac{6.35 - 4.39}{2}$ ✓ $= 0.88$ (2 pd) ✗ (uned)

> **SYLWADAU'R MARCIWR**
> Mae defnyddio'r hafaliad yn gywerth â defnyddio'r graddiant, cyn belled â bod pwyntiau o'r llinell yn cael eu defnyddio. Mae'r pwyntiau'n bell oddi wrth ei gilydd. Mae'r uned ar goll felly dydy'r marc olaf ddim yn cael ei roi.
> **2 farc**

(iv) Mae'r pelydriad yn lledaenu felly y pellaf i ffwrdd, yr isaf yw'r cyfrifon ✓, felly ni fyddai'n brawf teg. e.e. os caiff ei symud i 15 cm byddai'r cyfrif yn is. ✗ (dim digon)

> **SYLWADAU'R MARCIWR**
> Mae'r marc cyntaf yn cael ei roi (pelydriad yn lledaenu). Mae angen cyfrifiad ar gyfer yr ail farc.
> **1 marc**
>
> **Cyfanswm**   **8 marc /15**

Atebion Ffion

(a) Ar 10 cm mae'r pelydriad yn lledaenu i
arwynebedd $= 4\pi \times 10^2 = 1257$ cm^2 ✓
Felly actifedd $= 1257 \times 864$ ✗
$= 1.09 \times 10^6$ cyfrif y funud
$= 18$ kBq ✓✓ dgy

SYLWADAU'R MARCIWR
Yr unig farc sy'n cael ei fethu gan Ffion yw'r cywiriad i'r cefndir (tynnu 24). Mewn gwirionedd, byddai'r arholwr wedi rhoi'r marciau iddi ar gyfer y llinell flaenorol gan ei bod wedi rhoi uned gywir ar gyfer actifedd yno.

3 marc

(b)(i) Hafaliad llinell syth yw $y = \mu x + c$.
Os yw $C = C_0 e^{-\mu x}$, $\ln C = \ln C_0 - mx$ ✓
Mae gan hwn yr un ffurf â $y = mx + c$
os ydyn ni'n plotio $\ln C$ ar yr echelin y.
Y graddiant yw $-\mu$ ✓

SYLWADAU'R MARCIWR
Mae Ffion yn ennill y ddau bwynt marcio yma ac yn ennill marciau llawn.

2 farc

(ii)

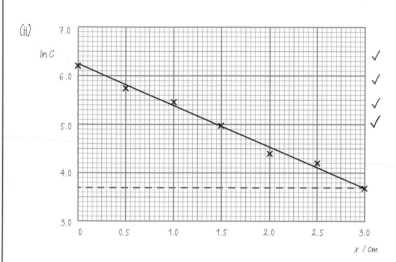

SYLWADAU'R MARCIWR
Marciau llawn: Mae Ffion wedi dewis graddfa $\ln C$ fel bod y pwyntiau'n llenwi mwy na hanner yr echelin.

Mae gan ei llinell raddiant sy'n adlewyrchu'r pwyntiau; mae'r pwyntiau wedi'u gwasgaru'n gyfartal uwchben ac o dan y llinell.

Mae'r llinell doredig ar gyfer rhan (iii).

4 marc

(iii) $\mu = $ graddiant $= \dfrac{6.25 - 3.69}{3.0 \text{ cm}}$ ✓✓ (mya)
$= 0.85$ cm^{-1} ✓

SYLWADAU'R MARCIWR
Mae Ffion wedi gwneud dau gamgymeriad o ran arwydd yn yr hyn mae hi'n ei ysgrifennu. Fel mae'n dweud yn (b)(i), y graddiant yw $-\mu$ a'i mynegiad hi yw minws y graddiant. Fodd bynnag, dydy'r rhain ddim yn cael eu cosbi. Mae ei huned yn gywir.

3 marc

(iv) Os bydd y pellter yn cynyddu, bydd y cyfradd gyfrif yn gostwng oherwydd y ddeddf sgwâr gwrthdro ✓
e.e. os caiff ei ddyblu, bydd y cyfrif yn $\frac{1}{4}$.
Felly er mwyn cymharu mae angen gwneud y pellter yr un fath. ✗ (dim digon)

SYLWADAU'R MARCIWR
Mae'r ail farc yn un anodd ei ennill. Byddai ateb fel, "byddai 20 cm yn rhoi cyfrif o ddim ond 77 cyfrif gyda 0.5 cm o blwm – ond nid oherwydd amsugno," yn cael y marc.

1 marc

Cyfanswm　　　　　　　　**13 marc /15**

Adran 6: Egni niwclear

Crynodeb o'r testun

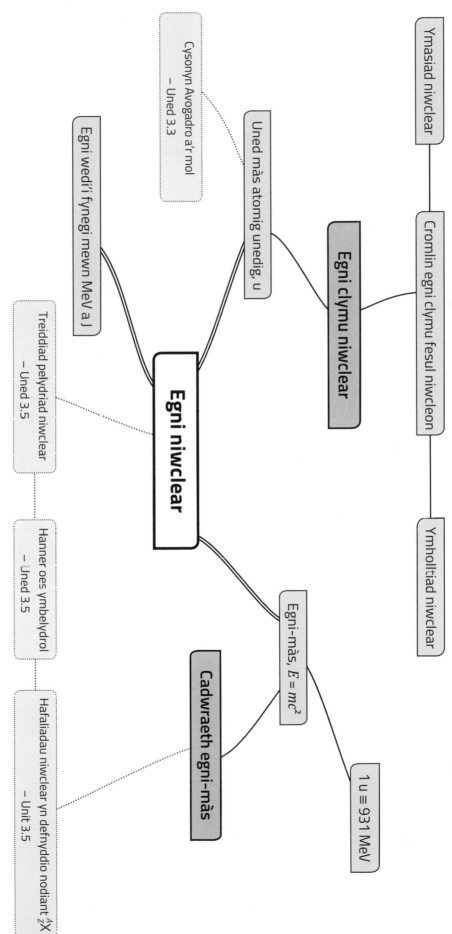

C1 Wrth iddi ddiffinio *egni clymu* niwclews, ysgrifennodd Julia:

Dyma'r egni sydd ei angen i ddal gronynnau niwclews gyda'i gilydd.

Dywedodd Octavia na allai hyn fod yn iawn oherwydd byddai hynny'n golygu y byddai gan niwclews fwy o fàs na'r protonau a'r niwtronau ynddo.

(a) Esboniwch sylw Octavia. [2]

....

....

....

(b) Ysgrifennwch ddiffiniad cywir o egni clymu niwclear. [2]

....

....

....

C2 Mae gwefan yn rhoi màs atom $^1_1$H niwtral fel 1.007 825 032 u a'r egni ïoneiddio (yr egni sydd ei angen i dynnu'r electron o'r atom) fel 13.6 eV.

Defnyddiwch y data canlynol i werthuso a yw swm masau proton ac electron yn wahanol i'r màs atomig i'r nifer hwn o ffigurau ystyrlon:

$u = 1.66 \times 10^{-27}$ kg $e = 1.60 \times 10^{-19}$ C $c = 3.00 \times 10^8$ m s^{-1} [3]

....

....

....

....

....

C3 Mae llyfr data yn rhoi'r data màs canlynol mewn u:

electron: 0.000 549   proton: 1.007 276   niwtron: 1.008 665 atom $^4_2$He : 4.002 604

Defnyddiwch y wybodaeth hon i gyfrifo:

(a) egni clymu atom $^4_2$He [3]

....

....

....

....

....

(b) egni clymu fesul niwcleon atom $^4_2$He [1]

....

C4 Arddwysedd pelydriad electromagnetig o'r Haul sy'n drawol ar atmosffer y Ddaear yw 1370 W m^{-2}.
Radiws orbit y Ddaear yw 1.50 × 10^{11} m.

a) Cyfrifwch y pŵer sy'n cael ei allyrru gan yr Haul fel pelydriad electromagnetig. [2]

(b) Mae'n cael ei nodi'n gyffredin bod yr Haul yn colli 4 miliwn tunnell fetrig o fàs bob eiliad oherwydd allbynnu pelydriad. Gwerthuswch y gosodiad hwn. [1 dunnell fetrig = 1000 kg] [2]

C5 Mae llyfr data gwyddoniaeth yn rhoi'r data canlynol ar gyfer wraniwm-235 sy'n dadfeilio drwy allyrru α:

Màs atomig = 235.043 930 u; dwysedd = 18.8 × 10^3 kg m^{-3}; hanner oes = 7.1 × 10^8 blwyddyn.

(a) Cyfrifwch actifedd 1.0 kg o $^{235}_{92}$U pur. [4]

(b) Mae Michael a Jonathan yn trafod sut byddai lwmp 1.0 kg o $^{235}_{92}$U yn teimlo. Maen nhw'n cytuno y gallai fod yn gynnes i'r cyffyrddiad. Mae Michael yn awgrymu na fyddech chi'n sylwi ar hyn.

(i) Esboniwch pam y gallai fod yn gynnes. [2]

(ii) Trafodwch awgrym Michael. [4]

Data ychwanegol: $m\left(^{231}_{90}\text{Th}\right)$ = 231.036 304 u; $m\left(^{4}_{2}\text{He}\right)$ = 4.002 604 u

Cwestiynau Ymarfer Uned 3

C6 Mae tritiwm, $^3_1$H, yn isotop ymbelydrol o hydrogen. Y gobaith yw defnyddio tritiwm mewn adweithydd ymasiad niwclear.

Mae tritiwm yn cael ei wneud drwy beledu'r isotop lithiwm $^6_3$Li gyda niwtronau mewn adweithydd ymasiad wedi'i gynllunio'n arbennig. Mae'r adwaith hefyd yn cynhyrchu un niwclid arall yn yr adwaith.

Mae'r grid yn dangos yr egni clymu fesul niwcleon ar gyfer gwahanol niwclidau wedi'i roi i'r 0.1 MeV niwc^{-1} agosaf.

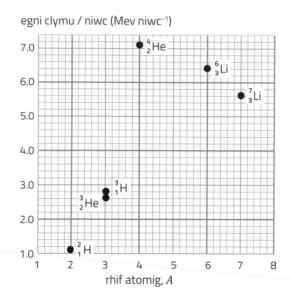

egni clymu / niwc (Mev niwc^{-1})

rhif atomig, A

(a) Cwblhewch hafaliad yr adwaith niwclear rhwng $^6_3$Li a niwtron sy'n cynhyrchu tritiwm:

$$^6_3\text{Li} + ^1_0\text{n} \longrightarrow$$

[2]

(b) Mae tritiwm yn dadfeilio drwy allyrru α, β^- neu β^+ i un o'r niwclidau eraill sy'n cael ei nodi ar y siart.

Ysgrifennwch yr hafaliad dadfeilio ar gyfer tritiwm:

$$^3_1\text{H} \longrightarrow$$

[2]

(c) Yn yr adwaith arfaethedig y tu mewn i'r adweithydd ymasiad, mae tritiwm yn adweithio â dewteriwm, isotop arall o hydrogen, $^2_1$H, i gynhyrchu $^4_2$He ac un gronyn arall.

Darganfyddwch yr egni sy'n cael ei ryddhau yn ymasiad 1.0 kg o gymysgedd priodol o dritiwm a dewteriwm.

[5]

C7 Mae'r Haul, seren ganol oed, yn cael ei egni o ymasiad hydrogen i heliwm mewn proses sy'n gallu cael ei chrynhoi fel:

$$4\,^1_1H \longrightarrow \,^4_2He + 2\,^0_{-1}e$$

lle ^1_1H a ^4_2He yw'r symbolau atomig. Mae disgwyl i'r cam hwn yng nghylchred oes yr Haul barhau am 9×10^9 mlynedd i gyd.

Bydd yr Haul yn mynd drwy gyfnod o 'losgi heliwm' yn ddiweddarach lle mae'r heliwm sy'n cael ei gynhyrchu gan ymasiad hydrogen yn adweithio i ffurfio carbon drwy broses o'r enw proses driphlyg-alffa:

$$^4_2He + \,^4_2He + \,^4_2He \longrightarrow \,^{12}_6C$$

Data: $m(^1_1H) = 1.007\,825$ u; $m(^4_2He) = 4.002\,604$ u; $m(^{12}_6C) = 12$ u (yn union); $m(^0_{-1}e) = 0.000\,549$ u

(a) Dangoswch fod ymasiad pedwar atom ^1_1H i ^4_2He yn cynhyrchu 25.7 MeV. [2]

....

....

....

(b) Cyfrifwch yr egni sy'n cael ei ryddhau yn y broses driphlyg-alffa. [2]

....

....

....

(c) Yn ystod y cyfnod 'llosgi heliwm' bydd gan yr Haul 10× ei ddiamedr presennol; bydd ei dymheredd arwyneb yn 90% o'i werth Kelvin presennol.

(i) Dangoswch y bydd goleuedd yr Haul tua 65× ei werth presennol. [2]

....

....

....

(ii) Defnyddiwch y wybodaeth ar ddechrau'r cwestiwn a'ch atebion i amcangyfrif faint o amser y gall y cyfnod llosgi heliwm bara. Dangoswch eich ymresymiad. [4]

....

....

....

....

....

....

C8 Mae elfennau gyda rhifau niwcleon sy'n fwy na 56 yn cael eu cynhyrchu mewn ffrwydradau uwchnofa ac wrth i sêr niwtron uno. Yn yr amodau dwys iawn hyn gyda nifer fawr o niwtronau rhydd, mae niwclysau fel haearn-56 ($^{56}_{26}Fe$) yn amsugno niwtronau ac yna'n mynd drwy ddadfeiliad β^- mewn proses sy'n adeiladu niwclysau trymach.

Mae cynhyrchu $^{235}_{92}U$ o $^{56}_{26}Fe$ yn cael ei grynhoi gan:

$$^{56}_{26}Fe \ + \ \text{............} \ ^1_0n \ \longrightarrow \ ^{235}_{92}U \ + \ \text{............} \ ^0_{-1}e \ + \ \text{............} \ ^0_0\overline{\nu}_e$$

Cwblhewch yr hafaliad gyda'r nifer cywir o ronynnau ac esboniwch eich ymresymiad. [4]

....

....

....

....

....

....

C9 Màs atom ^4_2He yw 4.002 604 u. Màs atom ^8_4Be yw 8.005 305 u. Mae ^8_4Be yn dadfeilio (gyda hanner oes fer iawn o 10^{-16} s) i ddau atom ^4_2He.

(a) Esboniwch pam gall ^8_4Be ddadfeilio i ^4_2He fel hyn ac awgrymwch pam mae gan y dadfeiliad hanner oes mor fyr. [2]

....

....

....

(b) Os yw'r ^8_4Be yn sefydlog, bydd y ddau niwclews ^4_2He sy'n deillio o hynny yn symud i gyfeiriadau dirgroes.

(i) Esboniwch yr arsylw hwn. [2]

....

....

....

(ii) Cyfrifwch fuaneddau'r niwclysau ^4_2He. [Gallwch chi anwybyddu màs electronau.] [4]

....

....

....

....

....

....

Dadansoddi cwestiynau ac atebion enghreifftiol

C&A 1

Mewn adweithydd ymasiad niwclear prototeip, mae niwclews $^3_1$H a niwclews $^2_1$H yn gwrthdaro'n benben ar fuanedd uchel. Maen nhw'n cyfuno i gynhyrchu niwclews ansefydlog disymud A, sy'n dadfeilio gyda hanner oes o 7.6×10^{-22} i niwclews $^4_2$He a gronyn arall B. Mae hyn i'w weld yn y diagram canlynol:

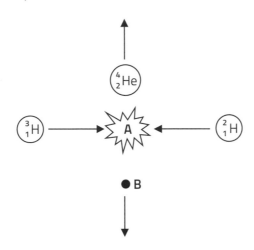

(a) Enwch y niwclews ansefydlog A a gronyn B, gan esbonio'ch ateb yn fyr. [1]

(b) Enwch y rhyngweithiad niwclear sy'n gyfrifol am ddadfeiliad A **gan roi dau reswm** dros eich ateb. [2]

(c) Esboniwch pam mae angen i'r ddau niwclews hydrogen nesáu at ei gilydd ar fuanedd uchel er mwyn i'r adweithiau hyn ddigwydd. [2]

(ch) Trafododd Alex ac Eirian yr adweithiau hyn o ran egni-màs. Mae Alex yn honni bod rhaid i gyfanswm màs y $^3_1$H a'r $^2_1$H fod yn fwy na màs A. Mae Eirian yn anghytuno ac yn dweud bod yn rhaid i'r masau hyn fod yn hafal yn ôl cadwraeth egni-màs.
Trafodwch pwy sy'n gywir os ydy un o'r ddau. [2]

(d) Mae masau rhai o'r gronynnau yn cael eu rhoi:

m(A) = 5.010 959 u; m($^4_2$He) = 4.001 505; m(B) = 1.008 665 u

(i) Cyfrifwch yr egni sy'n cael ei ryddhau yn ystod dadfeiliad A. Rhowch eich ateb mewn J. [3]

(ii) Esboniwch pam mae buanedd gronyn B yn 4.0 gwaith buanedd y niwclews $^4_2$He. [2]

(iii) Defnyddiwch (i) a (ii) i ddarganfod buanedd y niwclews $^4_2$He. [3]

(iv) Er mwyn i ymasiad y niwclysau hydrogen ddigwydd, rhaid iddyn nhw nesáu o fewn 1.0×10^{-14} m. Drwy ystyried cadwraeth egni, cyfrifwch gyfanswm egni cinetig y ddau ronyn hyn cyn y gwrthdrawiad ac felly amcangyfrifwch dymheredd angenrheidiol y nwy yn y siambr adweithio. [5]

Beth sy'n cael ei ofyn?

Mae'r cwestiwn yn cynnwys dau adwaith, ymasiad niwclear a dadfeiliad ymbelydrol anarferol. Mae'n dod â sawl maes o fanyleb ffiseg Safon Uwch i rym. Mae adran 3.6 yn dibynnu'n drwm ar wybodaeth adrannau eraill o'r fanyleb, felly mae llawer o gwestiynau'n synoptig eu natur. Mae rhan (a) yn dibynnu ar gysyniadau o Adran 3.5. Caiff ffiseg gronynnau (1.7) ei defnyddio mewn rhannau (b) ac (c). Mae rhan (ch) yn gwestiwn AA3 sydd yn adran 3.6 yn unig. Mae rhan (d) yn cyflwyno cadwraeth momentwm yn (ii), ac egni cinetig yn (iii). Mae'r rhan olaf, (d)(iv), cwestiwn AA3 arall, yn rhan synoptig arall sy'n cynnwys meysydd trydanol (4.2) a damcaniaeth ginetig (3.3).

Cynllun marcio

Rhan o'r cwestiwn			Disgrifiad	AA			Cyfanswm	Sgiliau	
				1	2	3		M	Y
(a)			A = $^5_2$He (niwclews), **a** B = niwtron Ymresymu cywir gan gynnwys rhifau proton a niwtron yn $^5_2$He (neu ateb cyfatebol) [1]	1			1		
(b)			Rhyngweithiad / grym cryf oherwydd: • Hanner oes {mor fyr / nodweddiadol o ryngweithiad cryf} [1] • Dim ond hadronau/cwarciau sy'n gysylltiedig **neu** dim newid o ran blas cwarc [1]		2		2		
(c)			Niwclysau [y ddau] wedi'u gwefru'n bositif felly'n gwrthyrru [1] Angen nesáu'n agos i ymasiad ddigwydd [1]	2			2		
(ch)			Mae gan <u>egni cinetig</u> cychwynnol (y $^3_1$H a'r $^2_1$H) fàs hefyd. [1] (Mae màs/egni yn cael ei gadw) felly mae'r màs (A) yn fwy na chyfanswm màs $^3_1$H a $^2_1$H; felly nid yw'r naill na'r llall yn gywir. [1]		2		2		
(d)	(i)		Colled màs = 7.89×10^{-4} (u) [1] [dim cosb arwydd] Egni sy'n cael ei ryddhau = 0.735 MeV [1] $\quad\quad\quad\quad\quad$ = 1.176×10^{-13} J [1]			3	3	3	
	(ii)		Mae momenta $^4_2$He a {B/niwtron} yn hafal (a dirgroes) [1] $m(^4_2\text{He}) = 4.0 \times m(\text{B})$ [1]		2		2		
	(iii)		Os yw buanedd $^4_2$He = v, EC = $\frac{1}{2}(4.00v^2 + 1.01 \times (4.0v)^2)[\times 1.66 \times 10^{-27}]$ J [1] $\quad\quad = 1.67 \times 10^{-26}v^2$ $\therefore 1.67 \times 10^{-26}v^2 = 1.176 \times 10^{-13}$ J [1] $\therefore$ Buanedd $^4_2$He = 2.65×10^6 m s^{-1} [1]			3	3	2	
	(iv)		Defnyddio $\frac{1}{4\pi\varepsilon_0}\frac{Q_1 Q_2}{r}$ [1] [e.e. 2.30×10^{-14} J i'w weld] Defnyddio cadwraeth egni [1] Defnyddio $(\frac{3}{2})kT$ gydag egni gronynnau cymedrig [h.y. 1.15×10^{-14} J dgy] [1] ~800 MK [neu 560 MK] wedi'i gael [1] dgy Awgrym y bydd tymheredd sylweddol is yn cynhyrchu ymasiad. [1]			5	5	3	
Cyfanswm				2	9	9	20	8	

Atebion Rhodri

(a) Rhaid mai $^5_2$He yw e oherwydd bod ganddo'r nifer cywir o brotonau (2) a niwtronau (3). ✗

SYLWADAU'R MARCIWR
B heb ei enwi fel niwtron.

0 marc

(b) Rhaid iddo fod yn rhyngweithiad cryf oherwydd ei fod yn digwydd mewn amser mor fyr – 10^{-22} s. ✓
Ail reswm ???

SYLWADAU'R MARCIWR
Dim ond un o'r ddau reswm yn cael ei roi.

1 marc

(c) Mae gan y grym cryf gyrhaeddiad byr iawn felly mae'n rhaid i'r gronynnau wrthdaro er mwyn i'r adwaith ddigwydd, sydd angen egni uchel ✓ mya

SYLWADAU'R MARCIWR
Mae Rhodri wedi rhoi'r wybodaeth am y pellter nesáu sydd ei angen. Dydy e ddim wedi cysylltu hyn â goresgyn y gwrthyriad. Efallai fod hyn wedi cael ei awgrymu gan y cyfeiriad at egni uchel, ond nid yw'n cael ei fynegi'n glir.

1 marc

(ch) Mae cyfanswm yr egni–màs yr un fath ar gyfer pob un o dri cham y broses cyn belled â'n bod ni'n cofio cynnwys egni cinetig y gronynnau (oherwydd nad oes unman arall i'r egni fynd). ✓ Felly bydd masau'r $^3_1$H a'r $^2_1$H yn fwy na phan fyddan nhw'n ddisymud ac mae Eirian yn gywir. ✓

SYLWADAU'R MARCIWR
Mae'r arholwr wedi defnyddio barn yma i ddyfarnu marciau am ddehongliad gwahanol. Mae Rhodri yn ystyried bod masau'r $^3_1$H a $^2_1$H yn cynnwys màs yr egni cinetig ac yn yr ystyr hwnnw, mae Eirian yn gywir.

2 farc

(d)(i) Màs cynhyrchion = 5.01017 u
Colled màs = 0.000789 u ✓
= 1.31×10^{-30} kg
∴ Egni sy'n cael ei ryddhau = mc^2
= 1.18×10^{-13} J
✓✓

SYLWADAU'R MARCIWR
Yn hytrach na defnyddio'r ffactor trawsnewid 931 MeV/u, mae Rhodri wedi trawsnewid i kg ac wedi defnyddio $E = mc^2$. Mae hyn yn gwbl dderbyniol

3 marc

(ii) Mae momentwm B yn hafal a dirgroes i fomentwm y $^4_2$He ✓. Mae gan B $\frac{1}{4}$ y màs felly 4× y buanedd. ✓

SYLWADAU'R MARCIWR
Mynegiant taclus.

2 farc

(iii) Cymhareb y masau 1:4.
Mae defnyddio $\frac{m}{m \times M}$, $^4_2$He yn cael $\frac{1}{5}$ o gyfanswm yr egni = 2.36×10^{-14} J ✓
Felly $\frac{1}{2}$ $4.00 \times 1.66 \times 10^{-27}$ v^2 = 2.36×10^{-14} ✓
∴ $v = 1.86 \times 10^6$ m s^{-1} ✗

SYLWADAU'R MARCIWR
Dydy Rhodri ddim wedi defnyddio'r ffordd i mewn o (ii) ond mae wedi dechrau'n dda gan ddefnyddio cymarebau a gweithio allan egni'r niwclews ^{4}He. Yn anffodus mae wedi anghofio'r ½ wrth gyfrifo v, felly mae'n colli'r trydydd marc.

2 farc

(iv) Egni sy'n cael ei ryddhau = 1.18×10^{-13} J ✗
Mae hwn yn cael ei rannu rhwng y gronynnau felly mae'r egni cymedrig = 5.9×10^{-14} J
$E = \frac{3}{2}kT$ ∴ $T = \frac{2 \times 5.9 \times 10^{-14}}{3 \times 1.38 \times 10^{-23}}$ ✓ dgy
= 2.85×10^9 K ✓dgy
Hyd yn oed ar dymereddau is (e.e. $\frac{1}{2}$ hyn) mae gan rai moleciwlau ddigon o egni ✓

SYLWADAU'R MARCIWR
Dydy Rhodri ddim wedi deall y cwestiwn synoptig hwn sy'n gofyn am wybodaeth am Uned 4. Mae wedi defnyddio EC yr epil ronynnau ac felly'n colli'r ddau farc cyntaf. Fodd bynnag, mae ei ddadansoddiad o'r berthynas rhwng egni a thymheredd, sef cysyniadau Uned 3, yn hollol gywir.

3 marc

Cyfanswm	14 marc /20

Atebion Ffion

(a) $^3_1H + ^2_1H \longrightarrow ^5_2He$ (A) $\longrightarrow ^4_2He + ^1_0n$ (B)

Mae hyn yn cydbwyso felly ^5_2He a niwtron ✓

SYLWADAU'R MARCIWR

Er nad yw Ffion yn rhoi'r ateb disgwyliedig mae hi'n amlwg yn gwybod beth yw'r adweithiau, ac mae'r esboniad yn awgrymu nifer cyson o brotonau a niwtronau.

1 marc

(b) Dim ond protonau a niwtronau sy'n gysylltiedig ✓ (dim leptonau na ffotonau) ac mae'n digwydd mor gyflym ✓, felly rhaid iddo fod yn rhyngweithiad cryf.

SYLWADAU'R MARCIWR

Mae 'dim ond protonau a niwtronau' cystal yma â 'dim ond baryonau'.

2 farc

(c) Mae'n rhaid i'r ^3_2He a'r ^2_1He ddod yn agos iawn ar gyfer ymasiad. ✓ Mae'r ddau wedi'u gwefru'n bositif ac felly'n gwrthyrru ei gilydd. ✓ Pe bai ganddyn nhw fuaneddau isel, fydden nhw ddim yn mynd yn ddigon agos.

SYLWADAU'R MARCIWR

Mae'r ddau bwynt marcio wedi'u gwneud yn glir. Doedd dim angen y frawddeg olaf y tro hwn.

2 farc

(ch) Mae cynhyrchu A fel adwaith ymholltiad gwrthdro. Mewn adwaith ymholltiad, mae colled màs sy'n arwain at yr egni allbwn. ✗ [Dim digon]

Felly mae'n rhaid i fàs yr $^3_2He + ^2_1He$ fod yn llai nag A ac mae'r ddau yn anghywir. ✓

SYLWADAU'R MARCIWR

Dydy'r pwynt marcio cyntaf ddim yno'n llwyr. Mae angen cysylltu egni cinetig y niwclysau hydrogen yn glir ag egni-màs
Mae'r ail bwynt wedi'i wneud yn glir.

1 marc

(d) (i) $\Delta m = 5.010\ 959 - 4.001\ 505 - 1.008\ 665$ ✓

$= 0.000\ 789\ u$ ✓

$1\ u = 931\ MeV$

Felly egni sy'n cael ei ryddhau $= 0.000\ 789 \times 931$

$= 0.735\ MeV$ ✓

SYLWADAU'R MARCIWR

I fod yn fanwl mae Δm yn cynrychioli'r màs sy'n cael ei ennill yn hytrach na'r golled màs ond doedd dim cosb y tro hwn. Rhoddodd Ffion yr ateb mewn MeV sy'n cael ei dderbyn.

3 marc

(ii) Mae momentwm B yn hafal a dirgroes i fomentwm y ^4_2He ✓. Mae gan B $\frac{1}{4}$ y màs felly $4\times$ y buanedd. ✓

SYLWADAU'R MARCIWR

Mynegiant taclus.

2 farc

(iii) Os yw buanedd ^4_2He yn v, ei EC yw:

$\frac{1}{2}\ 4.00 \times 1.66 \times 10^{-27}\ v^2 = 3.32 \times 10^{-27}v^2$

ac EC y niwtron $= 13.28 \times 10^{-27}v^2$

$\therefore$ Gan adio: $1.66 \times 10^{-26}v^2$ ✓ $= 1.18 \times 10^{-13}$ ✓

$\therefore \longrightarrow v = 2.67 \times 10^6\ m\ s^{-1}$ ✓

SYLWADAU'R MARCIWR

Ateb clir iawn sy'n ticio pob blwch. Sylwch fod yn rhaid i Ffion drawsnewid MeV i J ond ni wnaeth hynny yn (d)(i).

3 marc

(iv) $EP = 9 \times 10^9 \times \dfrac{(1.6 \times 10^{-19})^2}{1.0 \times 10^{-14}} = 2.30 \times 10^{-14}\ J$ ✓

$\therefore$ EC cychwynnol y gronynnau $= 2.30 \times 10^{-14}\ J$ ✓

$\therefore$ Gan ddefnyddio EC $= \frac{3}{2}kT \longrightarrow T = 1.11 \times 10^9\ K$

✓dgy

SYLWADAU'R MARCIWR

Defnyddiodd Ffion y fformiwla egni potensial yn gywir a (yn ymhlyg) cadwraeth egni i gael y ddau farc cyntaf. Doedd ei chyfrifiad o dymheredd ddim yn gywir gan nad oedd hi wedi defnyddio'r egni cinetig cymedrig, felly collodd hi'r trydydd marc. Roedd y marc olaf anodd yn gofyn am sylw yn ystyried dosbarthiad egni.

3 marc

Cyfanswm   **17 marc /20**

Uned 4: Meysydd ac Opsiynau

Adran 1: Cynhwysiant

Crynodeb o'r testun

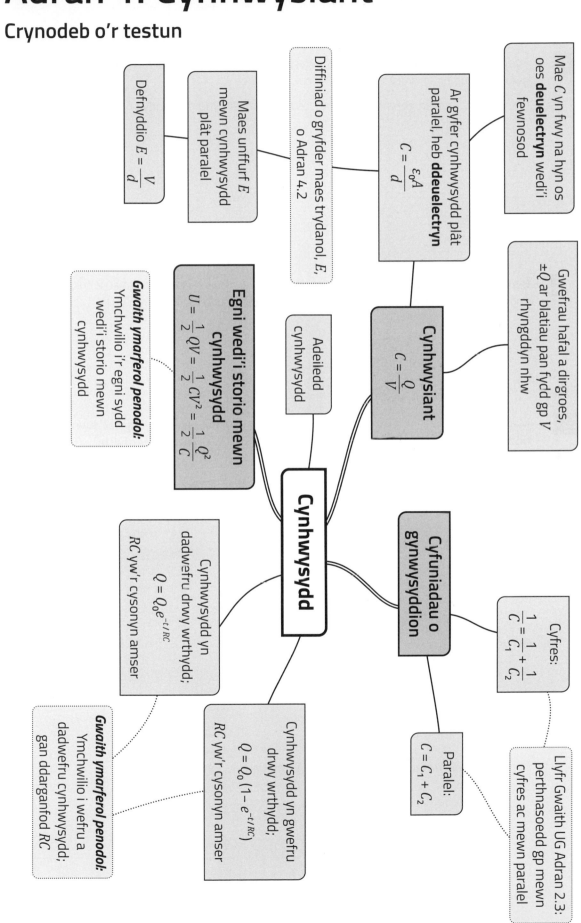

Defnyddio $E = \dfrac{V}{d}$

Maes unffurf E mewn cynhwysydd plât paralel

Diffiniad o gryfder maes trydanol, E, o Adran 4.2

Ar gyfer cynhwysydd plât paralel, heb **ddeuelectryn**
$$C = \frac{\varepsilon_0 A}{d}$$

Mae C yn fwy na hyn os oes **deuelectryn** wedi'i fewnosod

Gwefrau hafal a dirgroes, $\pm Q$ ar blatiau pan fydd gp V rhyngddyn nhw

Cynhwysiant
$$C = \frac{Q}{V}$$

Adeiledd cynhwysydd

Egni wedi'i storio mewn cynhwysydd
$$U = \frac{1}{2}QV = \frac{1}{2}CV^2 = \frac{1}{2}\frac{Q^2}{C}$$

Gwaith ymarferol penodol: Ymchwilio i'r egni sydd wedi'i storio mewn cynhwysydd

Cynhwysydd

Cynhwysydd yn dadwefru drwy wrthydd;
$$Q = Q_0 e^{-t/RC}$$
RC yw'r cysonyn amser

Gwaith ymarferol penodol: Ymchwilio i wefru a dadwefru cynhwysydd; gan ddarganfod RC

Cynhwysydd yn gwefru drwy wrthydd;
$$Q = Q_0\left(1 - e^{-t/RC}\right)$$
RC yw'r cysonyn amser

Cyfuniadau o gynwysyddion

Cyfres:
$$\frac{1}{C} = \frac{1}{C_1} + \frac{1}{C_2}$$

Paralel:
$$C = C_1 + C_2$$

Llyfr Gwaith UG Adran 2.3: perthnasoedd gp mewn cyfres ac mewn paralel

C1 Darganfyddwch y gwefrau ar bob plât cynhwysydd 22 mF pan fydd gp o 12 V yn cael ei osod rhyngddyn nhw. [2]

C2 Bydd cynhwysydd plât paralel â chynhwysiant 500 pF yn cael ei wneud gan ddefnyddio dau blât metel gwastad, pob un yn mesur 10 cm × 10 cm.

(a) Cyfrifwch wahaniad gofynnol y platiau, os dim ond aer sydd rhyngddyn nhw. [3]

(b) Bwriad Ludovic yw gwneud y cynhwysydd, ond gyda'r bwlch rhwng y platiau wedi'i lenwi â pholymer ynysu. Trafodwch a ddylai gwahaniad y platiau fod fel sydd wedi'i gyfrifo yn (a). [2]

C3 Mae gp o 30 V yn cael ei roi rhwng platiau cynhwysydd plât paralel gydag aer rhwng y platiau. Mae gan bob plât arwynebedd o 64 cm², a gwahaniad y platiau yw 0.40 mm. Cyfrifwch:

(a) Y wefr ar y naill blât neu'r llall. [3]

(b) Yr egni sy'n cael ei storio yn y cynhwysydd. [2]

(c) Cryfder y maes trydanol yn y bwlch rhwng y platiau. [1]

C4 Mae batri yn cael ei gysylltu ar draws cynhwysydd plât paralel, ac yna'n cael ei dynnu, gan adael gwefrau ar y platiau fel sydd i'w weld:

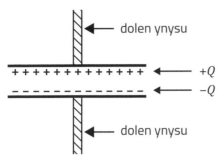

Yna caiff y platiau eu tynnu ymhellach ar wahân, gan ddyblu eu gwahaniad.

(a) Darganfyddwch yn ôl pa ffactor mae'r egni sy'n cael ei storio yn y cynhwysydd yn cynyddu, gan nodi'n glir yr egwyddor mae eich ateb yn seiliedig arni. [3]

....

....

....

....

....

(b) Nodwch o ble daeth yr egni ychwanegol. [1]

....

C5 Dangoswch, ar gyfer cryfder maes trydanol penodol, E, rhwng platiau cynhwysydd plât paralel, fod yr egni sy'n cael ei storio mewn cyfrannedd â *cyfaint* y lle gwag rhwng y platiau. [2]

....

....

....

....

C6 Ysgrifennwch y *gwefrau* (arwydd a maint) ar blatiau'r cynhwysydd yn y blychau sydd i'w gweld. Mae'r lle gwag o dan y diagram ar gyfer eich gwaith cyfrifo. [4]

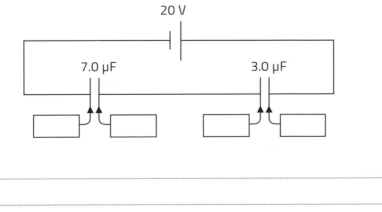

....

....

....

....

....

Cwestiynau Ymarfer Uned 4

C7 Mae cyfuniad o gynwysyddion yn cael ei ddangos:

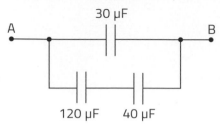

(a) Cyfrifwch gynhwysiant y cyfuniad. [3]

(b) Mae batri â g.e.m. 12 V yn cael ei gysylltu ar draws AB. Cyfrifwch:

(i) Y wefr sy'n llifo drwy'r batri tra mae'r cynwysyddion yn gwefru. [1]

(ii) Y gp terfynol ar draws y cynhwysydd 120 µF, gan roi eich ymresymiad. [2]

C8 Mae batri'n cael ei gysylltu ar draws cynhwysydd 50 mF, C_1. Yna caiff y batri ei ddatgysylltu, gan adael gp o 9.0 V rhwng platiau C_1. Mae cynhwysydd 50 mF, C_2, sydd heb ei wefru (i ddechrau), yn cael ei gysylltu ar draws C_1.

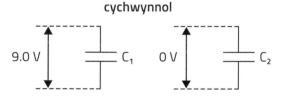

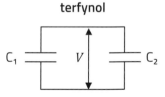

(a) Esboniwch pam mae'r gp 'terfynol', V, yn 4.5 V. [3]

(b) Cyfrifwch y newid yng nghyfanswm yr egni sydd wedi'i storio pan fydd C_2 yn cael ei gysylltu ar draws C_1. [3]

C9 Yn y gylched sydd i'w gweld, mae'r cynhwysydd heb ei wefru i ddechrau. Mae'r switsh yn cael ei gau ar amser $t = 0$.

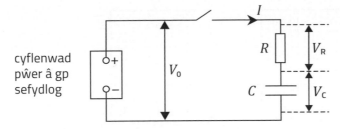

Ar ôl amser $t = 0$ mae'r hafaliad canlynol yn berthnasol:

$$Q = Q_0(1 - e^{-t/RC})$$

(a) Beth yw ystyr Q_0? [1]

....

(b) Ym mhob un o'r rhannau canlynol, defnyddiwch yr hafaliad blaenorol i ddangos bod:

(i) $$V_C = V_0(1 - e^{-t/RC})$$ [2]

....

....

....

(ii) $$V_R = V_0 e^{-t/RC}$$ [2]

....

....

....

(iii) $$I = I_0 e^{-t/RC}$$ [2]

....

....

....

(c) (i) Gan ddechrau o ddiffiniadau cynhwysiant a gwrthiant, dangoswch mai uned SI Q_0/RC yw'r amper. [3]

....

....

....

....

(ii) Esboniwch pam mae graddiant y tangiad ar $t = 0$ i graff Q yn erbyn t yn Q_0/RC. [2]

....

....

....

Cwestiynau Ymarfer Uned 4

C10 Mae'r gp, V_c, rhwng platiau cynhwysydd yn cael ei blotio yn erbyn amser wrth i'r cynhwysydd ddadwefru drwy wrthydd.

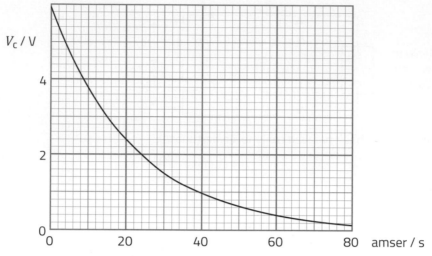

(a) Lluniadwch ddiagram cylched o'r trefniant a allai gael ei ddefnyddio i gael y canlyniadau. Dylech chi gynnwys ffordd o wefru'r cynhwysydd ymlaen llaw. [3]

(b) (i) Gan ddefnyddio tri phwynt ar y graff, gwiriwch fod V_c yn dadfeilio'n esbonyddol gydag amser. [3]

(ii) Darganfyddwch *cysonyn amser* y dadfeiliad. [2]

(c) Ar gyfer graff ln (V_c/folt) yn erbyn amser, rhowch werthoedd y graddiant a'r rhyngdoriad ar yr echelin ln (V_c/folt). [2]

Dadansoddi cwestiynau ac atebion enghreifftiol

C&A 1

Mae Lauren yn ymchwilio i'r egni sy'n cael ei storio mewn cynhwysydd gan ddefnyddio'r cyfarpar sydd i'w weld:

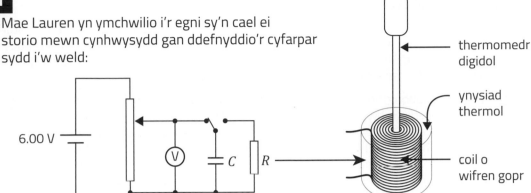

thermomedr digidol

ynysiad thermol

coil o wifren gopr

Mae Lauren yn darllen tymheredd, θ_1, y coil o wifren gopr. Yna, mae'n gwefru'r cynhwysydd i gp, V, a'i gysylltu ar draws y coil (R yn y diagram cylched). Mae hi'n darllen tymheredd y coil, θ_2, ar ôl i'r cynhwysydd fod yn dadwefru am 30 s. Mae'n ailadrodd y dull gweithredu ar gyfer chwe gp arall, hyd at 5.0 V, ac yna eto ar gyfer pob un o'r saith gp. Mae ei graff o ($\theta_2 - \theta_1$) yn erbyn V^2 yn cael ei roi.

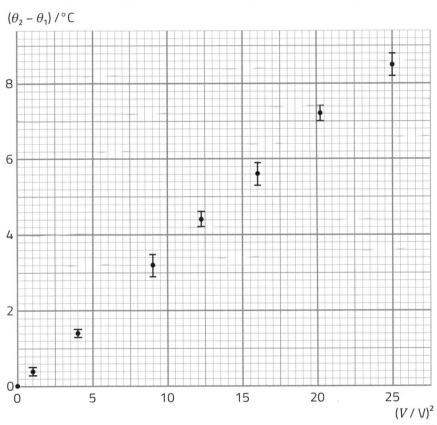

(a) Enwch y rhan o'r gylched sy'n galluogi Lauren i ddewis y gwahanol gpau. [1]

(b) Awgrymwch sut mae Lauren yn penderfynu ar safle fertigol ei phwyntiau, a'r barrau cyfeiliornad mae'n eu defnyddio. [2]

(c) Mae penderfyniad Lauren i blotio ($\theta_2 - \theta_1$) yn erbyn V^2 yn seiliedig ar yr hafaliad:

$$\tfrac{1}{2} CV^2 = mc\,(\theta_2 - \theta_1)$$

lle mae C = cynhwysiant y cynhwysydd = 5.00 F

m = màs y copr yn y coil = 15.8 g

c = cynhwysedd gwres sbesiffig copr = 385 J kg^{-1}°C^{-1}

(i) Nodwch pa feintiau sy'n cael eu cynrychioli gan $\tfrac{1}{2} CV^2$ ac $mc\,(\theta_2 - \theta_1)$. [1]

(ii) Gwerthuswch i ba raddau mae data Lauren, fel mae wedi'u plotio, yn cefnogi'r hafaliad. [7]

Cwestiynau Ymarfer Uned 4

(ch) (i) Penderfynwch, gan ddefnyddio cyfrifiad addas, a yw 30 s yn amser digon hir i ganiatáu i'r cynhwysydd ddadwefru ai peidio. [Gwrthiant y coil = 2.0 Ω] [3]

(ii) Awgrymwch pam byddai caniatáu amser llawer hirach (er enghraifft 5 munud) cyn darllen y tymheredd, θ_2, yn debygol o achosi cyfeiliornad. [1]

Beth sy'n cael ei ofyn

Mae'r cwestiwn hwn yn canolbwyntio ar ymchwiliad ymarferol penodol i'r egni sy'n cael ei storio mewn cynhwysydd. Does dim disgwyl y byddwch chi'n gyfarwydd â'r union gyfarpar sy'n cael ei ddisgrifio, ond mae digon o wybodaeth i chi ddarganfod sut mae'n gweithio. Mae'r cwestiwn (fel yr ymchwiliad ei hun) yn synoptig, gan fod cylchedau trydan a ffiseg thermol yn cael eu crybwyll.

Mae rhan (a) yn ddehongliad syml o'r diagram, AA1; mae rhan (b) yn profi eich bod chi'n gyfarwydd â defnyddio data arbrofol, wedi'u cymhwyso i'r canlyniadau hyn, felly AA2. Mae rhan (c)(i), AA1, yn profi a ydych chi'n deall yr egwyddor ffisegol mae'r hafaliad yn seiliedig arni, sef cydnabod dau derm egni yn y bôn. Yn (c)(ii) rydych chi'n cael eich gadael i benderfynu ar eich strategaeth, sy'n ei wneud yn AA3, sy'n galw am gyfrifiadau a chasgliadau. Yn (ch), mae rhan (i) yn werthusiad arall, AA3, gyda mwy nag un ffordd o'i ateb am dri marc, ond mae'r marc sengl yn rhan (ii) yn awgrymu mai dim ond un pwynt sydd i'w wneud mewn gwirionedd.

Cynllun marcio

Rhan o'r cwestiwn		Disgrifiad	AA 1	AA 2	AA 3	Cyfanswm	Sgiliau M	Sgiliau Y
(a)		Rhannwr potensial. Derbyn 'potensiomedr' [1]	1			1		1
(b)		Pwynt wedi'i blotio ar gymedr y ddau ddarlleniad tymheredd [1] Mae bar cyfeiliornad yn rhedeg rhwng y ddau ddarlleniad tymheredd [1]		2		2		2
(c)	(i)	Egni yn y cynhwysydd [i ddechrau]; cynnydd mewn egni mewnol [derbyn egni thermol, gwres, egni ar hap] y coil [ar y diwedd]	1			1		
	(ii)	O leiaf un llinell syth wedi'i thynnu drwy'r tarddbwynt, gan basio drwy'r holl farrau cyfeiliornad, neu'r cyfan ac eithrio'r un pellaf o'r tarddbwynt [1] Nodi bod y pwyntiau data yn ffitio llinell syth drwy'r tarddbwynt, fel mae'r hafaliad yn rhagweld [1] ond mae'r pwynt sydd bellaf o'r tarddbwynt yn afreolaidd [1] Graddiant unrhyw linell syth (e.e. ymgais at ffit orau, neu'r graddiant mwyaf) wedi'i gyfrifo'n gywir ar gyfer y llinell sy'n cael ei dewis [1] Nodi bod y graddiant mwyaf = 0.37 neu 0.35 [°C V⁻²] [1] Graddiant damcaniaethol = 0.41 [°C V⁻²] [1] Nodi bod hyd yn oed y graddiant mwyaf yn rhy fach, felly [i'r graddau hyn] dydy'r data ddim yn ffitio hafaliad [1]			7	7	3	6
(ch)	(i)	Cysonyn amser [= 5.0 F × 2.0Ω] = 10 s [1] **Naill ai** [e^{-3}=] 5.0% o'r wefr wreiddiol (neu foltedd/gp) neu 2.5% o'r egni'n weddill ar ôl 30 s [1] felly digon hir **neu** ond ddim yn ddigon hir [1] **Neu** Mae 30 s [cryn dipyn] yn fwy na'r cysonyn amser felly'n ddigon hir **neu** ond ddim yn ddigon hir [1] [uchafswm o 2 farc am y dull hwn]			3	3	1	3
	(ii)	Bydd gwres yn dianc drwy'r ynysiad thermol [mewn amser mor hir] [1]		1		1		1
Cyfanswm			**2**	**3**	**10**	**15**	**4**	**13**

Yn (c)(i): gwrthiant y coil = 2.0 Ω

Atebion Rhodri

(a)   Gwrthydd newidiol ✗

(b)   Mae'r pwynt yn cael ei blotio hanner ffordd rhwng y ddau dymheredd sy'n cael eu mesur ar gyfer y foltedd hwnnw.✓ Mae'r bar cyfeiliornad yn cynrychioli'r ansicrwydd. ✗ [Dim digon]

(c) (i)   Yr ochr chwith yw'r egni sy'n cael ei storio yn y cynhwysydd. Yr ochr dde yw'r gwres sy'n cael ei roi i'r coil gwifren gopr. ✓

(ii)

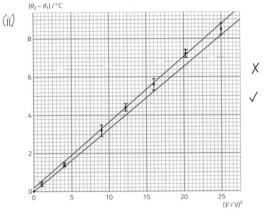

Mae'r pwyntiau bron yn ffitio llinell syth drwy'r tarddbwynt. Mae hyn yn iawn oherwydd bod yr hafaliad yn dweud bod $(\theta_2 - \theta_1)$ mewn cyfrannedd â V^2. ✓

Graddiant lleiaf $= \dfrac{8.2}{25} = 0.33°C\ V^{-2}$ ✓

Mwyaf $= (8.8 - 0.2)/25 = 0.34°C\ V^{-2}$

Mewn theori, graddiant $= \dfrac{(C/2)}{mc}$

$\qquad\qquad = 2.5 \div 6.08$

$\qquad\qquad = 0.41\ °C\ V^{-2}.$ ✓

(ch) (i) $CR = 5 \times 2 = 10\ s$ ✓

Mae 30 s 3 gwaith mor hir, felly bydd y cynhwysydd wedi cael ei ddadwefru'n dda. ✓

(ii)   Efallai y bydd y coil wedi dechrau oeri! ✓

Cyfanswm — **8 marc /15**

Cwestiynau Ymarfer Uned 4

Atebion Ffion

(a)   Rhannwr potensial newidiol ✓

(b)   Dau ben y bar cyfeiliornad yw'r ddau dymheredd. ✓
Mae'r pwynt wedi'i blotio ar eu cymedr. ✓

(c) (i) $CV^2/2$ yw'r egni yn y cynhwysydd wedi'i wefru.
$mc(\theta_2 - \theta_1)$ yw'r egni mewnol yn y
copr ar ôl y dadwefru. ✗

(ii)

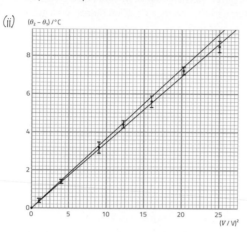

Drwy ad-drefnu'r hafaliad :

$(\theta_2 - \theta_1) = \dfrac{C}{2mc} V^2$ felly dylen ni gael llinell syth
drwy'r tarddbwynt, ✓ â graddiant

$\dfrac{C}{2mc} = \dfrac{5.0}{(2 = 0.0158 = 385)} = 0.41$ ✓

Mae'n ymddangos bod y pwyntiau, i gyd ac eithrio'r un diwethaf ✓, yn ffitio llinell syth drwy'r tarddbwynt ✓. Gan anwybyddu'r pwynt olaf,

Graddiant lleiaf $= \dfrac{8.7}{25} = 0.348$ ✓

Graddiant mwyaf $= \dfrac{9.2}{25} = 0.375$ ✓

Felly mae gan hyd yn oed y llinell fwyaf serth raddiant rhy fach, felly dydy'r ffit ddim cystal wedi'r cyfan. ✓

(ch) (i) $Q = Q_0 e^{-t/RC}$ felly $Q = Q_0 e^{-30/10} =$ ✓ 0.050
Felly $\dfrac{V}{V_0} = \dfrac{1}{20}$ a $\left(\dfrac{V}{V_0}\right)^2 = \dfrac{1}{400}$, ✓
felly nid oes bron unrhyw egni ar ôl yn y cynhwysydd. ✓

(ii) Bydd y coil wedi cael amser i golli gwres i'r amgylchoedd, felly bydd y cynnydd yn y tymheredd yn is na'r hyn a gafodd ei ragweld. ✓

Cyfanswm   14 marc /15

Adran 2: Meysydd grym electrostatig a meysydd disgyrchiant

Crynodeb o'r testun

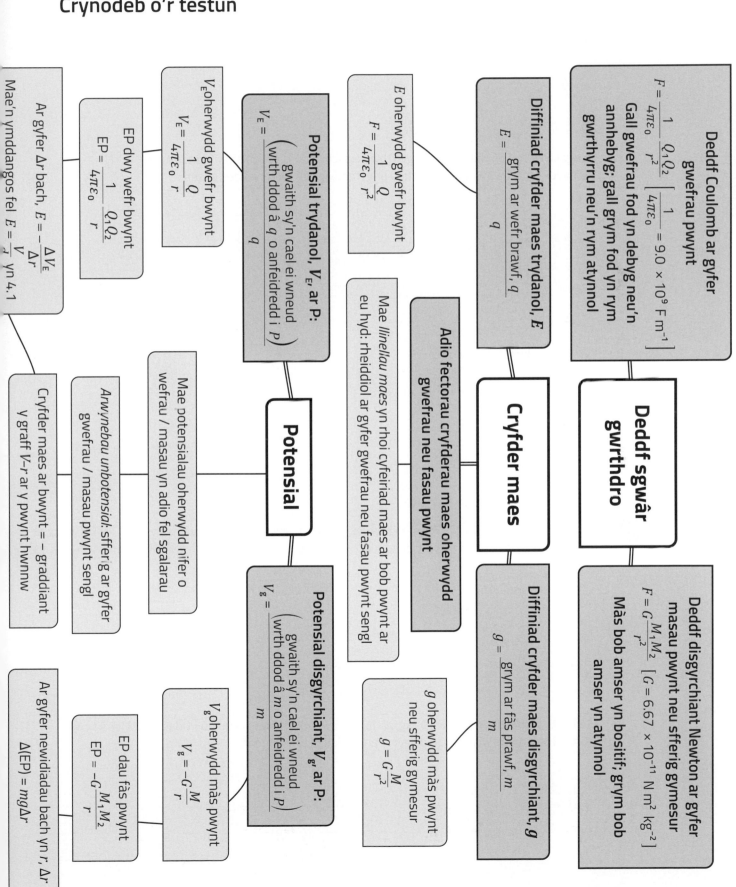

Deddf Coulomb ar gyfer gwefrau pwynt

$$F = \frac{1}{4\pi\varepsilon_0} \frac{Q_1 Q_2}{r^2} \left[\frac{1}{4\pi\varepsilon_0} = 9.0 \times 10^9 \ \mathrm{F\,m^{-1}} \right]$$

Gall gwefrau fod yn debyg neu'n annhebyg; gall grym fod yn rym gwrthyrru neu'n rym atynnol

Cwestiynau Ymarfer Uned 4

Deddf sgwâr gwrthdro

Deddf disgyrchiant Newton ar gyfer masau pwynt neu sfferig gymesur

$$F = G \frac{M_1 M_2}{r^2} \ [G = 6.67 \times 10^{-11} \ \mathrm{N\,m^2\,kg^{-2}}]$$

Màs bob amser yn bositif; grym bob amser yn atynnol

Diffiniad cryfder maes trydanol, E

$$E = \frac{\text{grym ar wefr brawf, } q}{q}$$

E oherwydd gwefr bwynt

$$F = \frac{1}{4\pi\varepsilon_0} \frac{Q}{r^2}$$

Cryfder maes

Adio fectorau cryfderau maes oherwydd gwefrau neu fasau pwynt

Mae *llinellau maes* yn rhoi cyfeiriad maes ar bob pwynt ar eu hyd; rheiddiol ar gyfer gwefrau neu fasau pwynt sengl

Diffiniad cryfder maes disgyrchiant, g

$$g = \frac{\text{grym ar fàs brawf, } m}{m}$$

g oherwydd màs pwynt neu sfferig gymesur

$$g = G \frac{M}{r^2}$$

Potensial trydanol, V_E, ar P:

$$V_E = \frac{\left(\begin{array}{c} \text{gwaith sy'n cael ei wneud} \\ \text{wrth ddod â } q \text{ o anfeidredd i P} \end{array} \right)}{q}$$

V_E oherwydd gwefr bwynt

$$V_E = \frac{1}{4\pi\varepsilon_0} \frac{Q}{r}$$

EP dwy wefr bwynt

$$EP = \frac{1}{4\pi\varepsilon_0} \frac{Q_1 Q_2}{r}$$

Ar gyfer Δr bach, $E = -\frac{\Delta V_E}{\Delta r}$

Mae'n ymddangos fel $E = \frac{V}{d}$ yn 4.1

Potensial

Mae potensialau oherwydd nifer o wefrau / masau yn adio fel sgalarau

Arwynebau unbotensial: sffer; g ar gyfer gwefrau / masau pwynt sengl

Cryfder maes ar bwynt = − graddiant y graff V–r ar y pwynt hwnnw

Potensial disgyrchiant, V_g, ar P:

$$V_g = \frac{\left(\begin{array}{c} \text{gwaith sy'n cael ei wneud} \\ \text{wrth ddod â } m \text{ o anfeidredd i P} \end{array} \right)}{m}$$

V_g oherwydd màs pwynt

$$V_g = -G \frac{M}{r}$$

EP dau fàs pwynt

$$EP = -G \frac{M_1 M_2}{r}$$

Ar gyfer newidiadau bach yn r, Δr

$$\Delta(EP) = mg\Delta r$$

C1 Mae dau sffêr bach unfath, pob un â màs 2.00×10^{-7} kg, yn cario gwefrau positif hafal ac yn hongian ar edafedd ynysu o bwynt sefydlog. Pan fyddan nhw mewn ecwilibriwm maen nhw'n hongian fel sydd i'w weld.

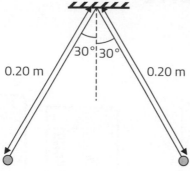

(a) Dangoswch fod yn rhaid i'r grym gwrthyrru electrostatig ar bob sffêr fod tua 1.1×10^{-6} N. Defnyddiwch y lle gwag i'r dde uchod ar gyfer diagram fector os oes angen. [3]

(b) Cyfrifwch y wefr ar bob sffêr. [3]

C2 (a) Mae radiws y Lleuad yn 1737 km, a chryfder y maes disgyrchiant ar ei arwyneb yw 1.62 N kg^{-1} tuag at ei ganol. Dangoswch fod màs y Lleuad tua 7×10^{22} kg, gan nodi'r dybiaeth a wnewch chi. [3]

(b) Mae màs y Ddaear yn 5.97×10^{24} kg, a'r pellter cymedrig rhwng canolau'r Ddaear a'r Lleuad yw 3.84×10^{8} m. Cyfrifwch dyniad disgyrchiant y Lleuad ar y Ddaear. [2]

C3 (a) Màs proton yw 1.67×10^{-27} kg. Ar gyfer dau broton ar bellter penodol ar wahân, cyfrifwch y gymhareb:

$$\frac{\text{grym electrostatig rhwng protonau}}{\text{grym disgyrchiant rhwng protonau}}$$

[3]

(b) Mae protonau'n ffurfio ffracsiwn gweddol fawr (yn ôl màs) o'r Haul a'r Ddaear. Esboniwch pam mae'r grym disgyrchiant rhwng y gwrthrychau hyn yn llawer mwy na'r grym electrostatig. [3]

C4 (a) Yn y lle gwag ar y chwith isod tynnwch wyth llinell maes sy'n dangos y maes trydanol o amgylch gwefr negatif arunig. [2]

Diagram ar gyfer rhan (a)
(i'w gwblhau)

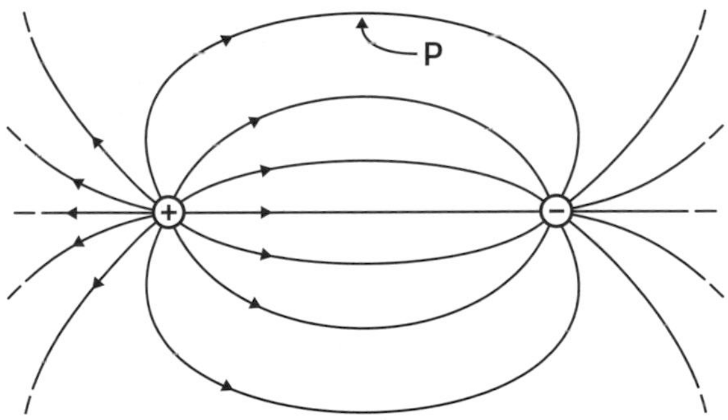

Diagram ar gyfer rhan (b)

(b) Mae rhai llinellau maes yn yr ardal o amgylch gwefrau pwynt hafal a dirgroes i'w gweld ar y dde. Drwy ystyried y meysydd o ganlyniad i wefrau unigol, esboniwch pam mae'r llinell maes ym mhwynt P i'r cyfeiriad sydd i'w weld. [3]

C5 Mae gwefrau hafal a dirgroes wedi'u gwahanu gan bellter o 0.12 m, fel sydd i'w weld:

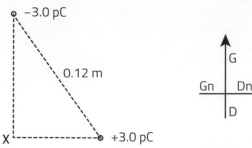

(a) (i) Dangoswch yn glir mai cryfder y maes trydanol ym mhwynt **X** oherwydd y wefr negatif yw 2.8 N C⁻¹ tua'r Gogledd. [3]

....

....

....

....

(ii) Darganfyddwch gryfder y maes trydanol ym mhwynt **X** oherwydd y wefr bositif. [2]

....

....

....

(iii) Darganfyddwch gryfder cydeffaith y maes ym mhwynt **X**. Defnyddiwch y lle gwag i'r dde o'r diagram ar gyfer diagram fector os oes angen. [3]

....

....

....

(b) (i) Cyfrifwch y potensial ym mhwynt **X**. [3]

....

....

....

(ii) Mae proton yn cael ei ryddhau o bwynt **X**. Cyfrifwch y *buanedd* mwyaf mae'n ei gyrraedd, gan roi eich ymresymiad. [Màs proton = 1.67×10^{-27} kg] [3]

....

....

....

....

C6 Mae tri arwyneb unbotensial i'w gweld ar gyfer gwefr bwynt bositif arunig, Q.

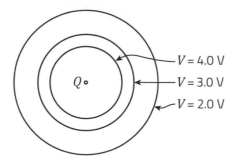

$V = 4.0$ V
$V = 3.0$ V
$V = 2.0$ V

Esboniwch pam:

(a) Mae'r arwynebau'n sfferig. [1]

....

....

(b) Nid yw'r gofod rhwng yr arwynebau yr un faint, er bod y cam rhwng eu potensialau yr un faint (1.0 V).
[3]

....

....

....

....

....

C7 (a) Esboniwch pam mae'r potensialau disgyrchiant yn cael eu rhoi fel meintiau negatif. [Nid dweud bod yna arwydd negatif yn $V = -GM/r$ yw'r esboniad.] [2]

....

....

....

(b) Mae roced yn cael ei lansio'n fertigol o'r blaned Mawrth ar gyflymder o 3000 m s^{-1}.

(i) Esboniwch pam mae angen defnyddio'r hafaliad, EP = $-GMm/r$, yn hytrach na'r hafaliad Δ(EP) = mgh, mewn perthynas â mudiant dilynol y roced. [2]

....

....

....

(ii) Cyfrifwch yr uchder mwyaf mae'r roced yn ei gyrraedd uwchben arwyneb y blaned Mawrth. [4]
[Màs y blaned Mawrth = 6.42×10^{23} kg; Diamedr y blaned Mawrth = 6780 km]

....

....

....

....

Cwestiynau Ymarfer Uned 4

C8 Mae gwefrau pwynt, +Q a –Q, yn cael eu gosod ar bellter 2d ar wahân, fel sydd i'w weld:

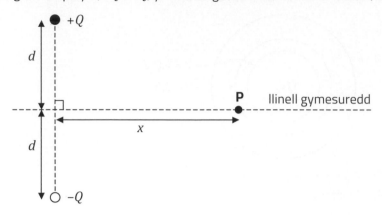

(a) (i) Darganfyddwch y *cryfder maes trydanol* ym mhwynt P, yn nhermau Q, ε_0, d ac x. Gallwch chi ychwanegu at y diagram. [4]

....

....

....

....

....

....

....

(ii) Mae Adam yn dweud mai sero yw'r potensial ym mhwynt P. Mae Bethan yn dweud na all hyn fod yn iawn oherwydd mae'n rhaid gwneud gwaith i ddod â gwefr brawf ar hyd y llinell gymesuredd o anfeidredd i P. Gwerthuswch pwy sy'n iawn, gan esbonio pam mae'r llall yn anghywir. [3]

....

....

....

....

....

(b) **Cymharwch** yr amrywiad yng nghryfder y maes trydanol ar gyfer y gwefrau +/– gyda phellter (o sero hyd at bellter mawr) **ag** achos dwy wefr bositif hafal wedi'u trefnu yn yr un ffordd. [4]

....

....

....

....

....

....

....

Dadansoddi cwestiynau ac atebion enghreifftiol

C&A 1

(a) Nodwch beth yw ystyr *potensial disgyrchiant*, wrth bwynt. [2]

(b) Mae dwy seren, A a B (gweler y diagram), yn llawer agosach at ei gilydd nag at unrhyw sêr eraill.

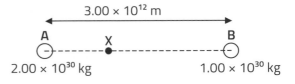

Yn y graff, mae'r potensial disgyrchiant, V, ar hyd llinell sy'n uno A a B wedi'i blotio yn erbyn r_A, y pellter o seren A. Mae'r pellter **AX** yn 1.00×10^{12} m.

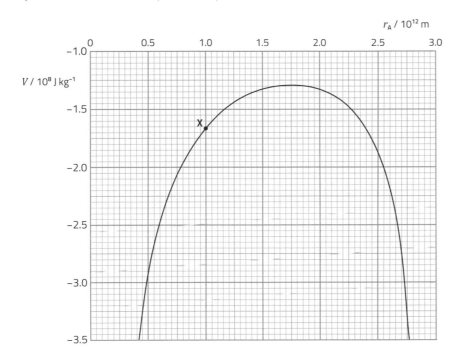

(i) Gan ddefnyddio data o'r diagram, dangoswch yn glir bod pwynt **X** ar y graff yn gywir. [3]

(ii) **Defnyddiwch y graff** i ddarganfod **cryfder cydeffaith y maes** wrth bwynt **X**. [4]

(iii) Darganfyddwch **o'r graff** werth r_A pan fydd cryfder y maes disgyrchiant cydeffaith yn sero, gan roi cyfiawnhad byr. [2]

(iv) Esboniwch **yn nhermau cryfder maes neu rym** pam mae'r pwynt lle mae cryfder y maes cydeffaith yn sero yn agosach at B nag at A. Does dim angen cyfrifiadau sy'n galw am ddefnyddio cyfrifiannell. [2]

Beth sy'n cael ei ofyn

Mae rhan (a) yn cyflawni dau ddiben: mae'n profi eich bod yn gwybod diffiniad AA1 safonol ac mae'n gosod yr olygfa ar gyfer rhan (b).

Mae rhan (b) yn cynnwys AA2 yn bennaf gan eich bod yn cymhwyso data sydd wedi'u rhoi.

Yn (b)(i), yn hytrach na gofyn i chi blotio'ch graff eich hun (gan gymryd sawl munud o'ch amser) mae'r arholwr yn darganfod cymaint am eich dealltwriaeth o'r ffiseg dan sylw drwy ofyn i chi wirio un pwynt. Fodd bynnag, rhaid i chi gyflwyno'ch gwiriad yn glir.

Mae (b) (ii) yn gofyn am ddefnyddio perthynas benodol a thechneg benodol. Rhaid i chi ddefnyddio'r graff (yn ôl y cyfarwyddiadau mewn print trwm!) hyd yn oed os bydd dull arall yn dod i'ch meddwl.

Yn (b)(iii) mae'n ddyfaliad eithaf da y bydd un o'r marciau am y 'cyfiawnhad byr' gan adael dim ond un marc am y gwerth gwirioneddol, felly mae'n annhebyg y bydd angen llawer o waith i'w ddarganfod!

Mae (b) (iv) yn gwyro oddi wrth *potensial*, prif thema'r cwestiwn. Er nad oes angen cyfrifiadau rhifiadol, gallwch chi ddefnyddio hafaliadau. Bydd angen geiriau hefyd!

Cynllun marcio

Rhan o'r cwestiwn		Disgrifiad	AA			Cyfanswm	Sgiliau	
			1	2	3		M	Y
(a)		Y gwaith sy'n cael ei wneud [gan rym allanol] wrth gymryd màs [prawf] o anfeidredd i'r pwynt [1] wedi'i rannu â'r màs [prawf]. [1]	2			2		
(b)	(i)	$V_A = -\dfrac{6.67 \times 10^{-11} \times 2.00 \times 10^{30}}{1.00 \times 10^{12}}$ [1] $= -1.334 \times 10^8$ J kg^{-1} $V_B = -\dfrac{6.67 \times 10^{-11} \times 1.00 \times 10^{30}}{2.00 \times 10^{12}}$ [1] $= -0.334 \times 10^8$ J kg^{-1} $V_A + V_B = -1.67 \times 10^8$ J kg^{-1} dgy **a** gwneud sylw bod hyn yn cytuno â'r graff [neu, i dderbyn marc dgy, ddim yn cytuno]. [1]		3		3	1	
	(ii)	Tangiad wedi'i dynnu i'r gromlin wrth bwynt **X** [1] Yn yr hafaliad graddiant 'uchder y graddiant' a 'hyd y graddiant' wedi'u rhoi i mewn yn gywir, ond gan oddef camgymeriadau o ran pwerau 10. [1] g o 1.1×10^{-4} i 1.3×10^{-4} N kg^{-1} **uned** [1] Nodi bod g tuag at **A**. Derbyn i'r chwith. [1]		4		4	4	
	(iii)	$r_A = 1.75 \times 10^{12}$ [m] [$\pm 0.05 \times 10^{12}$ m] [1] Mae'r graddiant yn sero yma, neu'n troi o + i –. [1]	1	1		2	1	
	(iv)	Ar gyfer maes cydeffaith o sero: $\dfrac{[G]M_A}{r_A^2} = \dfrac{[G]M_B}{r_B^2}$ **neu** gyfeiriad at y ddeddf sgwâr gwrthdro [1] $M_B < M_A$ felly $r_B < r_A$ **neu** ymresymiad clir mewn geiriau [1]		2		2		
Cyfanswm			3	10	0	13	6	

Atebion Rhodri

(a) Y gwaith sy'n cael ei wneud wrth fynd â gwrthrych o anfeidredd i'r pwynt. ✓ ✗

SYLWADAU'R MARCIWR

Mae Rhodri wedi cael prif fyrdwn y diffiniad yn gywir, ond mae hepgor 'am bob uned màs' yn gamgymeriad difrifol. Mae, i bob pwrpas, wedi diffinio egni potensial yn hytrach na photensial.

1 marc

(b) (i) V oherwydd A $= -\dfrac{6.67 \times 10^{-11} \times 2.00 \times 10^{30}}{1.00 \times 10^{12}}$ ✓

$= -1.33 \times 10^8$

V oherwydd B $= -\dfrac{6.67 \times 10^{-11} \times 1.00 \times 10^{30}}{2.00 \times 10^{12}}$ ✓

$= -0.33 \times 10^8$

$V_A - V_B = -1.00 \times 10^8$ ✗

Dydy'r cytundeb â'r graff (-1.7×10^8) ddim yn dda iawn ✗ dim mya

SYLWADAU'R MARCIWR

Mae Rhodri wedi cyfrifo V_A a V_B yn gywir, ond mae wedi *tynnu* V_B o V_A, yn ôl pob tebyg am ei fod wedi cymysgu'r sgalar V gyda'r fector g.

2 farc

(ii)

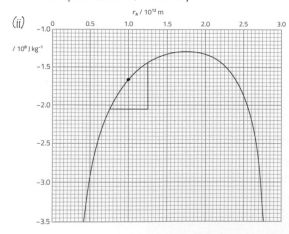

✗ ✗ [Dim tangiad wedi'i dynnu]

$$g = \frac{-1.45 \times 10^8 - (-2.05 \times 10^8)}{1.25 \times 10^{12} - 0.75 \times 10^{12}}$$

$$= 1.2 \times 10^{-4} \text{ N kg}^{-1} \checkmark \text{ mya}$$

Mae'r maes tuag at seren A. ✓

SYLWADAU'R MARCIWR

Dydy Rhodri ddim wedi tynnu tangiad ac mae'n colli'r ddau farc cyntaf. Mae'r dull a ddefnyddiodd yn cynhyrchu brasamcan i'r graddiant ar 1.0×10^{12} m. Mewn gwirionedd mae wedi cyfrifo <u>gwerth</u> cymedrig g rhwng 0.75 ac 1.25×10^{12}m. Yn wir, mae ei werth ar gyfer g yn gorwedd o fewn yr amrediad sy'n cael ei ganiatáu, ac mae wedi cofio rhoi cyfeiriad y fector hwn, ac felly mae'n ennill y ddau farc olaf.

2 farc

(iii) Mae'r maes cydeffaith yn sero pan mae r_A yn 1.75×10^{12} m ✓ oherwydd mae'r graff ar ei uchaf yma. ✗

SYLWADAU'R MARCIWR

Mae gwerth Rhodri ar gyfer r_A yn gywir, ond dydy ei ymgais i gyfiawnhau hyn ddim yn cysylltu â graddiant y graff.

1 marc

(iv) Gan fod seren B yn ysgafnach, mae angen i ni fod yn nes ati i gael cryfder maes ohoni sy'n hafal a dirgroes i gryfder y maes o A. ✗ ✓

SYLWADAU'R MARCIWR

Mae gan Rhodri syniad da o'r hyn sy'n digwydd, ac yn sicr mae'n haeddu'r ail farc, ond dydy e ddim yn esbonio *pam* bydd bod yn agosach at B yn gwneud iawn am fàs llai B – felly mae'n colli'r marc cyntaf.

1 marc

| **Cyfanswm** | **7 marc /13** |

Atebion Ffion

(a) Y gwaith sy'n cael ei wneud am bob uned màs gan y grym disgyrchiant pan fydd màs yn mynd o'r pwynt i anfeidredd. ✓ ✓

SYLWADAU'R MARCIWR

Mae ateb Ffion yn cyfateb i'r diffiniad safonol sydd yn y cynllun marcio.

2 farc

(b) (i) $V_A + V_B =$

$$-6.67 \times 10^{-11} \times \left(\frac{2.00 \times 10^{30}}{1.00 \times 10^{12}} + \frac{1.00 \times 10^{30}}{2.00 \times 10^{12}} \right)$$

$$= 1.67 \times 10^8 \text{ J kg}^{-1} \checkmark \checkmark$$

Dyma union werth V o'r graff. ✓

SYLWADAU'R MARCIWR

Mae gwaith cyfrifo Ffion yn glir ac yn gynnil. Mae'n amlwg ei bod hi wedi gwneud y math hwn o gyfrifiad o'r blaen!

3 marc

(ii)

$$g = -\frac{\Delta V}{\Delta r_A} = -\frac{-1.07 - (-2.80)}{1.50 - 0.00} \checkmark ✗$$

$$= -1.15 \text{ N kg}^{-1} ✗ \text{ dim cyfeiriad}$$

SYLWADAU'R MARCIWR

Mae Ffion wedi tynnu tangiad da. Marc cyntaf wedi'i ennill. Mae hi wedi cyfrifo'r graddiant yn gywir, ar wahân i'r pwerau 10 coll. Ail farc wedi'i ennill, trydydd wedi'i golli. Mae hi wedi cofio bod g yn *minws* y graddiant potensial, ond dydy hi ddim wedi dehongli'r arwydd minws yn ei hateb yn nhermau *cyfeiriad*. Colli'r pedwerydd marc.

2 farc

(iii) $r_A = 1.75 \times 10^{12}$ m $\pm 0.05 \times 10^{12}$ m ✓, gan fod y graddiant yn sero rhywle yn yr ardal hon. ✓

SYLWADAU'R MARCIWR

Mae hwn yn ateb da iawn. Roedd yn gyffyrddiad braf i roi ansicrwydd, er nad oes marc amdano yn y cynllun marcio.

2 farc

(iv) Er mwyn i'r cryfderau maes o'r ddwy seren ganslo i sero, rhaid bod eu meintiau'n hafal, ond $g \propto m/r^2$, felly ar gyfer yr un g, mae m llai angen r llai, hynny yw mae'r pwynt lle mae'r cydeffaith yn sero yn nes at B nag A. ✓ ✓

SYLWADAU'R MARCIWR

Mae esboniad Ffion yn cael ei ddadlau'n glir ac yn rhesymegol.

2 farc

| **Cyfanswm** | **11 marc /13** |

Adran 3: Orbitau a'r bydysawd ehangach

Crynodeb o'r testun

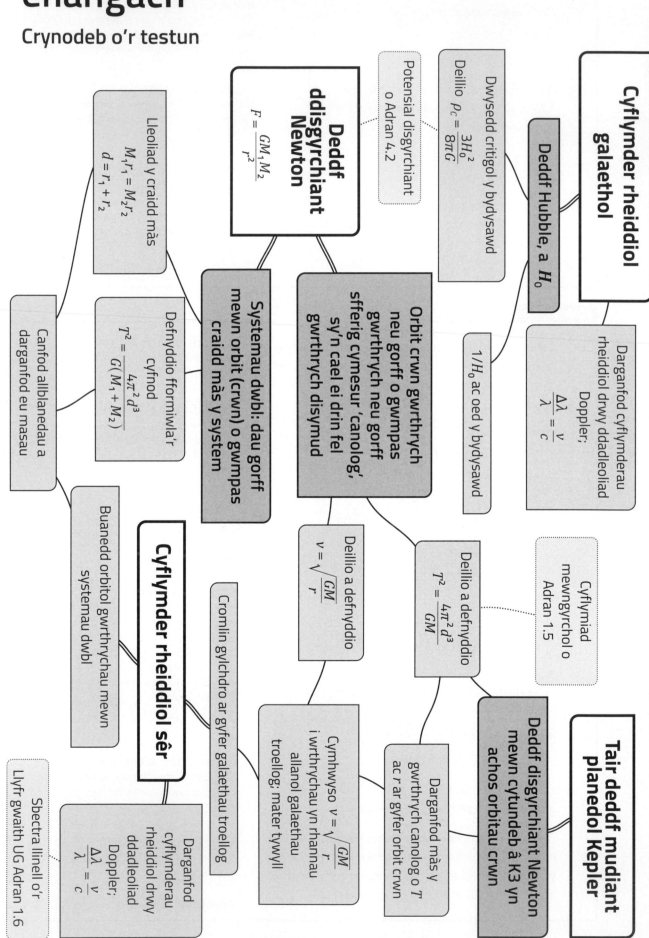

Cyflymder rheiddiol galaethol

Darganfod cyflymderau rheiddiol drwy ddadleoliad Doppler;
$$\frac{\Delta\lambda}{\lambda} = \frac{v}{c}$$

Deddf Hubble, a H_0

$1/H_0$ ac oed y bydysawd

Dwysedd critigol y bydysawd

Deillio $\rho_C = \frac{3H_0^2}{8\pi G}$

Potensial disgyrchiant o Adran 4.2

Deddf ddisgyrchiant Newton

$$F = \frac{GM_1 M_2}{r^2}$$

Lleoliad y craidd màs
$$M_1 r_1 = M_2 r_2$$
$$d = r_1 + r_2$$

Canfod allblanedau a darganfod eu masau

Defnyddio fformiwla'r cyfnod
$$T^2 = \frac{4\pi^2 d^3}{G(M_1 + M_2)}$$

Systemau dwbl: dau gorff mewn orbit (crwn) o gwmpas craidd màs y system

Orbit crwn gwrthrych neu gorff o gwmpas gwrthrych neu gorff sfferig cymesur 'canolog', sy'n cael ei drin fel gwrthrych disymud

Deillio a defnyddio
$$v = \sqrt{\frac{GM}{r}}$$

Deillio a defnyddio
$$T^2 = \frac{4\pi^2 d^3}{GM}$$

Cyflymiad mewngyrchol o Adran 1.5

Cyflymder rheiddiol sêr

Buanedd orbital gwrthrychau mewn systemau dwbl

Cromlin gylchdro ar gyfer galaethau troellog

Cymhwyso $v = \sqrt{\frac{GM}{r}}$ i wrthrychau yn rhannau allanol galaethau troellog; mater tywyll

Darganfod màs y gwrthrych canolog o T ac r ar gyfer orbit crwn

Deddf disgyrchiant Newton mewn cytundeb â K3 yn achos orbitau crwn

Tair deddf mudiant planedol Kepler

Darganfod cyflymderau rheiddiol drwy ddadleoliad Doppler;
$$\frac{\Delta\lambda}{\lambda} = \frac{v}{c}$$

Sbectra llinell o'r Llyfr gwaith UG Adran 1.6

C1 Mae orbit y Ddaear o gwmpas yr Haul bron yn grwn, gyda radiws o 150×10^6 km. Cyfrifwch werth ar gyfer $M_\odot$, màs yr Haul. [3]

C2 (a) Gan dybio bod y Ddaear yn sffêr â radiws 6370 km, dangoswch yn glir bod ei màs tua 6×10^{24} kg. Defnyddiwch werth safonol ar gyfer G ac ar gyfer g ar arwyneb y Ddaear. [3]

(b) Er mwyn i'ch cyfrifiad yn (a) fod yn ddilys, beth sy'n rhaid i ni ei dybio am y ffordd y caiff màs y Ddaear ei ddosbarthu? [1]

(c) Gan ddefnyddio eich ateb i (a), cyfrifwch werth ar gyfer dwysedd cymedrig, ρ_{Daear}, y Ddaear. [2]

C3 Mae braslun o orbit comed o gwmpas seren yn cael ei roi i fyfyriwr, a gofynnir iddo farcio safleoedd y seren (S) a'r pwynt (X) yn ei horbit lle mae'r gomed yn symud yn fwyaf araf. Dyma ei ymgais:

Trafodwch a allai safleoedd y myfyriwr ar gyfer S ac X fod yn gywir. [3]

C4 (a) Fel arfer, mae seryddwyr yn defnyddio'r *uned seryddol* (AU) fel uned o bellter yng nghysawd yr Haul. Dyma'r pellter cymedrig o'r Ddaear i'r Haul. Dangoswch fod 1 AU tua 150 miliwn km. [Màs yr Haul = 1.99×10^{30} kg.] [2]

(b) Dangoswch fod y flwyddyn golau (y pellter mae golau'n ei deithio mewn un flwyddyn ddaear) tua 9.5×10^{12} km. [2]

C5 (a) Mae'r Lleuad yn troi o gwmpas y Ddaear mewn orbit crwn bron â radiws 3.83×10^5 km. Mae ei gyfnod cylchdroi yn 27.3 diwrnod. Felly, dangoswch fod yn rhaid i dyniad y Ddaear roi cyflymiad mewngyrchol iddo o tua 3×10^{-3} m s^{-2}. [3]

(b) (i) Felly cyfrifwch y gymhareb:

$$\frac{\text{cyflymiad oherwydd disgyrchiant y Ddaear ar arwyneb y Ddaear}}{\text{cyflymiad oherwydd disgyrchiant y Ddaear ar bellter y Lleuad}}$$ [1]

(ii) Gan drin y Ddaear fel sffêr â radiws 6.37×10^6 m, cyfrifwch y gymhareb:

$$\left(\frac{\text{pellter y Lleuad o ganol y Ddaear}}{\text{pellter arwyneb y Ddaear o ganol y Ddaear}}\right)^2$$ [1]

(c) Esboniwch sut mae'r canlyniadau hyn yn cefnogi deddf disgyrchiant Newton. [Gwnaeth Newton y cyfrifiadau cyfatebol gyda'r data oedd ar gael yn ei ddydd.] [2]

C6 (a) Cyfrifwch yr uchder uwchben arwyneb y Ddaear lle mae'n rhaid i loeren geosefydlog wneud orbit.
[Radiws y Ddaear = 6.37×10^6 m, Màs y Ddaear = 5.97×10^{24} kg.] [4]

(b) Nodwch ofyniad arall os yw orbit y lloeren yn mynd i fod yn geosefydlog. [1]

C7 Dyma ddata ar gyfer orbitau (bron yn grwn) dwy leuad Mawrth.

	Radiws / 10^6 m	Cyfnod / diwrnod
Deimos	23.46	1.263
Phobos	9.39	0.319

Gwerthuswch a yw 3edd ddeddf Kepler yn gymwys i'r lleuadau hyn ai peidio. [3]

C8 Un hafaliad ar gyfer dwysedd critigol bydysawd 'gwastad' yw:

$$\rho_c = \frac{3H_0^2}{8\pi G}$$

(a) Esboniwch beth yw ystyr *dwysedd critigol*. [1]

(b) Dangoswch fod yr hafaliad yn gywir o ran dimensiynau (neu unedau SI). [1]

C9 Mae tonfedd llinell amsugno mewn sbectrwm seren yn amrywio'n rheolaidd rhwng 393.14 nm a 393.82 nm. Ei donfedd wrth iddi gael ei mesur yn y labordy yw 393.36 nm.

(a) Cyfrifwch werthoedd eithaf cyflymder rheiddiol y seren. [3]

(b) Heb gyfrifiad pellach, disgrifiwch ffordd debygol mae'r seren yn symud. Rhowch resymau dros eich ateb. [3]

C10 Mae dwy seren, S_1, â màs 1.5×10^{30} kg, ac S_2, â mas 2.5×10^{30} kg, yn teithio mewn orbitau crwn o gwmpas eu craidd màs cyffredin, C. Mae gwahaniad y sêr yn 3.0×10^{12} m.

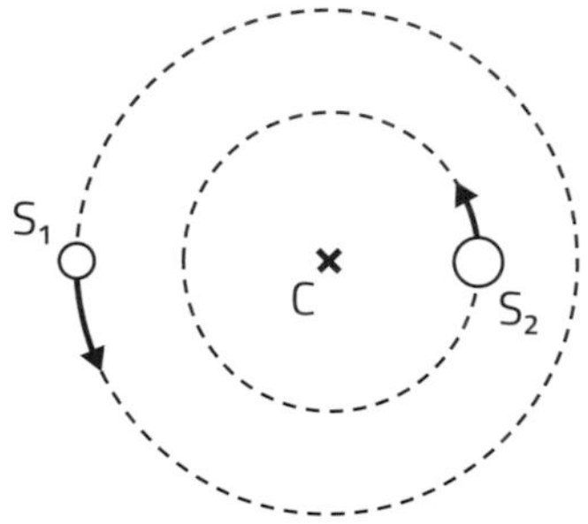

Cyfrifwch:

(a) Yr amser cyfnodol. [3]

(b) Radiysau'r orbitau. [2]

C11 Mae cyflymder rheiddiol yn cael ei blotio yn erbyn amser ar gyfer y seren Tau Boötis A.

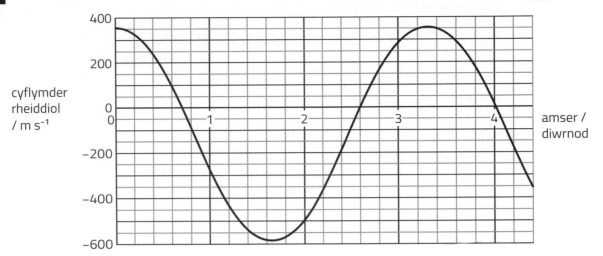

Gan dybio bod ei horbit yn grwn a'i bod yn cael ei gweld o'r ochr:

(a) Dangoswch fod y cyflymder orbitol tua 500 m s^{-1}. [2]

(b) Cyfrifwch radiws yr orbit. [2]

(c) Amcangyfrifir bod màs Tau Boötis A yn 2.6 × 10^{30} kg. Mae ei mudiant orbitol oherwydd planed anweledig â màs llawer llai. Cyfrifwch werth bras ar gyfer radiws orbit y blaned. [3]

(ch) Cyfrifwch werth ar gyfer màs y blaned. [2]

C12 Mae'n cael ei amcangyfrif bod màs, m_{gwel}, seren weladwy yn 12×10^{30} kg. Mae'r amrywiad yn ei chyflymder rheiddiol o'r cymedr yn cael ei blotio yn erbyn amser.

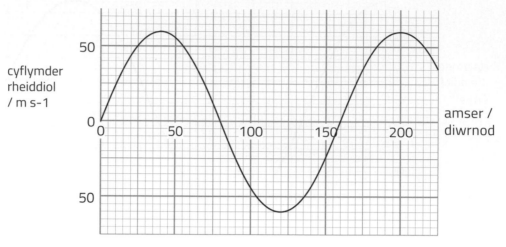

(a) Gan dybio bod yr orbit yn grwn ac yn cael ei weld o'r ochr, cyfrifwch ei radiws, r_{gwel}. [2]

(b) Mae'r seren weladwy a chyd-deithiwr anweledig y tybir ei fod yn dwll du (TD) yn troi o gwmpas ei gilydd. Esboniwch pam mae:

$$\left(\frac{2\pi}{T}\right)^2 r_{TD} = \frac{Gm_{gwel}}{(r_{gwel} + r_{TD})^2}$$

lle r_{TD} yw'r radiws orbitol ar gyfer y twll du. [2]

(c) Yr unig werth anhysbys yn yr hafaliad yn (b) yw r_{TD}. Ond mae'r hafaliad yn anodd ei ddatrys. Gwiriwch fod yr hafaliad yn cael ei fodloni bron gan $r_{TD} = 8.4 \times 10^{10}$ m. [2]

(ch) Cyfrifwch fàs y twll du. [2]

C13 Mae'r diagram yn plotio cyflymderau rheiddiol galaethau yn erbyn eu pellter i ffwrdd. Mae'r pellteroedd yn cael eu mesur mewn megaparsecau (Mpc). 1 Mpc = 3.09×10^{22} m.

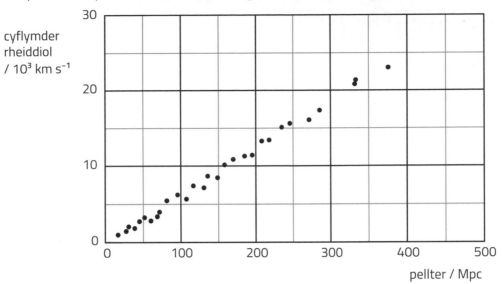

(a) Cyfrifwch werth ar gyfer y cysonyn Hubble , H_0, mewn unedau SI. [4]

....

....

....

....

....

....

(b) Rhowch un rheswm, heb gynnwys cyfeiliornadau mesur, dros wasgariad y pwyntiau. [1]

....

....

C14 Mewn system ddwbl, mae'r ddwy seren wedi'u gwahanu gan 30 AU ac maen nhw'n troi o gwmpas craidd màs y system mewn orbitau crwn â chyfnod 82.2 blwyddyn. Mae radiws orbitol y seren fwy masfawr yn 7.5 AU. Cyfrifwch fasau'r sêr unigol yn nhermau'r màs solar, $M_{\odot}$.

[1 AU = pellter cymedrig o'r Ddaear i'r Haul = 1.50×10^{11} m; $M_{\odot} = 1.99 \times 10^{30}$ kg] [5]

....

....

....

....

....

....

....

....

....

Dadansoddi cwestiynau ac atebion enghreifftiol

C&A 1

(a) Mae corff â màs, m, mewn orbit crwn â radiws r o gwmpas corff sfferig gymesur â màs , M. [$M >> m$.] Gan ddechrau o ddeddf disgyrchiant Newton, dangoswch yn glir bod buanedd orbitol, v, y corff yn cael ei roi gan: $v = \sqrt{\dfrac{GM}{r}}$ [2]

(b) Mae'r rhan fwyaf o'r sêr mewn galaeth, G, wedi'u cynnwys yn ei 'rhanbarth canolog', y mae'n bosibl amcangyfrif ei màs o gyfanswm ei goleuedd. Mae'r màs amcangyfrifol hwn wedi cael ei ddefnyddio gyda hafaliad rhan (a) i blotio'r gromlin **doredig** ar y graff. Mae hyn yn dangos y disgwyliad bod buanedd orbitol y mater yn rhanbarth allanol yr alaeth yn dibynnu ar ei bellter, r, o ganol yr alaeth. Mae'r gromlin **lawn** yn dangos sut mae buanedd orbitol y mater *arsylwedig* yn dibynnu ar r.

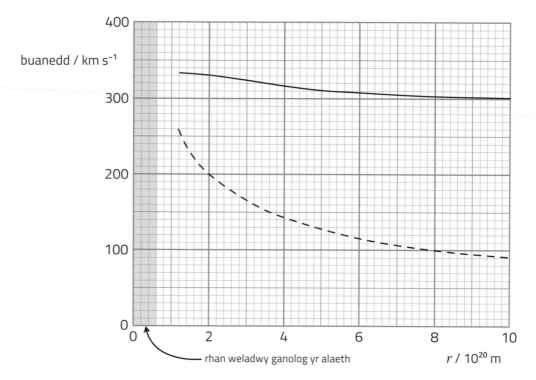

(i) Dangoswch fod y gromlin **doredig** yn gyson â'r hafaliad yn rhan (a). [2]

(ii) Darganfyddwch fàs amcangyfrifol yr alaeth mae'r gromlin **doredig** wedi'i seilio arni. [3]

(iii) Esboniwch beth mae'r ddau graff yn ei awgrymu am fàs *gwirioneddol* yr alaeth a'r ffordd y caiff y màs ei ddosbarthu. [4]

(iv) Disgrifiwch yn fyr un ffordd sydd wedi ei hawgrymu i esbonio'r anghysondebau ymddangosiadol hyn o ran màs galaethog. [1]

(c) Esboniwch sut mae'r hafaliad:

$$\frac{v}{c} = \frac{\Delta\lambda}{\lambda}$$

yn gallu cael ei ddefnyddio i ddarganfod buanedd corff mewn galaeth bell. [3]

Beth sy'n cael ei ofyn

(a) Yma mae gennyn ni gymhwysiad cyflym a syml o ddeddf disgyrchiant Newton, yn y darn hwn o waith llyfr AA1. Ystyr 'dangoswch yn glir' yw rhoi rhywfaint o waith cyfrifo dealladwy.

(b) (i) Cwestiwn AA3, heb unrhyw awgrym ynghylch sut i fwrw ymlaen.

    (ii) Mae hwn yn rhoi prawf ar eich gallu i roi data o'r graff i mewn i hafaliad rhan (a), gan ad-drefnu yn ôl yr angen. Mae angen dau neu dri o sgiliau sylfaenol braidd, ond mae'n hawdd gwneud camgymeriadau wrth ddarllen o graff!

    (iii) a (iv) Cwestiynau AA1 yw'r rhain. Mae'r fanyleb yn disgwyl i chi ddangos goblygiad yr amrywiad sydd i'w weld ym muanedd orbitol gwrthrychau yn rhannau allanol galaeth. Yr anhawster yma yw cynhyrchu atebion cryno sy'n cynnwys esboniad o sut maen nhw'n cysylltu â'r data.

(c) Yn amlwg, rhaid i chi ddatgan beth yw ystyr y symbolau yn yr hafaliad, a pha werthoedd sy'n cael eu darganfod drwy fesur. Rhowch fanylion – ond byddwch yn ymwybodol o'ch amser cyfyngedig.

Cynllun marcio

Rhan o'r cwestiwn		Disgrifiad	AA			Cyfanswm	Sgiliau	
			1	2	3		M	Y
(a)		$\dfrac{mv^2}{r} = \dfrac{GMm}{r^2}$ **neu** $mr\omega^2 = \dfrac{GMm}{r^2}$ [1] Unrhyw gam cywir yn yr algebra. [1]	2			2	1	
(b)	(i)	Dau bwynt data wedi'u dewis, e.e. (2, 200), (8, 100) [1] Trin a thrafod yn argyhoeddiadol $\longrightarrow v \propto r^{-0.5}$ [1]			2	2	1	
	(ii)	$M = \dfrac{rv^2}{G}$ (ad-drefnu ar unrhyw gam) [1] Darlleniadau mae'n bosibl eu hadnabod gyda phwerau 10 cywir wedi'u cymryd o bwynt ar y gromlin doredig. [1] $M = 1.2$ neu 1.3×10^{41} kg [1] Derbyn 3 ff.y.: Dim *ail* gosb am bwerau 10 anghywir		3		3	1	
	(iii)	Màs gwirioneddol yn fwy na'r amcangyfrif [1] oherwydd bod y buanedd yn uwch [drwy'r amser] [1] Màs yn ymestyn allan [yn bellach na'r disgwyl] o'r canol. [1] Gan nad yw buanedd prin yn gostwng gyda phellter o'r canol, neu ateb cyfatebol. [1]	4			4		
	(iv)	**Naill ai** Mater tywyll gyda rhywfaint o esboniad, e.e. ddim yn allyrru golau (derbyn 'cudd') neu drwy'r alaeth **neu** mae deddf disgyrchiant Newton yn methu. [1]	1			1		
(c)		Mesur tonfedd golau o'r corff [1] Yn yr hafaliad, mae $\Delta\lambda$ = dadleoliad yn y donfedd, λ = tonfedd [ddisgwyliedig], v = buanedd y corff. [1] Un manylyn ychwanegol, e.e. allyriad [canfyddadwy] **neu** defnyddio'r llinell amsugno, **neu** angen edrych ar yr alaeth o'r ochr, **neu** mae $\Delta\lambda$ positif yn dangos corff yn symud i ffwrdd oddi wrthyn ni. [1]	3			3		
Cyfanswm			10	3	2	15	3	

Cwestiynau Ymarfer Uned 4

Atebion Rhodri

(a) $\dfrac{GMm}{r^2} = mr\omega^2$ ✓

$\dfrac{GM}{r^2} = r\dfrac{v^2}{r}$ ✗

$v^2 = \dfrac{GM}{r^2}$

Dydw i ddim yn gwybod pam mae hyn yn anghywir.

(b) (i) Pan mae r yn dyblu o $2 \longrightarrow 4 \times 10^{20}$ m mae'r buanedd yn gostwng o 200 i 140 km s^{-1} ✓ Mae hwn bron yn hanner felly mae yna gyfranedd gwrthdro. ✗

(ii) Pan mae $r = 2 \times 10^{20}$, $v = 200$ ✓

Felly $200^2 = \dfrac{6.67 \times 10^{-11}M}{2 \times 10^{20}}$ ✓

$M = \dfrac{200^2 \times 2 \times 10^{20}}{6.67 \times 10^{-11}} = 1.2 \times 10^{35}$ kg ✗

(iii) Mae'r graff yn awgrymu bod màs yr alaeth yn fwy na'r hyn sy'n cael ei amcangyfrif. ✓ Mae hyn yn dilyn o'r hafaliad yn rhan (a) oherwydd bod y buanedd gwirioneddol yn llawer cyflymach na'r un sy'n defnyddio'r màs amcangyfrifol, ✓ ac mae siapiau'r graffiau yn wahanol. [dim digon]

(iv) Un syniad yw fod màs cudd o'r enw 'mater tywyll'. Mae 'cudd' yn golygu nad yw'n rhyngweithio â phelydriad e-m, dyna pam na fyddwn ni'n gallu ei ganfod. ✓ Gall mater tywyll gynnwys WIMPs sef gronynnau nad ydyn ni'n eu deall yn iawn .

Awgrym arall yw nad oes màs ychwanegol mewn gwirionedd, ond nad yw deddf disgyrchiant Newton bob amser yn gweithio.

(c) $\Delta\lambda$ yw dadleoliad Doppler ✓ [mya] y golau a λ yw ei donfedd. c yw buanedd golau. Mae'r hafaliad yn rhoi cyflymder v y corff, sydd i ffwrdd oddi wrthyn ni os yw'r donfedd yn cynyddu. ✓

Cyfanswm   **9 marc /15**

Atebion Ffion

(a) $\dfrac{mv^2}{r} = \dfrac{GMm}{r^2}$ ✓

$v^2 = \dfrac{GM}{r}$ (lluosi gyda $\dfrac{r}{m}$)✓

$v = \sqrt{\dfrac{GM}{r}}$

(b) (i) Os yw $v = \sqrt{\dfrac{GM}{r}}$, yna $v^2 \propto \dfrac{1}{r}$ felly $\left(\dfrac{v_1}{v_2}\right)^2 = \dfrac{r_2}{r_1}$.

Cymerwch $r_1 = 2$; $v_1 = 200$ ac $r_2 = 8$; $v_2 = 100$ ✓
$(r_2/r_1) = 4$ ac $(v_1/v_2)^2 = 2^2 = 4$.
Mae'r rhain yr un fath, felly OK.✓

(ii) Gan ad-drefnu'r hafaliad sy'n cael ei roi

$M = \dfrac{rv^2}{G}$ ✓

Rhoi gwerthoedd i mewn

$M = \dfrac{4 \times 10^{20} \times 180\,000^2}{6.67 \times 10^{-11}}$ ✓ $= 1.94 \times 10^{41}$ kg ✗

(iii) Ar bob gwerth o r yn yr alaeth allanol, mae'r buanedd gwirioneddol yn fwy na'r buanedd sydd wedi'i gyfrifo, ✓ felly os yw'r hafaliad yn rhan (a) yn wir, rhaid i'r màs gwirioneddol fod yn fwy na'r màs amcangyfrifol. ✓ Hefyd, prin fod y buanedd yn gostwng wrth i'r pellter gynyddu, fel y byddai pe bai bron yr holl fàs yn y rhanbarth canolog (v mewn cyfranedd â $1/\sqrt{r}$). ✓ Felly mae'n edrych fel petai llawer mwy o fàs yn y rhanbarthau allanol na'r hyn sydd wedi'i dybio. ✓

(iv) Mae'r alaeth yn cynnwys defnydd (gronynnau) na allwn ni ei ganfod gyda phelydriad electromagnetig, ond sydd â màs. Mae'n cael ei alw'n 'fater tywyll'. ✓

(c) Rydyn ni'n archwilio golau sy'n dod atom o'r corff. Os gallwn ni adnabod donfedd fel un sy'n dod o fath penodol o atom ✓, a bod y donfedd honno'n cael ei dadleoli $\Delta\lambda$ o'i gwerth arferol, λ, ✓ yna mae'r corff yn symud oddi wrthyn ni gyda chyflymder rheiddiol $c \times \Delta\lambda/\lambda$, os yw $\Delta\lambda$ yn bositif. ✓

Cyfanswm	**14 marc /15**

Cwestiynau Ymarfer Uned 4

Adran 4: Meysydd magnetig

Crynodeb o'r testun

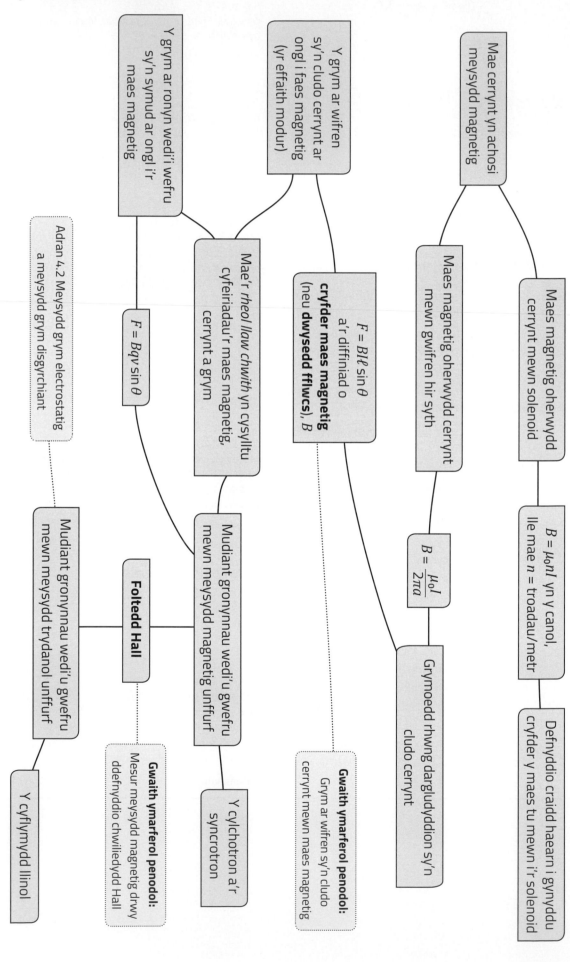

Mae cerrynt yn achosi meysydd magnetig

Y grym ar ronyn wedi'i wefru sy'n symud ar ongl i'r maes magnetig

Y grym ar wifren sy'n cludo cerrynt ar ongl i faes magnetig (yr effaith modur)

Mae'r *rheol llaw chwith* yn cysylltu cyfeiriadau'r maes magnetig, cerrynt a grym

$F = BI\ell \sin\theta$
a'r diffiniad o **cryfder maes magnetig** (neu **dwysedd fflwcs**), B

Maes magnetig oherwydd cerrynt mewn gwifren hir syth

Maes magnetig oherwydd cerrynt mewn solenoid

$F = Bqv \sin\theta$

Adran 4.2 Meysydd grym electrostatig a meysydd grym disgyrchiant

Mudiant gronynnau wedi'u gwefru mewn meysydd trydanol unffurf

Foltedd Hall

Mudiant gronynnau wedi'u gwefru mewn meysydd magnetig unffurf

Y cylchotron a'r syncrotron

$B = \dfrac{\mu_0 I}{2\pi a}$

Grymoedd rhwng dargludyddion sy'n cludo cerrynt

$B = \mu_0 nI$ yn y canol, lle mae n = troadau/metr

Defnyddio craidd haearn i gynyddu cryfder y maes tu mewn i'r solenoid

Y cyflymydd llinol

Gwaith ymarferol penodol: Mesur meysydd magnetig drwy ddefnyddio chwiliedydd Hall

Gwaith ymarferol penodol: Grym ar wifren sy'n cludo cerrynt mewn maes magnetig

C1 Pan gaiff ei osod mewn maes magnetig, B, mae gwifren sy'n cludo cerrynt yn profi grym, F, sy'n cael ei roi gan:

$$F = BI\ell\sin\theta$$

(a) Enwch y meintiau I, ℓ a θ.   [1]

....

....

(b) Defnyddiwch yr hafaliad i fynegi'r tesla (T) yn nhermau'r unedau SI sylfaenol kg, m, s ac A.   [2]

....

....

....

(c) Nodwch enw'r rheol sy'n cysylltu cyfeiriad F â chyfeiriadau'r cerrynt a'r maes.   [1]

....

C2 Mae cerrynt clocwedd o 2.5 A yn cael ei gynnal mewn dolen drionglog o wifren gan fatri (sydd ddim i'w weld). Mae maes magnetig unffurf o 0.030 T, ar ongl sgwâr i blân y ddolen, yn cael ei weithredu fel sydd i'w weld:

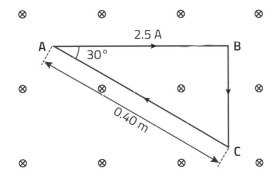

maes magnetig unffurf o 0.030 T wedi'i gyfeirio i mewn i'r dudalen

(a) Ychwanegwch saethau at ganol pob ochr i'r ddolen i ddangos cyfeiriadau'r grymoedd ar yr ochrau oherwydd y maes magnetig unffurf.   [2]

(b) Cyfrifwch feintiau'r grymoedd ar yr ochrau canlynol: [5]

(i) AB ....

....

(ii) BC ....

....

(iii) CA ....

....

(c) Dangoswch fod y grym cydeffaith ar y ddolen yn sero.   [3]

....

....

....

....

C3 Mae maes magnetig unffurf â maint B yn cael ei weithredu i'r dde fel sydd i'w weld, fel ei fod yn amgylchynu'r ddolen drionglog sydd i'w gweld, sy'n cludo cerrynt I.

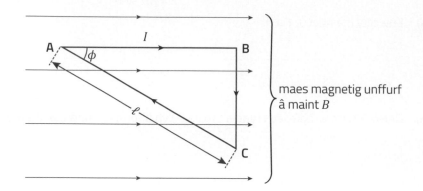

(a) Mae Ella'n awgrymu bod y grym cydeffaith ar y ddolen yn sero. Gwerthuswch ei hawgrym. [4]

(b) Er hynny, mae Ella yn dadlau, na fydd y ddolen yn parhau'n ddisymud oni bai ei bod wedi'i dal yn sefydlog. Trafodwch yr honiad pellach hwn. [2]

C4 Mae tair gwifren hir, baralel, P, Q ac R 60 mm ar wahân i'w gilydd, fel sydd i'w weld yn y diagram (trawstoriadol). Mae pob un ohonyn nhw'n cludo cerrynt o 7.5 A i mewn i'r dudalen.

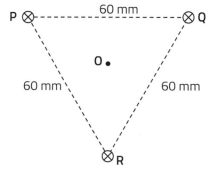

(a) (i) Mae Pwynt O yn gytbell o P, Q ac R. **Tynnwch saethau wedi'u labelu P, Q ac R ar y diagram** i ddangos cyfeiriadau'r meysydd magnetig ar O oherwydd P, i Q ac i R. [2]

(ii) Nodwch faint y maes magnetig cydeffaith ym mhwynt O, gan gyfiawnhau eich ateb yn fyr. [2]

....

....

....

(b) Gan nodi ei gyfeiriad, cyfrifwch y grym ar hyd 2.0 m o wifren R:

(i) pan fydd y cerrynt yng ngwifren Q yn cael ei ddiffodd dros dro; [2]

....

....

....

(ii) pan fydd y cerrynt yn cael ei adfer yn Q, fel bod P, Q ac R i gyd yn cludo 7.5 A eto. [3]

....

....

....

C5 Mae'r diagram yn dangos rhan o'r maes magnetig oherwydd solenoid sy'n cludo cerrynt.

(a) Mae cyfeiriad y maes yn y solenoid o'r chwith i'r dde.

(i) Rhestrwch beth arall y mae'n bosibl ei gasglu am faes y solenoid o batrwm y llinellau maes magnetig. [3]

....

....

....

(ii) Disgrifiwch sut gallech chi ymchwilio i'r casgliadau rydych chi wedi'u gwneud yn rhan (i). [3]

....

....

....

....

(b) Nodwch gyfeiriad, A neu B, y cerrynt, gan enwi'r rheol rydych chi wedi'i defnyddio. [1]

....

(c) Mae'r solenoid yn 60.0 cm o hyd ac mae ganddo 300 troad o wifren. Cyfrifwch y dwysedd fflwcs magnetig, B, ar ei ganol pan fydd yn cludo cerrynt o 4.0 A. [2]

....

....

....

(ch) Nodwch sut gallech chi gynyddu'r dwysedd fflwcs yn y canol, heb newid y cerrynt, nifer y troadau na hyd y solenoid. [1]

....

C6 Mae'r diagram yn dangos paladr o electronau sy'n pasio drwy ran o faes magnetig unffurf. Mae'r electronau'n symud ar fuanedd o 3.0×10^7 m s^{-1} mewn arc cylch â radiws 0.040 m.

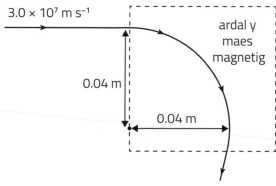

(a) Mae'r electronau wedi'u cyflymu i'r buanedd hwn o ddisymudedd. Cyfrifwch y foltedd cyflymu sy'n cael ei ddefnyddio. [2]

....

....

....

(b) Nodwch faint a chyfeiriad y dwysedd fflwcs magnetig. [3]

....

....

....

(c) Mae'n bosibl gwneud i'r paladr o electronau fynd yn syth drwy weithredu maes trydanol addas yn ogystal â'r maes magnetig. Darganfyddwch ei faint a'i gyfeiriad. [2]

....

....

....

C7 (a) Mae gronyn â màs m a gwefr q yn symud mewn llwybr crwn mewn maes magnetig unffurf, B, sy'n berpendicwlar i blân y cylch. Gan ddechrau o'r grym sy'n cael ei brofi gan y gronyn, dangoswch mai'r amser mae'r gronynnau'n ei gymryd am bob cylchdro yw: [3]

$$T = \frac{2\pi m}{qB}$$

(b) Mae diagram syml o gylchotron i'w weld isod:

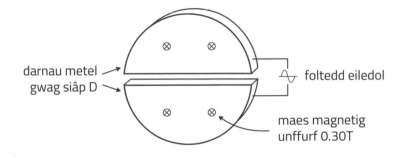

darnau metel gwag siâp D

foltedd eiledol

maes magnetig unffurf 0.30T

Cyfrifwch amledd y foltedd eiledol sydd ei angen os yw protonau'n cael eu cyflymu yn y cylchotron ac mae maes magnetig o 0.30 T yn cael ei weithredu. [2]

(c) Mae syncrotron yn gyflymydd gronynnau y cafodd ei egwyddor ei ddatblygu o egwyddor y cylchotron. Nodwch ddau wahaniaeth rhwng syncrotron a chylchotron, ac un gwahaniaeth rhwng y ffyrdd maen nhw'n cael eu defnyddio. [3]

C8 Dyma ddiagram syml o ran o gyflymydd llinol ar gyfer cyflymu protonau:

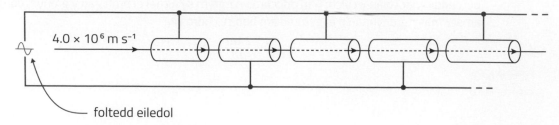

Mae protonau'n mynd i mewn i'r tiwb ar y chwith ar fuanedd o 4.0×10^6 m s^{-1}. Wrth i broton basio o'r chwith i'r dde ar draws y bwlch rhwng dau diwb, y foltedd cyflymu rhwng y tiwbiau yw (−)120 kV.

(a) Cyfrifwch fuanedd proton ar ôl iddo fynd i mewn i'r (pumed) tiwb llaw dde sydd i'w weld yn y diagram. [Màs proton = 1.67×10^{-27} kg] [4]

(b) Esboniwch:

(i) Pam mae angen foltedd *eiledol*. [2]

(ii) Pam mae hyd pob tiwb yn wahanol. [2]

(c) Nodwch un anfantais o gyflymydd llinellol dros gylchotron. [1]

Dadansoddi cwestiynau ac atebion enghreifftiol

C&A 1

(a) Mewn gwactod, mae gronynnau symudol wedi'u gwefru yn teithio mewn cylchoedd ar fuanedd cyson pan fydd maes magnetig unffurf yn cael ei weithredu ar ongl sgwâr i gyflymder cychwynnol y gronynnau. Mewn sleis o ddefnydd dargludol sy'n cludo cerrynt, mae'r gronynnau sydd wedi'u gwefru yn dilyn llwybrau syth yn fuan ar ôl i faes magnetig unffurf gael ei weithredu, fel yn y diagram.

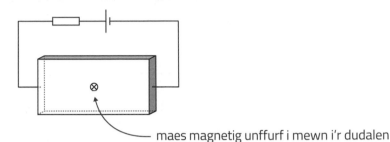

maes magnetig unffurf i mewn i'r dudalen

Rhowch gyfrif am yr ymddygiadau gwahanol hyn. Does dim eisiau hafaliadau. [6 AYE]

(b) Mae mesurydd tesla yn cynnwys chwiliedydd sy'n cynnwys 'waffer' gyda foltedd Hall wedi'i gynhyrchu ar ei draws, ac 'uned mesurydd' sy'n cyflenwi'r waffer gyda cherrynt cyson, ac sydd hefyd yn arddangos gwerth y maes magnetig sy'n cael ei fesur.

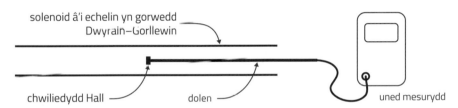

solenoid â'i echelin yn gorwedd Dwyrain–Gorllewin

chwiliedydd Hall — dolen — uned mesurydd

Mae Sally yn gwirio graddnodiad y mesurydd drwy osod ei chwiliedydd yng nghanol solenoid hir gyda'r chwiliedydd wedi'i gyfeiriadu fel sydd i'w weld, i gynhyrchu'r darlleniad mwyaf.

Mae hyd y solenoid yn 0.75 cm ac mae ganddo 150 troad o wifren. Dyma ganlyniadau Sally:

cerrynt y solenoid / A	0.0	0.2	0.4	0.6	0.8
darlleniad y mesurydd / μT	3	53	104	154	204

(i) Awgrymwch pam gosododd Sally y solenoid gyda'i echelin yn gorwedd Dwyrain–Gorllewin. [1]

(ii) Heb luniadu graff, gwerthuswch i ba raddau mae'r canlyniadau'n cadarnhau bod y mesurydd tesla wedi'i raddnodi'n gywir. [3]

(c) Nawr, mae Sally'n defnyddio'r mesurydd tesla i ymchwilio i'r maes magnetig sy'n codi o ddefnyddio gwifren hir, syth, sy'n cludo cerrynt. (Gweler y diagram.)

golwg oddi uchod

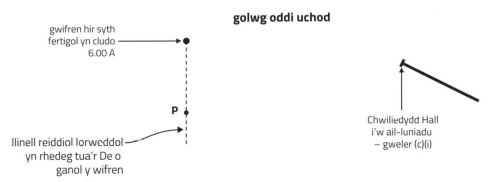

gwifren hir syth fertigol yn cludo 6.00 A

P

llinell reiddiol lorweddol yn rhedeg tua'r De o ganol y wifren

Chwiliedydd Hall i'w ail-luniadu – gweler (c)(i)

Mae'n gosod y chwiliedydd ar wahanol bwyntiau ar hyd y llinell reiddiol, gan gofnodi darlleniad y mesurydd a defnyddio pren mesur i fesur pellter, *r*, y pwynt o ganol y wifren.

(i) Ar y diagram ail-luniadwch y chwiliedydd Hall, wedi'i leoli i fesur y maes magnetig ym mhwynt **P** oherwydd y wifren. [Nodwch sut mae'r chwiliedydd wedi'i leoli yn rhan (a).] [1]

(ii) Mae canlyniadau Sally yn cael eu defnyddio i blotio dwysedd fflwcs magnetig, *B*, yn erbyn 1/*r*.

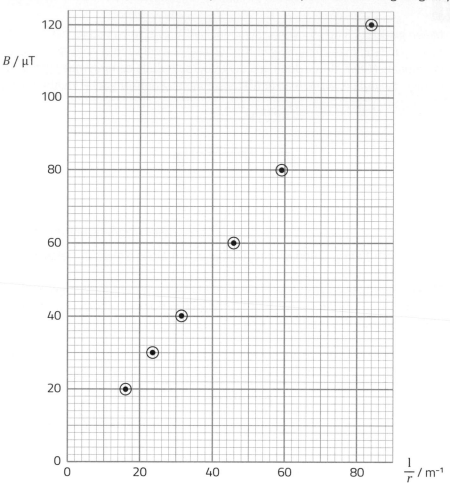

(I) Darganfyddwch y cerrynt yn y wifren fertigol. [4]

(II) Mae Sally o'r farn y gallai ei gwerthoedd *r* fod â chyfeiliornad o swm penodol oherwydd ei bod hi wedi mesur i gasin allanol y chwiliedydd Hall yn unig, Mae ei ffrind yn awgrymu, am y rheswm hwn, y byddai wedi bod yn well plotio *r* yn erbyn $\frac{1}{B}$. Trafodwch yr awgrym hwn. [2]

Beth sy'n cael ei ofyn

Mae rhan (a) yn gwestiwn AA1 sy'n cyfuno dau ddarn o waith llyfr cyfarwydd. Dylai hyd yn oed y diagram fod yn gyfarwydd. Felly AA1. Mae'r cwestiwn yn chwilio am esboniad cam wrth gam mewn trefn resymegol gyda defnydd cywir o dermau technegol. Mae rhan (b)(i) yn farc AA2 syml ond mae'r dyraniad marciau ar gyfer (b)(ii) ac 'i ba raddau' yn awgrymu bod mwy nag un pwynt i'w wneud yn y cwestiwn AA3 hwn.

Mae rhan (c)(i) yn profi gwybodaeth am siâp maes y wifren gyda (c)(ii)I yn cyfuno dadansoddiad o linell syth â'r hafaliad disgwyliedig ar gyfer maes y wifren – felly AO3. Mae'r rhan olaf yn brawf mwy treiddiol o ddealltwriaeth ymgeiswyr o ddamcaniaeth graff llinell syth.

Cynllun marcio

Rhan o'r cwestiwn			Disgrifiad	AA			Cyfanswm	Sgiliau	
				1	2	3		M	Y
(a)			**Mewn gwactod** ● Grym magnetig ar ongl sgwâr i'r cyflymder. ● Dim cynnydd mewn buanedd gan nad oes unrhyw waith yn cael ei wneud ar y gronyn neu ddim cydran grym sy'n baralel â chyflymder. ● Mae grym yn newid cyfeiriad cyflymder gronyn [ar gyfradd gyson]. **Mewn defnydd dargludol** ● Grym magnetig yn allwyro gronynnau i frig (neu waelod) y sleis. ● Defnyddio'r Rheol Modur Llaw Chwith. ● Gronynnau wedi'u gwefru sydd wedi'u dadleoli yn sefydlu maes E. ● Mae grym o ganlyniad i E yn gwrthwynebu'r grym oherwydd B. ● Mae ecwilibriwm yn cael ei sefydlu pan fydd y grym oherwydd E yn hafal (a dirgroes) i'r grym oherwydd B. ● Dim grym cydeffaith, felly mae gronynnau'n symud mewn llinell syth.	6			6		
(b)	(i)		Felly dydy maes magnetig y Ddaear ddim yn effeithio ar y mesuriad, neu ateb cyfatebol. [1]	1			1		1
	(ii)		Mae B wedi'i gyfrifo o $B = \mu_0 nI$ ar gyfer o leiaf un gwerth I, e.e. ar gyfer 0.20 A, B = 50.3 mT [1] Pob darlleniad yn gywir **neu** mewn cyfrannedd â'r cerrynt [1] os oes cyfeiliornad sero (neu gyfeiliornad cyson) o 3 mT wedi'i dynnu [1]			3	3	3	3
(c)	(i)		Chwiliedydd ym mhwynt **P**; dolen yn llorweddol			1	1		
	(ii)	(I)	Llinell syth wedi'i thynnu'n agos at bwyntiau *ac eithrio'r un uchaf*, a thrwy'r tarddbwynt neu o fewn 1 sgwâr bach i'r dde ohono. [1] Graddiant wedi'i gyfrifo neu ateb cyfatebol. Derbyn llinell wael a/neu gamgymeriad yn y pwerau 10 ar gyfer y marc hwn. [1] Defnyddio $B = \dfrac{\mu_0 I}{2\pi r}$, e.e. graddiant $= \dfrac{\mu_0 I}{2\pi}$ [1] I = 6.5 [±0.1] A neu 6.50 [±0.10] A **Uned** [1] [dgy ar y llinell sydd wedi'i thynnu]			4	4	2	4
		(II)	Byddai $1/B$ yn erbyn r yn cynhyrchu llinell syth [er gwaetha'r cyfeiliornad yn r] ond ni fyddai B yn erbyn $1/r$ yn gwneud hynny. [1] Mae'r cyfeiliornad yn r yn ymddangos fel rhyngdoriad [−] ar yr echelin r [neu ateb cyfatebol.] [1]			2	2	2	2
Cyfanswm				6	2	9	17	7	10

Atebion Rhodri

(a) Mewn gwactod mae'r grym yn gweithredu ar ongl sgwâr i fuanedd y gronyn, ac yn gwneud iddo fynd mewn cylch. Yn y defnydd dargludol, mae'r un grym yn gwneud i'r gronynnau sydd wedi'u gwefru gronni ar ben y sleis ac mae hyn yn atal y grym magnetig rhag allwyro'r gronynnau'n bellach, felly maen nhw'n mynd mewn llinell syth.

SYLWADAU'R MARCIWR
Ar wahân i ddefnyddio 'buanedd' yn lle'r fector, 'cyflymder', mae Rhodri wedi nodi cyfeiriad y grym yn gywir ac wedi sylweddoli mai dyna sy'n gwneud y llwybr yn gylch mewn gwactod. Dydy e ddim wedi dweud wrthyn ni pam mae'r buanedd yn gyson. Mae'n ymddangos bod ganddo rywfaint o ddealltwriaeth gyfyngedig o pam mae'r gronynnau'n dilyn llinellau syth yn y defnydd. Ond dydy e ddim yn rhoi unrhyw reswm dros y gronynnau'n cael eu hallwyro i fyny, a dydy e ddim yn dweud yn glir mai eu croniad sy'n gyfrifol am ail rym sy'n gwrthwynebu'r grym magnetig. Ateb band isel.
2 farc

(b) (i) Fel nad yw maes magnetig y Ddaear yn ymyrryd â'r canlyniadau. ✓

SYLWADAU'R MARCIWR
Ateb cywir.
1 marc

(ii) Mae'r darlleniad bron mewn cyfrannedd â'r cerrynt gan fod 104 bron ddwywaith 53 ac yn y blaen. ✓ Ond dylai'r maes fod mewn cyfrannedd â'r cerrynt yn union, felly mae graddnodiad y mesurydd yn dda ond nid yn berffaith.

SYLWADAU'R MARCIWR
Marc canol wedi'i ennill am sylwi ar y cyfrannedd bras, ond mae'r dadansoddiad ymhell o fod yn gyflawn. Dydy Rhodri ddim wedi sylweddoli'r angen i gymharu gwerth wedi'i gyfrifo B ar gyfer y solenoid â'r canlyniadau. Dydy e ddim ychwaith wedi sylwi ar y cyfeiliornad cyson.
1 marc

(c) (i) [Y chwiliedydd wedi'i luniadu ym mhwynt P gyda'r ddolen ar hyd y llinell reiddiol doredig] ✗

SYLWADAU'R MARCIWR
Mae'r chwiliedydd wedi'i gyfeiriadu i fesur B rheiddiol ond mae'r maes yn dangiadol.
0 marc

(ii) (I)

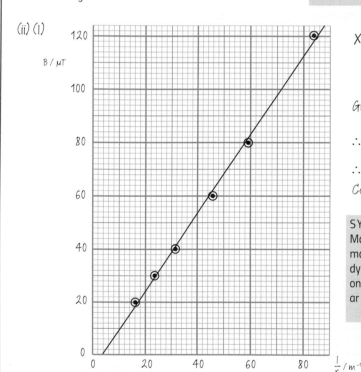

Graddiant $= \dfrac{98}{67} = 1.4626$ ✓

∴ $1.4626 = \dfrac{4\pi \times 10^{-7} \times I}{2\pi}$ ✓

∴ $I = 7.313 \times 10^{6}$ A ✗

Cerrynt mawr iawn!

SYLWADAU'R MARCIWR
Mae llinell Rhodri yn eithaf agos at yr holl bwyntiau, ond mae'r tri phwynt olynol islaw'r llinell yn awgrymu nad dyma'r dewis gorau. Yna mae'n ennill y ddau farc canol ond yn colli'r olaf am ei fod wedi methu'r "μ" o flaen "T" ar echelin y graff!
2 farc

(II) Ni fydd unrhyw wahaniaeth oherwydd bod $B = \dfrac{\mu_0 I}{2\pi r}$ ac $r = \dfrac{\mu_0 I}{2\pi B}$ yn rhoi llinellau â'r un graddiant. ✗

Ac eithrio y bydd cyfeiliornad yn r ond yn symud y llinell i fyny neu i lawr. ✓

SYLWADAU'R MARCIWR
Mae brawddeg olaf Rhodri yn ennill yr ail farc, ond nid yw wedi egluro, gyda chyfeiliornadau sero yn r, nad yw plotio B yn erbyn $1/r$ yn rhoi llinell syth.
1 marc

Cyfanswm **7 marc /17**

Atebion Ffion

(a) Mae gronyn wedi'i wefru mewn maes magnetig yn profi grym ar ongl sgwâr i'w gyflymder. Mae hyn yn gwneud iddo newid ei gyfeiriad yn barhaus. Mae'n gwneud hyn ar gyfradd gyson oherwydd bod y maes yn unffurf. Felly mae'n mynd mewn cylch mewn gwactod.

Yn y defnydd dargludol, mae foltedd Hall yn cronni rhwng yr arwynebau top a gwaelod. Y rheswm am hyn yw fod y gronynnau'n cael eu hallwyro i fyny gan y rheol Modur Llaw Chwith (os yw'r gronynnau'n bositif). Mae croniad y wefr bositif yn gwneud grym tuag i lawr ar y gronynnau, gan wrthwynebu'r grym o'r maes magnetig. Yn fuan, mae'r grymoedd yn cydbwyso ac mae'r gronynnau'n mynd mewn llinell syth (deddf Newton 1).

SYLWADAU'R MARCIWR

Mae Ffion wedi rhoi cyfrif argyhoeddiadol am fudiant y gronyn mewn cylch mewn gwactod, ond nid am gysondeb ei fuanedd. Cymhwysodd y rheol Modur Llaw Chwith yn gywir, a sylweddolodd fod croniad gwefr yn arwain at rym sy'n gwrthwynebu'r grym magnetig. Byddai wedi bod yn well byth pe bai hi wedi sôn am sefydlu maes trydanol, ond mae ei chyfeiriad at effaith Hall a'i defnydd cywir o ddeddf gyntaf Newton yn cadarnhau mai ateb band uchaf yw hwn.

6 marc

(b)(i) Ni fydd y chwiliedydd yn canfod maes y Ddaear, sydd tua'r gogledd. ✓

SYLWADAU'R MARCIWR

Ateb cywir – clir iawn.

1 marc

(ii) Ar gyfer I = 0.20 A, mae
$B = 4\pi \times 10^{-7} \times (150/0.75) \times 0.20 = 50$ mT, ✓

ac ar gyfer y gwahanol geryntau sy'n cael eu defnyddio, mae
$B = 0, 50, 101, 151, 201, 251$ mT. ✓

Mae'r darlleniadau i gyd 3 mT yn uwch na'r rhain, felly ar wahân i gyfeiliornad sefydlog o 3 mT maen nhw'n gywir. ✓

SYLWADAU'R MARCIWR

Er nad oes sôn am gyfranoldeb, atebodd hi'r cwestiwn yn llawn.

3 marc

(c)(i) [Y chwiliedydd wedi'i luniadu ym mhwynt P gyda'r ddolen ar ongl sgwâr i linell reiddiol doredig] ✓

SYLWADAU'R MARCIWR

Y chwiliedydd wedi'i gyfeiriadu'n gywir.

1 marc

(ii) (I)

$$B = \frac{4\pi \times 10^{-7} I}{2\pi} \times \frac{1}{r}$$

$$\therefore \text{Graddiant} = \frac{4\pi \times 10^{-7} I}{2\pi} \checkmark$$

$$\therefore \frac{120 \times 10^{-6}}{84 - 2} = \frac{4\pi \times 10^{-7} I}{2\pi} \quad \times$$

$$\therefore I = 7.3 \text{ A} \checkmark \text{[dgy]}$$

SYLWADAU'R MARCIWR

Drwy anwybyddu'r pwynt olaf, mae llinell Ffion yn ffitio'r pwyntiau eraill yn dda. Dewis da ac yna dadansoddiad cymwys, er ei bod wedi colli'r marc olaf drwy ddarllen 88 fel 84 ar y raddfa lorweddol!

3 marc

(II) Os oes cyfeiliornad o a yn r. Yna gan ddefnyddio r ar gyfer y gwerth sydd wedi'i fesur, $r - a = \frac{\mu_0 I}{2\pi B}$.

$\therefore r = \frac{\mu_0 I}{2\pi B} + a$. Felly nawr bydd y llinell yn syth ✓, gydag r fel y rhyngdoriad, pan fydd r yn cael ei blotio yn erbyn 1/B. ✓

SYLWADAU'R MARCIWR

Mae Ffion wedi cyflwyno damcaniaeth y graff arfaethedig yn glir iawn. Mae ei defnydd o'r gair 'nawr' yn awgrymu na fyddai'r graff gwreiddiol yn syth.

2 farc

Cyfanswm	16 marc /17

Adran 5: Anwythiad electromagnetig

Crynodeb o'r testun

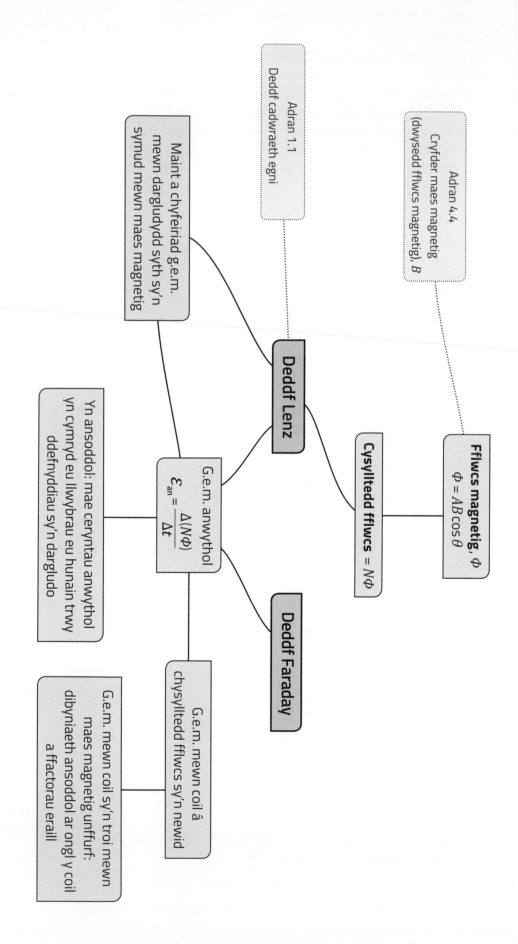

Adran 1.1
Deddf cadwraeth egni

Adran 4.4
Cryfder maes magnetig
(dwysedd fflwcs magnetig), B

Maint a chyfeiriad g.e.m.
mewn dargludydd syth sy'n
symud mewn maes magnetig

Deddf Lenz

Cysylltedd fflwcs $= N\Phi$

Fflwcs magnetig, Φ
$\Phi = AB\cos\theta$

G.e.m. anwythol
$$\varepsilon_{an} = \frac{\Delta(N\Phi)}{\Delta t}$$

Yn ansoddol: mae ceryntau anwythol
yn cymryd eu llwybrau eu hunain trwy
ddefnyddiau sy'n dargludo

Deddf Faraday

G.e.m. mewn coil â
chysylltedd fflwcs sy'n newid

G.e.m. mewn coil sy'n troi mewn
maes magnetig unffurf:
dibyniaeth ansoddol ar ongl y coil
a ffactorau eraill

C1 Mae gan gylch wedi'i wneud o wifren gopr **ddiamedr** o 0.080 m. Mae maes magnetig unffurf o 0.050 T yn cael ei roi iddo, ar ongl sgwâr i blân y cylch (i mewn i'r papur yn y diagram).

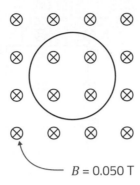

$B = 0.050$ T

(a) (i) Cyfrifwch y fflwcs magnetig drwy'r cylch. [2]

....

....

....

(ii) Cyfrifwch y g.e.m. sy'n cael ei anwytho yn y cylch pan gaiff cryfder y maes ei leihau i sero ar gyfradd gyson mewn amser o 0.16 s. [2]

....

....

....

(iii) Nodwch gyfeiriad y g.e.m. sy'n cael ei anwytho (clocwedd neu wrthglocwedd yn y diagram), gan gyfiawnhau eich ateb yn glir. [3]

....

....

....

....

(iv) Gwrthiant y cylch yw 2.75×10^{-3} Ω. Cyfrifwch yr egni sy'n cael ei afradloni yn y cylch yn ystod yr amser mae'r maes yn newid. [2]

....

....

....

(b) Mae Alice yn honni y byddai dyblu diamedr y cylch (ond cadw trwch y wifren yr un fath) yn dyblu'r egni sy'n cael ei afradloni pe bai'r arbrawf o ran (a) yn cael ei ailadrodd. [Mae'r maes magnetig yn ymestyn yn ddiderfyn.] Gwerthuswch ei honiad. [2]

....

....

....

C2 Mae dolen sgwâr o wifren, ABCD, sy'n mesur 0.15 m × 0.15 m yn cael ei gwthio o'r chwith i'r dde ar fuanedd cyson o 0.20 m s^{-1}.

(a) $B = 0.35$ T (b) $B = 0.35$ T (c) $B = 0.35$ T

(a) Ar yr ennyd sydd i'w gweld yn niagram (a) mae blaenymyl, **BC**, y ddolen wedi mynd i mewn i ardal o faes magnetig unffurf (wedi'i ffinio â'r llinell doredig). Ar gyfer yr ennyd hon:

(i) Cyfrifwch y g.e.m. sy'n cael ei anwytho yn y ddolen sgwâr. [2]

(ii) Cyfrifwch y cerrynt, o ystyried bod gwrthiant y ddolen yn 0.020 Ω, **a dangoswch gyfeiriad y cerrynt ar ddiagram (a)**. [1]

(iii) Cyfrifwch y grym (magnetig) effaith modur sy'n gweithredu ar **BC a dangos ei gyfeiriad ar ddiagram (a)**. [3]

(b) Esboniwch pam nad oes cerrynt yn y ddolen wrth iddi basio drwy'r safle sydd i'w weld yn niagram (b). [2]

(c) **Lluniadwch saeth**, wedi'i lleoli'n gywir ar ddiagram (c), i ddangos y grym sy'n gweithredu ar y ddolen pan fydd y blaenymyl, **BC**, wedi pasio allan o'r maes. [2]

C3 (a) Mynegwch ddeddf anwythiad electromagnetig Lenz. [2]

....

....

....

(b) Gan ddefnyddio'r trefniant yng nghwestiwn 2 (a) fel eich enghraifft chi, esboniwch sut mae deddf Lenz yn gymhwysiad o Gadwraeth Egni. [2]

....

....

....

....

(c) Gan ddefnyddio'ch atebion i gwestiwn 2 (a), darganfyddwch:

    (i) Y pŵer sy'n cael ei afradloni drwy wresogi gwrtheddol yn y ddolen. [2]

....

....

....

    (ii) Y gwaith sy'n cael ei wneud am bob eiliad yn gwthio'r ddolen i mewn i'r maes. [2]

....

....

....

....

C4 Mae coil sgwâr â 150 o droadau yn mesur 12.0 cm × 12.0 cm. Mae'n cael ei osod fel bod y normal i'r sgwâr ar ongl o 30° i faes magnetig y Ddaear mewn man lle mae ei faint yn 48 μT.

(a) Darganfyddwch:

    (i) Y fflwcs magnetig drwy'r coil. [2]

....

....

....

    (ii) Y cysylltedd fflwcs magnetig. [1]

....

(b) Mae'r coil yn cael ei droi nawr mewn amser o 1.2 s fel bod ei normal ar ongl sgwâr i'r maes. Cyfrifwch y g.e.m. cymedrig sy'n cael ei anwytho yn y coil. [2]

....

....

....

C5 (a) Mynegwch ddeddf anwythiad electromagnetig Faraday. [2]

....

....

....

(b) Mae'r diagram yn olygfa o'r ymyl o goil sgwâr, PQRS, sy'n cael ei gylchdroi ar gyflymder onglaidd cyson, ω, o amgylch echelin sy'n pasio drwy ganolbwyntiau ochrau PQ ac RS. Mae'r coil mewn maes magnetig unffurf, B, fel sydd i'w weld. Mae gwrthydd wedi'i gysylltu ar draws y coil.

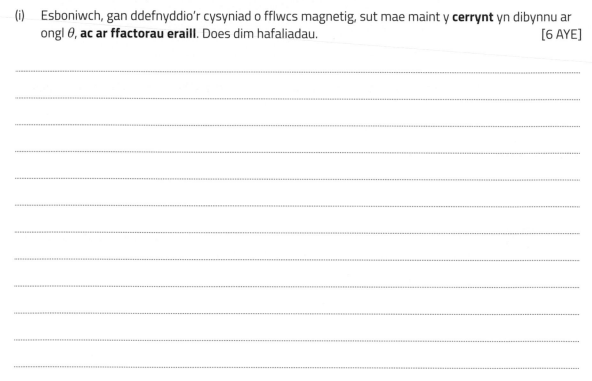

(i) Esboniwch, gan ddefnyddio'r cysyniad o fflwcs magnetig, sut mae maint y **cerrynt** yn dibynnu ar ongl θ, **ac ar ffactorau eraill**. Does dim hafaliadau. [6 AYE]

....

....

....

....

....

....

....

....

....

....

....

(ii) Brasluniwch amrywiad y cerrynt anwythol gydag amser dros **ddau** gylchdro cyflawn o'r coil. Dechreuwch o'r ennyd pan mae $\theta = 0$. [2]

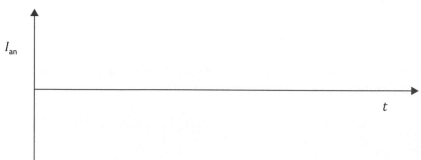

C6

(a)

(b)

(c)

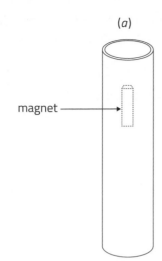

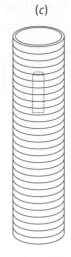

magnet

(a) Mae magnet yn cael ei ollwng i lawr tiwb copr fertigol (diagram (a)). Dydy e ddim yn cyffwrdd â waliau'r tiwb. Mae'r magnet yn agosáu at fuanedd terfynol yn llawer cyflymach nag y byddai pe bai'n disgyn mewn tiwb â'r un dimensiynau nad yw'n dargludo.

Esboniwch yn ofalus sut mae'r grym ychwanegol sy'n gwrthwynebu'r mudiant yn codi.   [3]

....

....

....

....

....

(b) Mae llif yn cael ei ddefnyddio i wneud toriad cul yn wal y tiwb i lawr ei hyd (diagram (b)). Esboniwch yn fyr pam mae'r magnet bellach yn disgyn yn llawer mwy rhydd i lawr y tiwb.   [1]

....

....

(c) Mae'r tiwb yn (a) nawr yn cael ei dorri'n gylchoedd, ac mae'r rhain yn cael eu gludio'n ôl at ei gilydd â glud ynysu (diagram (c)). Mae Nabila yn credu y bydd cwymp y magnet drwy'r tiwb sydd wedi'i ail-gydosod nawr yn debycach i'r un yn (a) na'r un yn (b). Trafodwch a yw ei chred yn debygol o fod yn gywir ai peidio.   [2]

....

....

....

Cwestiynau Ymarfer Uned 4

C7 (a) Mae rhoden fetel yn gorwedd ar reiliau metel bellter, *l*, ar wahân, fel sydd i'w weld. Mae'r gylched yn cael ei chwblhau gan wrthydd. Mae maes magnetig unffurf, *B*, wedi'i gyfeirio i mewn i'r papur.

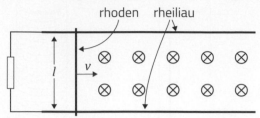

Mae'r rhoden yn cael ei gwthio i'r dde ar fuanedd cyson, *v*. Mae gwerslyfr yn rhoi dau hafaliad ar gyfer maint y g.e.m. sy'n cael ei anwytho yn y drefn hon:

$$E = Blv \quad \text{ac} \quad E = \frac{\Delta \Phi}{\Delta t}$$

Drwy ystyried yr arwynebedd sy'n cael ei sgubo allan gan y gyfran o'r rhoden rhwng y rheiliau mewn amser Δt, dangoswch yn glir fod y ddau hafaliad yn gywerth. Gallwch chi ychwanegu at y diagram. [3]

....

....

....

....

(b) Gan ddechrau ar amser $t = 0$, mae'r rhoden sydd yn y diagram ar y chwith isod yn cael ei gwthio i'r dde ar fuanedd cyson o 0.50 m s^{-1}. Mae'n cysylltu â'r rheiliau dargludol.

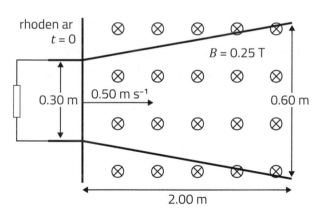 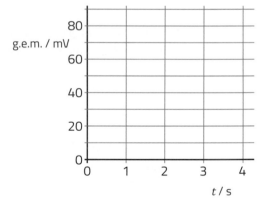

(i) Dangoswch mai tua 40 mV yw'r g.e.m. i ddechrau. [2]

....

....

(ii) **Defnyddiwch grid y graff** ar y dde (uchod) i ddangos sut mae'r g.e.m. yn dibynnu ar amser, *t*, dros y cyfwng $0 < t \leq 4$ s. [2]

(iii) Gwrthiant y gwrthydd yw 1.50 Ω. Mae gwrthiant y rhoden a'r rheiliau yn ddibwys. Darganfyddwch y cerrynt ar $t = 3.0$ s. [2]

....

....

....

Dadansoddi cwestiynau ac atebion enghreifftiol

C&A 1

(a) Mae barfagnet yn cael ei ollwng drwy goil crwn gwastad, fel sydd i'w weld yn yr ochrolwg yn Ffig 1. Mae'r fflwcs, Φ, drwy'r coil yn amrywio gydag amser, t, fel sydd i'w weld yn Ffig 2.

Ffig 1

Ffig 2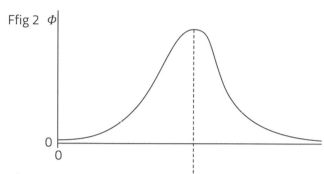

Ffig 3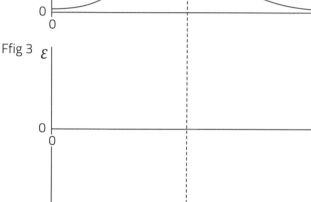

(i) Esboniwch yn fyr pam mae'r fflwcs yn gostwng yn gyflymach nag y mae'n codi. [1]

(ii) Ar yr echelinau yn Ffig 3, brasluniwch graff o'r g.e.m. sy'n cael ei anwytho yn y coil yn erbyn amser. Cymerwch y g.e.m. cychwynnol fel un positif. [4]

(b) Mae Tom yn cysylltu coil crwn gwastad â mesurydd sydd wedi'i addasu i gofnodi'r g.e.m. mwyaf, $\mathcal{E}_{mwyaf}$, sy'n cael ei anwytho yn y coil pan gaiff y magnet ei ollwng drwyddo. Mae'n credu bod:

$$\mathcal{E}_{mwyaf} = kv$$

lle mae k yn gysonyn a v yw buanedd y magnet ar ennyd y g.e.m. mwyaf.

Mae'n gollwng y magnet bedair gwaith o uchder, h, uwchben y coil (gweler Ffig 1), gan gofnodi $\mathcal{E}_{mwyaf}$ bob tro. Mae'n ailadrodd y dull gweithredu ar gyfer pum gwerth arall o h, ac yn plotio pwyntiau ar gyfer $\mathcal{E}_{mwyaf}$ yn erbyn h, ynghyd â'u barrau cyfeiliornad ar grid y graff. [Gweler y dudalen nesaf.]

(i) Gwerthoedd Tom o $\mathcal{E}_{mwyaf}$ pan mae h = 0.400 m yw 6.0 mV, 6.1 mV, 6.3 mV, 6.1 mV.

Cyfrifwch y gwerth cymedrig a'r ansicrwydd yn $\mathcal{E}_{mwyaf}^2$, ac felly rhowch sylwadau ynghylch a yw'r pwynt a'i far cyfeiliornad wedi'u plotio'n gywir. [4]

(ii) Mae Tom yn disgwyl bod $\mathcal{E}_{mwyaf}$ a h wedi'u cysylltu gan yr hafaliad:

$$\mathcal{E}_{mwyaf}^2 = 2k^2 g\,(h + h_0)$$

lle mae h_0 yn bellter bach cyson.

Cyfiawnhewch yr hafaliad hwn. [3]

(iii) Defnyddiwch y graff i ddod o hyd i werth ar gyfer k, ynghyd â'i ansicrwydd absoliwt. [6]

Atebion Rhodri

(a) (i) Mae'r magnet yn disgyn yn gyflymach wrth iddo adael. ✓

SYLWADAU'R MARCIWR

Mae Rhodri wedi mynd i'r afael â'r pwynt hanfodol.

1 marc

(ii)

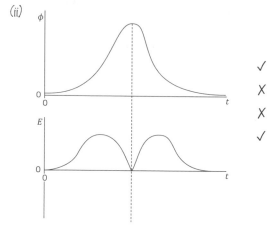

✓
✗
✗
✓

SYLWADAU'R MARCIWR

Mae Rhodri'n sylweddoli bod gan faint y g.e.m. ddau uchafswm ar gyfer y marc cyntaf ac mae wedi'u gosod yn briodol ar y raddfa amser ar gyfer yr ail. Ond dydy e ddim yn dweud bod yr ail uchafswm yn fwy (trydydd marc) a bod y g.e.m. yn y cyfeiriad dirgroes pan fydd y magnet yn encilio (pedwerydd marc).

2 farc

(b) (i) $\langle E^2_{mwyaf} \rangle = \frac{1}{4}(36.0 + 37.21 + 39.69 + 37.21)$

$= 37.5$ ✓

$Ansicrwydd = \frac{3.69}{2} = $ ✓✓ Felly plotio cywir ✗

SYLWADAU'R MARCIWR

Mae Rhodri wedi dewis y dull symlaf o ddarganfod $\overline{\mathcal{E}^2_{mwyaf}}$ a'i ansicrwydd ac mae wedi'i wneud yn gywir, ac eithrio hepgor unedau a phwerau o 10. Mae'n lwcus bod y cynllun marcio hwn yn caniatáu iddo...

3 marc

(ii) $(E_{mwyaf})^2 = 2k^2 g(h + h_0)^2$

∴ $k^2 v^2 = 2k^2 g(h + h_0)^2$ ✓ [amnewid]

∴ $v^2 = 2g(h + h_0)^2$

sy'n gywir ar gyfer gwrthrych sy'n disgyn os yw h_0 yn rhyw gyfeiliornad wrth fesur uchder gollwng.

SYLWADAU'R MARCIWR

Mae amnewid o $\mathcal{E}_{mwyaf} = kv$ yn ennill y marc olaf i Rhodri, ond cafodd ei $v^2 = 2g(h + h_0)$ drwy weithio'n ôl o'r hyn roedd i fod i ddangos, a dydy e ddim yn gwybod beth mae h_0 yn ei gynrychioli.

1 marc

(iii)

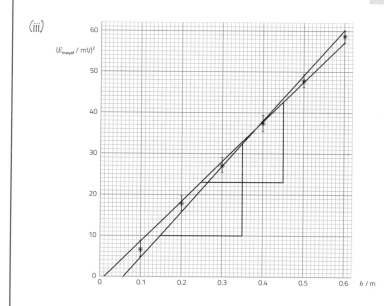

$Graddiant\ mwyaf = \frac{33 - 10}{0.35 - 0.15}$ ✓

$= 115\ mV^2\ m^{-1}$ ✗

$Graddiant\ lleiaf = \frac{42 - 23}{0.35 - 0.15}$

$= 95\ mV^2\ m^{-1}$ ✓

$Cymharu\ (E_{mwyaf})^2 = 2k^2 g(h + h_0)^2$ gyda $y = mx + c$, mae'r graddiant $= 2k^2 g$

$k\ mwyaf = \sqrt{\frac{115}{2 \times 9.81}} = 2.42$ ✓ ✗ [uned]

$k\ lleiaf = \sqrt{\frac{95}{2 \times 9.81}} = 2.20$

∴ $k = 2.3 \pm 0.1$ ✓ [dgy]

SYLWADAU'R MARCIWR

Mae llinell fwyaf serth Rhodri yn methu'r bar cyfeiliornad ar 0.2 m o drwch blewyn. Mae hynny, ynghyd â'i driongl sydd braidd yn fach, wedi rhoi'r graddiant y tu allan i'r terfynau goddefiant. Fodd bynnag, mae ei linell o'r graddiant lleiaf o fewn y goddefiant, felly dim ond un o'r tri marc cyntaf sy'n cael ei golli. Mae ei ddull o ddarganfod gwerth ar gyfer k a'i ansicrwydd yn ddilys, ac mae ei rifyddeg yn gywir, ac eithrio ei fod wedi anghofio, neu roi'r gorau i, unedau a phwerau 10.

4 marc

Cyfanswm   **11 marc /18**

Atebion Ffion

(a) (i) Mae'r fflwcs sy'n cysylltu â'r coil yn newid yn gyflymach wrth i'r magnet adael, oherwydd bod buanedd y magnet wedi cynyddu. ✓

(ii)

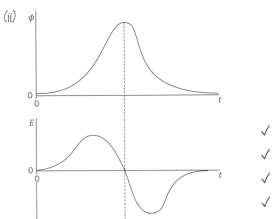

(b) (i) $\overline{\varepsilon_{mwyaf}} = \frac{1}{4}(6.0 + 6.1 + 6.3 + 6.1)\ mV = 6.13\ mV$

$\therefore \overline{\varepsilon_{mwyaf}^2} = 38 \times 10^{-6}\ V^2$ ✓

% ansicrwydd yn $\varepsilon_{mwyaf} = \frac{0.15}{6.13} \times 100 = 2.45$ ✓

Felly % ansicrwydd yn $\varepsilon_{mwyaf}^2 = 4.9$

Felly ansicrwydd yn $\varepsilon_{mwyaf}^2 = 4.9 \times 37.6 \times 10^{-6}\ V^2$

$\qquad\qquad\qquad = 1.8 \times 10^{-6}\ V^2$ ✓

Y pwynt a'r bar cyfeiliornad yn gywir. ✗
[gwall pwynt degol]

(ii) Mae'r g.e.m. mwyaf pan fydd magnet yn gadael coil ac wedi disgyn mwy na h.
Mae wedi disgyn drwy $(h + h_0)$ ✓
yna yn ôl cadwraeth egni
$\frac{1}{2}mv^2 = mg(h + h_0)$ ✓
Ond $\varepsilon_{mwyaf} = kv$ ✓ $\therefore \varepsilon_{mwyaf}^2 = 2k^2g(h + h_0)$

(iii)

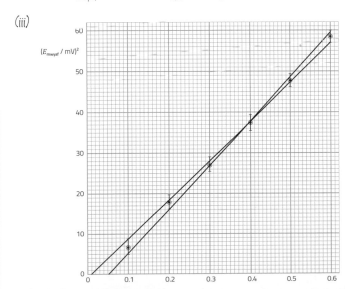

Ar gyfer y llinell fwyaf serth, ✓✓

Graddiant $= \frac{60.0 - 0}{0.60 - 0.05} = 109 \times 10^{-6}\ V^2\ m^{-1}$

Ar gyfer y llinell leiaf serth, ✓

Graddiant $= \frac{57.0 - 0}{0.600 - 0.010} = 97 \times 10^{-6}\ V^2\ m^{-1}$

Felly graddiant $= 103 \pm 6 \times 10^{-6}\ V^2\ m^{-1}$

Felly $k = \sqrt{\frac{gradd.}{2g}}$ ✓ $= 2.29\ \frac{mV}{m\ s^{-1}}$ ✓

Ansicrwydd $= 2.3 \times \frac{6}{103}\ \frac{mV}{m\ s^{-1}}$

$\qquad\qquad = 0.13\ \frac{mV}{m\ s^{-1}}$ ✓

Cyfanswm — **17 marc /18**

Opsiwn A: Ceryntau eiledol

Crynodeb o'r testun

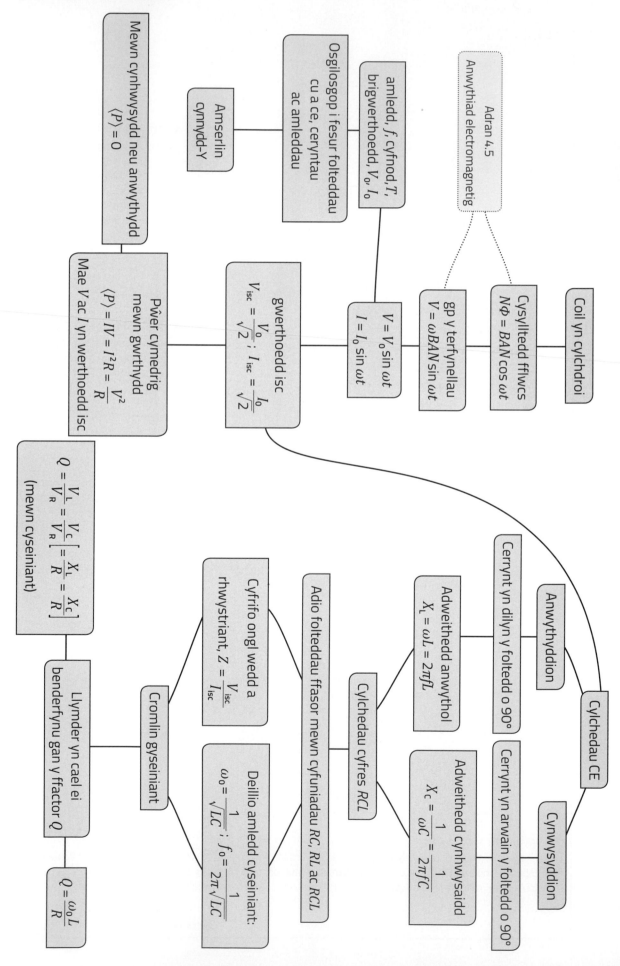

C1 Mae coil sgwâr, PQRS, gyda 50 o droadau, sy'n mesur 4.00 cm × 4.00 cm, yn troi mewn maes magnetig o 0.150 T ar 20.0 cylchdro yr eiliad, o amgylch echelin sy'n pasio drwy ganolbwyntiau PQ ac RS. Mae'r diagram yn dangos y coil, o'r ymyl, ar amser $t = 0$.

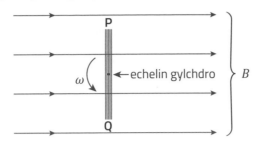

(a) (i) Nodwch un amser pan mae'r cysylltedd fflwcs yn uchafswm. .... [1]

(ii) Cyfrifwch y cysylltedd fflwcs mwyaf. [2]

....

....

(b) (i) Nodwch un amser pan mae'r g.e.m. anwythol yn uchafswm. .... [1]

(ii) Cyfrifwch y g.e.m. mwyaf. [2]

....

....

....

(c) (i) Cyfrifwch, i 3 ffigur ystyrlon, y *newid* yn y cysylltedd fflwcs sy'n digwydd rhwng $t = 0.0115$ s a $t = 0.0135$ s. [3]

....

....

....

....

(ii) **Felly** cyfrifwch y g.e.m. cymedrig sy'n cael ei anwytho yn y coil yn ystod y cyfnod hwn. [2]

....

....

....

(iii) Cymharwch eich ateb i (c) (ii) â'r g.e.m. enydaidd ar $t = 0.0125$ s ac esboniwch a yw'r gymhariaeth yn ôl y disgwyl ai peidio. [3]

....

....

....

....

C2 (a) Mae gan goil generadur ce syml wrthiant o 2.4 Ω ac mae'n cael ei gysylltu (drwy fodrwyau llithro a brwsys sydd â gwrthiant dibwys) â gwrthydd 'llwyth' 5.6 Ω. Y pŵer sy'n cael ei afradloni yn y **gwrthydd** yw 0.30 W.

(i) Cyfrifwch y gp isc ar draws y **gwrthydd**. [2]

....

....

....

(ii) Dangoswch fod g.e.m. y generadur tua 2 V isc. [Awgrym: gwrthiant ei goil yw ei *wrthiant mewnol*.] [2]

....

....

....

(b) Cyfrifwch yr amledd cylchdroi (nifer y cylchdroadau bob eiliad) sydd ei angen i gynhyrchu'r g.e.m. isc hwn. Mae'r coil yn sgwâr, yn mesur 5.0 cm × 5.0 cm, yn cynnwys 100 o droadau ac yn cylchdroi mewn maes magnetig unffurf o 0.30 T. [3]

....

....

....

....

....

C3 Mae gwrthydd, cynhwysydd ac anwythydd yn cael eu cysylltu mewn cyfres ar draws generadur signalau sydd wedi'i osod i 500 Hz. Mae gpau isc ar draws y cydrannau i'w gweld yn y diagram.

(a) Lluniadwch ddiagram ffasor foltedd a'i ddefnyddio i ddarganfod y gp isc ar draws terfynellau'r generadur signalau. [3]

f = 500 Hz

R   C   L
20 V   25 V   15 V

....

....

....

....

(b) Mae Ciaran yn dweud fod amledd cyseiniant y gylched yn fwy na 500 Hz. Trafodwch yn fyr a yw'n gywir. [2]

....

....

....

C4 Mae gp eiledol yn cael ei roi ar draws terfynellau mewnbwn-Y osgilosgop gyda'i gynnydd-Y wedi'i osod ar 200 mV / rhaniad a'i amserlin ar 2 ms / rhaniad. Mae'r dangosydd i'w weld:

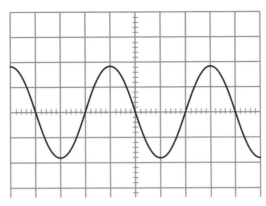

(a) Darganfyddwch amledd y gp.   [2]

....

....

....

(b) (i) Darganfyddwch werth isc y gp **a** rhowch amcangyfrif resymedig o'i ansicrwydd absoliwt.   [4]

....

....

....

....

....

(ii) Roedd y cynnydd-Y canlynol ar gael hefyd : 50 mV / rhaniad, 100 mV / rhaniad, 500 mV / rhaniad. Gwerthuswch ai 200 mV / rhaniad ai peidio oedd y dewis cynnydd-Y gorau ar gyfer archwilio'r gp hwn.   [2]

....

....

....

C5 Mae cerrynt eiledol sinwsoidaidd â brigwerth 0.15 A mewn cyfuniad cyfres o wrthydd 12 Ω a chynhwysydd ag adweithedd 20 Ω. Cyfrifwch:

(a) y gp isc ar draws pob cydran; [2]

(b) y pŵer cymedrig sy'n cael ei afradloni. [2]

C6 Mae'r graff yn dangos y gp, V, sydd wedi'i roi ar draws cynhwysydd â chynhwysiant 0.60 mF:

(a) Dangoswch mai tua 2 mA yw'r cerrynt brig. [3]

(b) **Brasluniwch graff** o'r cerrynt yn erbyn amser ar y grid sy'n cael ei ddarparu. [2]

(c) Gan seilio eich ateb ar y diffiniadau *cerrynt* a *cynhwysiant*, esboniwch pam mae'r ceryntau mwyaf yn digwydd ar yr amserau lle rydych wedi'u dangos. [3]

C7 Mae gan goil generadur bach 240 o droadau ac arwynebedd o 20 cm². Mae'n cylchdroi ar 1500 o gylchdroadau y funud ar ongl sgwâr i faes unffurf o 45 mT. Gan dybio bod gan y coil wrthiant dibwys, cyfrifwch y pŵer cymedrig mae'n ei drosglwyddo i lwyth â gwrthiant 120 Ω. [4]

C8 (a) Nodwch un ffordd mae'r *adweithedd* yn debyg i'r *gwrthiant*. [1]

(b) Nodwch un *ffordd* mae'r *adweithedd* yn wahanol i'r *gwrthiant*. [1]

C9 Mae adweitheddau cynhwysydd ac anwythydd ar 50 Hz i'w gweld fel pwyntiau wedi'u marcio X_C ac X_L ar y grid:

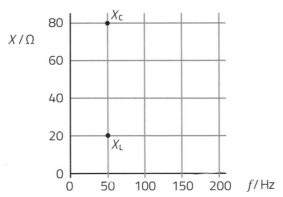

(a) **Ychwanegwch linellau**, syth neu grwm fel sy'n briodol, i'r grid i ddangos sut mae'r adweitheddau hyn yn amrywio gydag amledd. [3]

(b) Cyfrifwch:

(i) cynhwysiant y cynhwysydd; [2]

(ii) anwythiant yr anwylhydd. [2]

....

....

....

C10 Mae gan anwythydd adweithedd o 15 Ω ar 0.5 kHz. Mae hwn yn cael ei nodi ar y grid.

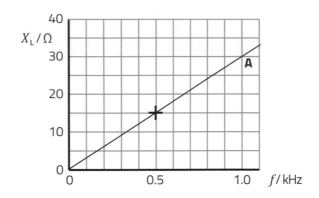

(a) Nodwch arwyddocâd graff **A** ar y grid. [1]

....

....

(b) Mae'r anwythydd yn cael ei gysylltu mewn cyfres â gwrthydd â gwrthiant 10 Ω. Brasluniwch ail graff i ddangos amrywiad rhwystriant y cyfuniad rhwng 0 ac 1.0 kHz. [3]

Lle gwag ar gyfer cyfrifiadau:

C11 Mae'r diagram yn dangos cynhwysydd a gwrthydd wedi'u cysylltu mewn cyfres ar draws cyflenwad pŵer sinwsoidaidd:

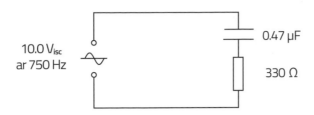

10.0 V$_{isc}$
ar 750 Hz

0.47 µF

330 Ω

(a) (i) Yn y lle gwag i'r dde o'r diagram cylched, brasluniwch ddiagram ffasor wedi'i labelu i ddangos sut mae'r gpau isc ar draws y cynhwysydd a'r gwrthydd yn gysylltiedig â gp isc y cyflenwad. [2]

(ii) Dangoswch mai tua 20 mA yw'r cerrynt isc. [3]

....

....

....

(b) (i) Cyfrifwch y gp isc, V_c, ar draws y cynhwysydd. [2]

....

....

(ii) Darganfyddwch yr ongl wedd rhwng V_c a'r gp ar draws y cyfuniad RC. [2]

....

....

....

(iii) Mae Andrew yn honni mai'r gp isc ar draws y gwrthydd yw (10.0 V – V_c). Gwerthuswch ei honiad. [2]

....

....

....

(c) Cyfrifwch:
(i) yr egni sy'n cael ei afradloni yn y gylched **am bob cylchred**; [2]

....

....

....

(ii) yr egni cymedrig gaiff ei storio yn y cynhwysydd. [2]

....

....

....

C12 Mae coil o wifren yn ymddwyn fel anwythydd, L, mewn cyfres â gwrthiant, R. Mae grŵp o fyfyrwyr yn defnyddio'r gylched sydd i'w gweld i ymchwilio i sut mae rhwystriant y coil yn amrywio gydag amledd.

generadur signalau

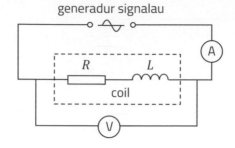

(a) Disgrifiwch yn fyr sut gallwn ni ddefnyddio'r gylched i ddarganfod *rhwystriant* y coil ar 100 Hz. Mae'r mesuryddion wedi'u graddnodi i ddarllen gwerthoedd isc. [2]

....

....

....

(b) Gyda chymorth diagram ffasor wedi'i labelu, deilliwch yr hafaliad:

$$Z^2 = 4\pi^2 L^2 f^2 + R^2$$

[Gallwch ddefnyddio'r hafaliad $X_L = \omega L$.] [2]

....

....

....

....

....

....

(c) Mae'r myfyrwyr yn plotio graff o Z^2 yn erbyn f^2:

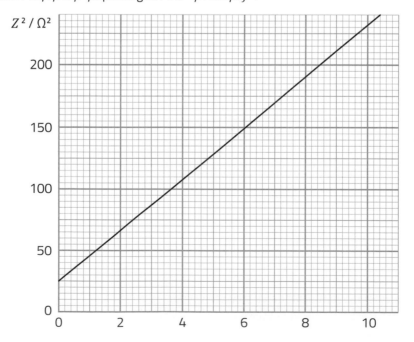

Darganfyddwch:

(i)   gwrthiant y coil;   [2]

....

....

....

(ii) anwythiant y coil;   [3]

....

....

....

....

C13 (a) Mae'r gwerthoedd ar gyfer gwrthiant, R, ac anwythiant, L, y coil yng nghwestiwn 12 yn cael eu gwirio gan ddull gwahanol. Mae cynhwysydd 0.100µF yn cael ei gysylltu mewn cyfres â'r coil yn y gylched yn 12(a). Mae allbwn y generadur signalau yn cael ei gadw ar 5.00 V isc ac mae'r amledd yn cael ei amrywio. Mae cerrynt mwyaf o 1.00 A isc yn digwydd ar 10.6 kHz.

Gan roi eich gwaith cyfrifo, defnyddiwch y wybodaeth hon i gyfrifo gwerthoedd ar gyfer R ac L.   [3]

....

....

....

....

....

(b) Cyfrifwch:

(i)   y gp isc ar draws y cynhwysydd ar 10.6 kHz;   [2]

....

....

....

(ii) ffactor Q y gylched.   [1]

....

....

C14 Mae myfyriwr yn darllen bod anwythiant solenoid â chraidd aer yn cael ei roi gan $L = \mu_0 \dfrac{N^2 A}{\ell}$,lle N yw nifer y troadau, A yw'r arwynebedd trawstoriadol ac l yw'r hyd. Mae hi'n dirwyn anwythydd 15 mm o hyd, a radiws 3.0 mm gyda 25 troad o wifren. Cyfrifwch gynhwysiant y cynhwysydd mae angen iddi ei gysylltu mewn cyfres i gynhyrchu cylched ag amledd cyseiniant 1.6 MHz.   [3]

....

....

....

....

....

Cwestiynau Ymarfer Opsiynau A–CH

C15 (a) Mae coil o wifren â gwrthiant 33 Ω ac anwythiant 0.070 H yn cael ei gysylltu â generadur signalau wedi'i osod ar 100 Hz.

generadur signalau wedi'i
osod ar 100 Hz

Y cerrynt isc drwy'r coil yw 0.20 A. Gan roi diagram ffasor wedi'i labelu, dangoswch fod y gp isc ar draws terfynellau'r generadur signalau tua 10 V. [5]

(b) (i) Cyfrifwch werth y cynhwysydd mae'n rhaid ei gynnwys yn y gylched, mewn cyfres â'r coil, er mwyn cynhyrchu cyseiniant ar yr amledd hwnnw. [2]

(ii) Cyfrifwch y cerrynt isc newydd, gan dybio nad yw'r gp isc ar draws terfynellau'r generadur signalau wedi newid. [2]

(c) Os yw amledd y generadur signalau yn cael ei amrywio, gan gadw ei gp isc yn gyson, mae'n bosibl plotio cromlin gyseiniant (cerrynt yn erbyn amledd) ar gyfer y sefyllfa yn (b). Mae Ciaran yn honni y bydd y gromlin yn unfath os caiff yr arbrawf ei ailadrodd gyda'r gwrthydd 66 Ω yn lle'r gwrthydd 33 Ω a bod gp y generadur signalau wedi dyblu. Gwerthuswch i ba raddau mae'n gywir. [3]

Dadansoddi cwestiynau ac atebion enghreifftiol

C&A 1   Mae'r cwestiwn hwn yn ymwneud â'r gylched sydd i'w gweld isod Mae'r generadur signalau wedi'i osod i roi allbwn o 6.00 V isc ar unrhyw amledd sy'n cael ei ddewis.

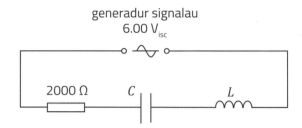

generadur signalau
6.00 V$_{isc}$

2000 Ω   C   L

(a)   Mae'n hysbys bod adweithedd y cynhwysydd ar 65 Hz yn 8.40 kΩ a bod adweithedd yr anwythydd yn 2.10 kΩ.

(i)   Cyfrifwch anwythiant yr anwythydd.   [2]

(ii) (I)   Brasluniwch ddiagram ffasor wedi'i labelu o folteddau ar 65 Hz, a dangoswch fod y cerrynt isc tua 1 mA.   [5]

(II)   Esboniwch pam mae gan y cerrynt isc yr un gwerth ar 260 Hz.   [2]

(iii)   Mae grid ar gyfer cromlin gyseiniant (cerrynt isc yn erbyn amledd) isod.

(I)   Drwy wneud cyfrifiadau priodol, dangoswch fod y pwynt sydd eisoes wedi'i blotio yn y safle cywir ar gyfer **brig** y gromlin.   [3]

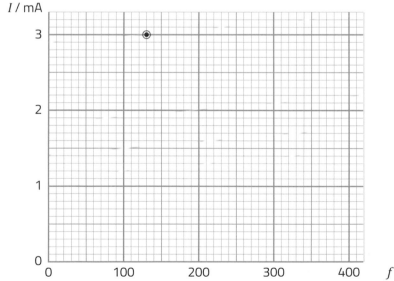

(II)   Defnyddiwch (a)(ii)(I) a (II) i blotio dau bwynt arall, a braslunio'r gromlin gyseiniant rhwng $f = 0$ ac $f = 400$ Hz.   [2]

(iv)   Cyfrifwch y ffactor Q ar gyfer y gylched.   [2]

(b)   Mae'r anwythydd bellach yn cael ei ddisodli gan anwythydd arall ag anwythiant $\frac{1}{2}L$, a'r cynhwysydd gan un â chynhwysiant $2C$. Mae Emma'n honni y bydd yr amledd cyseiniant a'r cerrynt mewn cyseiniant yn aros yr un fath, ond bydd y gromlin yn fwy llym. Gwerthuswch ei honiadau.   [4]

Beth sy'n cael ei ofyn

Mae'r cwestiwn yn agor mewn ffordd nad yw'n frawychus, gydag (a)(i) yn cynnwys defnyddio hafaliad safonol yn unig. Yn rhan (ii) mae'r arholwr eisiau profi dealltwriaeth o ddiagramau ffasor ac mae wedi arbed y drafferth i ymgeiswyr o weithio allan adweitheddau o werthoedd L a C! Mae mwy nag un ffordd o symud ymlaen yn yr ail ran, ond mae'r dyraniad marc isel yn awgrymu ei bod hi'n bosibl gwneud y rhan hon yn syml. Er bod ymgeiswyr yn cael eu holi am bwynt ar graff yn (iii)(I), mae cyfrifiadau safonol iawn yn cael eu profi ond mae rhan (II) yn gofyn am alw gwybodaeth i gof.

Mae (a)(iv) yn brawf syml o allu'r ymgeisydd i gyfrifo mesur penodol, ond efallai y gallai ei gynnwys fan hyn fod yn gliw i helpu gyda'r rhan nesaf ... (b) lle mae'n rhaid i'r ymgeisydd werthuso tri honiad, gan ddewis y drefn ar gyfer mynd i'r afael â nhw, a'r strategaeth – felly categori AA3.

Cynllun marcio

Rhan o'r cwestiwn		Disgrifiad	AA			Cyfanswm	Sgiliau	
			1	2	3		M	Y
(a)	(i)	$L = \dfrac{X_L}{\omega}$ (trawsddodiad ar unrhyw gam [1] $L = 5.1$ H [1]		2		2	2	
	(ii) (I)	Patrwm o 3 llinell neu 3 saeth wedi'u labelu i'w nodi fel X_L, R, X_C neu V_L, V_R, V_C hyd yn oed os yw X_L, X_C neu V_L, V_C o chwith. [1] X_L (neu V_L) i'w gweld π o flaen X_C (neu V_C) [1] $Z = \sqrt{(8400-2100)^2 + 2000^2}$ cywerth neu'n ymhlyg [1] $I = V / Z$ wedi'i ddefnyddio [1] $I = 0.91$ mA [1]	1 1 1 1	1		5	3	
	(II)	Gwerthoedd X_L ac X_C wedi'u cyfnewid neu ateb cyfatebol [1] $(8400 - 2100)^2 = (2100 - 8400)^2$ neu ateb cyfatebol [1]		1 1		2	2	
	(iii) (I)	Dangos bod X_L yn hafal i X_C e.e. nodi bod y ddau yn 4.2 kΩ, ar 130 Hz [1] $I = 6.00$ [V] / 2000 [Ω] = 3.0 mA fel maen nhw wedi'u plotio [1] Gwrthiant yn unig, neu ganslo adweitheddau, yn dangos bod gan y cerrynt ei werth mwyaf. [1]		1 1 1		3		1
	(II)	Pwyntiau ar 65 Hz a 260 Hz wedi'u plotio'n gywir a chromlin siâp cloch wedi'i thynnu drwy'r 3 phwynt [1] Mae cromlin yn mynd drwy'r tarddbwynt ac yn edrych fel y *gallai* fod yn asymptotig i'r echelin f ar gyfer f mawr. [1]	1	1		2		
	(iv)	Defnyddio $X = 4.2$ kΩ [1] $Q = 2.1$ [1]	2			2		
(b)		$\omega_0^2 = \dfrac{1}{\frac{1}{2}L2C} = \dfrac{1}{LC}$, neu ddadl gyfatebol [1] [V (isc) ac] R yr un fath felly I yr un fath mewn cyseiniant [1] X_L mewn cyseiniant wedi'i haneru oherwydd bod ω_0 yr un fath ac L wedi'i haneru neu ddadl gyfatebol [1] Felly, mae Q wedi'i haneru **ac** mae'r gromlin yn *llai* llym felly mae Emma'n anghywir. [1]			4	4		
Cyfanswm			7	9	4	20	8	0

Atebion Rhodri

(a)(i) $L = \dfrac{2100}{65} = 32\ \text{H}$

> **SYLWADAU'R MARCIWR**
> Mae Rhodri wedi rhannu'r adweithedd â'r amledd, f, yn hytrach nag ag ω. Mae hyn wedi costio'r ddau farc iddo am nad yw wedi dangos unrhyw fwriad i rannu ag ω.
> **0 marc**

(ii)(I)

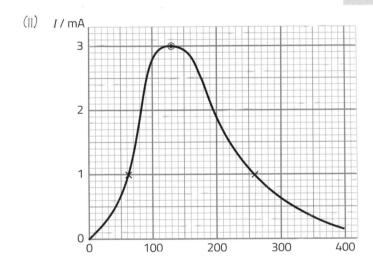

$Z = \sqrt{(8400 - 2100)^2 + 2000^2}$ ✓

$= 5974$ ✗

$I = \dfrac{6.00}{5974}$ ✓ dgy

$= 1.00 \times 10^{-3}\ \text{A}$ ✗

$= 1.00\ \text{m}$

✓ ✗

> **SYLWADAU'R MARCIWR**
> Prin iawn yw labelu Rhodri, ond digon i nodi'r ffasorau – ac i ddangos fod ganddo ffasorau'r anwythydd a ffasorau'r cynhwysydd o chwith. Mae e'n defnyddio'r hafaliad cywir ar gyfer Z, ac mae'n rhoi'r data i mewn yn gywir, ond mae wedi gwneud rhyw gamgymeriad wrth enrhifo (sydd ond yn cael ei gosbi unwaith). Mae e'n defnyddio $I = V / Z$ yn gywir.
> **3 marc**

(II) Gan fod y cerrynt yn cyrraedd brig ac yn dod yn ôl i lawr, rhaid bod yna amledd arall lle mae gan y cerrynt yr un gwerth ag ar 65 Hz.

> **SYLWADAU'R MARCIWR**
> Dydy Rhodri ddim wedi ystyried amledd penodol 260 Hz. Mae naill ai wedi camddeall y cwestiwn neu wedi methu â gwneud ymdrech briodol.
> **0 marc**

(iii)(I) Ar frig y gromlin, mae gan Z y gwerth isaf posibl✓ felly $Z = R$, felly mae $I = 6.00 / 2000 = 3 \times 10^{-3}\ \text{A} = 3\ \text{mA}$, felly mae'r pwynt wedi'i blotio'n gywir ✓

> **SYLWADAU'R MARCIWR**
> Unwaith eto, dydy Rhodri ddim wedi ystyried yr amledd gwirioneddol, ond mae wedi esbonio'n gywir pam mai 3.0 mA yw'r cerrynt mwyaf.
> **2 farc**

(II)

I / mA vs f / Hz

> **SYLWADAU'R MARCIWR**
> Mae Rhodri wedi lluniadu cromlin gyseiniant argyhoeddiadol iawn o'r cerrynt yn erbyn amledd.
> **2 farc**

(iv) $Q = \dfrac{X_L}{R} = \dfrac{2100}{2000} = 1.1$ ✗

> **SYLWADAU'R MARCIWR**
> Dydy Rhodri ddim wedi sylweddoli bod rhaid enrhifo $Q = X_L/R$ gan ddefnyddio X_L mewn cyseiniant.
> **0 marc**

(b) Mewn cyseiniant $\omega_0 L = \dfrac{1}{\omega_0 C}$ $\therefore \omega_0^2 = \dfrac{1}{LC} = \dfrac{1}{(\frac{1}{2}L)\,2C}$ ✓

Felly, mae'r amledd cyseiniant yr un fath.
Gwrthiant yr un fath felly cerrynt yr un fath. ✓

Mae'r llymder yn dibynnu ar y gwrthiant, felly mae'r llymder yr un fath. Mae Emma wedi gwneud hyn yn anghywir.

> **SYLWADAU'R MARCIWR**
> Mae Rhodri wedi dangos yn glir bod dau honiad cyntaf Emma yn gywir. Fodd bynnag, dydy e ddim wedi gwerthfawrogi rôl anwythiant, ac yn benodol, Q, wrth benderfynu ar y llymder. Mae hyn wedi arwain at ddadansoddiad anghywir o gamgymeriad Emma.
> **2 farc**

> **Cyfanswm**   **9 marc /20**

Atebion Ffion

(a)(i) $X_L = \omega L$

$\therefore L = \dfrac{X_L}{\omega}$ ✓ $= \dfrac{2100}{2\pi \times 65} = 16$ H ✗

(ii)(I)

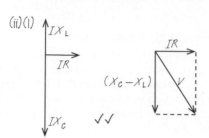

$V = \dfrac{\sqrt{I^2(X_L - X_C)^2 + I^2 R^2}}{V}$

$I = \dfrac{\sqrt{(X_L - X_C)^2 + R^2}}{}$ ✓

$= \dfrac{6.00}{\sqrt{(2100 - 8400)^2 + 2000^2}}$ ✓ $= 0.908$ mA ✓

(II) $X_C \propto \dfrac{1}{f}$ a $260 = 4 \times 65$

$\therefore$ ar 260 Hz, $X_C = \frac{1}{4}$ 8.4 kW = 2.1 kW
Hefyd $X_L \propto f \therefore$ ar 260 Hz, $X_L = 4 \times 2.1$ kW
Felly mae X_L ac X_C, yn syml, wedi'u cyfnewid. ✓

(iii)(I) Ar 130 Hz, $X_C = 4.2$ kW, $X_L = 4.2$ kW ✓
Mae'r adweitheddau'n canslo felly mae
$Z = R$ ac mae'n lleiafswm.
Felly $I = 6.00/2000 = 3.00$ mA✓ ac mae'n
uchafswm ar 130 Hz. ✓

(II)

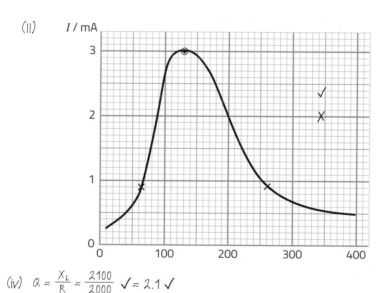

(iv) $Q = \dfrac{X_L}{R} = \dfrac{2100}{2000}$ ✓ $= 2.1$ ✓

(b) $X_C = \dfrac{1}{C}$ felly mae dyblu C yn haneru X_C ar gyfer
unrhyw amledd. $X_L = \omega L$ felly mae haneru L yn haneru
X_L. Felly mae $X_C = X_L$ ar 130 Hz o hyd. ✓

Dydy'r gwrthiant ddim wedi newid felly mae'r cerrynt
yn 3.0 mA o hyd ✓

Mae Q yn lleihau, felly mae'r gromlin bellach yn llai
llym – ac mae Emma yn anghywir! [dim digon]

SYLWADAU'R MARCIWR

Mae trawsddodiad ac amnewidiadau Ffion yn gywir, ond mae ei chyfrifiad rhifiadol yn anghywir (mae hi wedi hepgor y π). Dim ond yr ail farc mae hi'n ei golli.

1 marc

SYLWADAU'R MARCIWR

Mae diagram ffasor cyntaf Ffion yn ardderchog. Er yn ddefnyddiol, does dim angen yr ail ddiagram mewn gwirionedd i ateb y cwestiwn fel mae wedi cael ei osod. Mae ei chyfrifiad yn gywir.

5 marc

SYLWADAU'R MARCIWR

Mae Ffion yn haeddu'r marc cyntaf yn llwyr, ond dydy hi ddim wedi esbonio pam mae cyfnewid X_C ac X_L yn gadael Z yr un fath.

1 marc

SYLWADAU'R MARCIWR

Mae'r esboniad yn glir ac yn gywir. Mae hi'n ennill y marciau 'uchaf' oherwydd y gosodiad ar yr ail linell.

3 marc

SYLWADAU'R MARCIWR

Mae Ffion wedi lluniadu cromlin siâp cloch drwy'r pwyntiau ar 65 Hz, 130 Hz a 260 Hz, ond ni fydd yn mynd drwy'r tarddbwynt, fel y mae'n rhaid iddo oherwydd bod X_C yn ddiarffin wrth i f agosáu at sero.

1 marc

SYLWADAU'R MARCIWR

Mae Q yn cael ei gyfrifo'n gywir.

2 farc

SYLWADAU'R MARCIWR

Mae Ffion wedi dangos (efallai nid yn y ffordd fwyaf uniongyrchol) bod dau honiad cyntaf Emma yn gywir. Mae hi'n priodoli llai o lymder i Q is yn gywir, ond dydy hi ddim yn dangos yn glir bod Q yn is – felly collodd y trydydd marc.

2 farc

| **Cyfanswm** | **15 marc /20** |

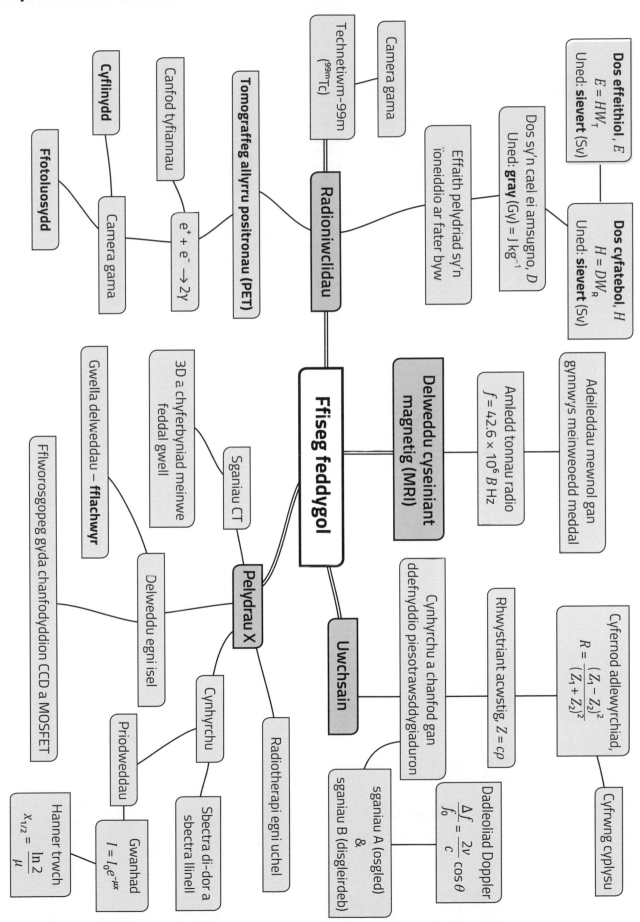

Opsiwn B: Ffiseg feddygol

Crynodeb o'r testun

Dos effeithiol, E
$E = HW_T$
Uned: **sievert** (Sv)

Dos cyfatebol, H
$H = DW_R$
Uned: **sievert** (Sv)

Dos sy'n cael ei amsugno, D
Uned: **gray** (Gy) = J kg^{-1}

Effaith pelydriad sy'n ïoneiddio ar fater byw

Technetiwm-99m
(^{99m}Tc)

Camera gama

Tomograffeg allyrru positronau (PET)

Canfod tyfiannau

Cyflinydd

Ffotoluosydd

Camera gama

$e^+ + e^- \rightarrow 2\gamma$

Radioniwclidau

Ffiseg feddygol

Delweddu cyseiniant magnetig (MRI)

Amledd tonnau radio
$f = 42.6 \times 10^6 \, B$ Hz

Adeileddau mewnol gan gynnwys meinweoedd meddal

Gwella delweddau – **fflachwyr**

3D a chyferbyniad meinwe feddal gwell

Sganiau CT

Fflworosgopeg gyda chanfodyddion CCD a MOSFET

Delweddu egni isel

Pelydrau X

Cynhyrchu

Priodweddau

Gwanhad
$I = I_0 e^{-\mu x}$

Hanner trwch
$x_{1/2} = \dfrac{\ln 2}{\mu}$

Spectra di-dor a sbectra llinell

Radiotherapi egni uchel

Uwchsain

Cynhyrchu a chanfod gan ddefnyddio piesotrawsddygiaduron

Rhwystriant acwstig, $Z = cp$

Cyfernod adlewyrchiad,
$R = \dfrac{(Z_1 - Z_2)^2}{(Z_1 + Z_2)^2}$

Cyfrwng cyplysu

sganiau A (osgled)
&
sganiau B (disgleirdeb)

Dadleoliad Doppler
$\dfrac{\Delta f}{f_0} = \dfrac{2v}{c} \cos \theta$

C1 Nodwch rai o briodweddau pelydrau X sy'n eu gwneud yn addas ar gyfer delweddu esgyrn . [3]

....

....

....

....

C2 Mae tiwb pelydr X i'w weld:

(a) Esboniwch y broses ar gyfer cynhyrchu'r sbectrwm di-dor. [2]

....

....

....

....

(b) Esboniwch y broses ar gyfer cynhyrchu sbectrwm llinell. [2]

....

....

....

....

(c) Esboniwch pam mae angen gwactod. [1]

....

....

....

....

(ch) Cyfrifwch fuanedd yr electronau ychydig cyn iddynt daro'r targed twngsten a rhowch sylwadau ar ddilysrwydd eich cyfrifiad. [3]

....

....

....

....

(d) Cyfrifwch donfedd leiaf y pelydrau X sy'n cael eu hallyrru. [2]

....

....

....

....

(dd) Mae'r cerrynt yn y tiwb yn 14.5 mA ac mae 5.1 W o bŵer pelydr X yn cael ei gynhyrchu.

(i) Cyfrifwch effeithlonrwydd y tiwb pelydr X. [2]

....

....

....

....

(ii) Esboniwch pam mae angen oeri'r targed twngsten â dŵr. [2]

....

....

....

....

(iii) Mae llyfr ar belydrau X yn nodi mai brasamcan da ar gyfer effeithlonrwydd tiwb pelydr X yw:

Effeithlonrwydd tiwb pelydr X (%) = gp (mewn kV) × rhif atomig y targed × 10^{-4}

Penderfynwch a yw'r hafaliad hwn yn frasamcan da ar gyfer y tiwb pelydr X hwn. Rhif atomig twngsten yw 74. [2]

....

....

....

....

C3 Mae sbectrwm pelydr X tiwb pelydr X sy'n gweithredu ar 60 kV i'w weld.
Ar yr un diagram, brasluniwch y sbectrwm pelydr X ar gyfer yr un tiwb sy'n gweithredu ar 30 kV. [3]

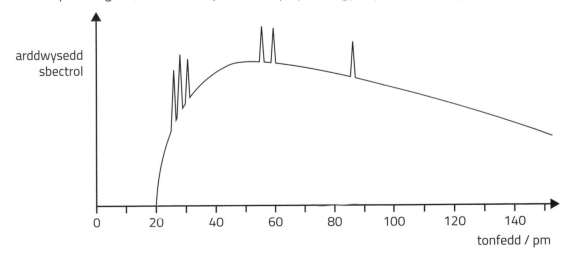

Cwestiynau Ymarfer Opsiynau A–CH

C4 Mae llyfr ar ffiseg feddygol yn nodi:

Mae trawsddygiadur piesodrydanol yn allyrru uwchsain drwy ddefnyddio'r effaith piesodrydanol wrthdro tra mae canfodydd piesodrydanol yn defnyddio'r effaith piesodrydanol.

(a) (i) Esboniwch y gwahaniaeth rhwng yr *effaith piesodrydanol gwrthdro* a'r *effaith piesodrydanol*. [2]

....

....

....

....

(ii) Esboniwch sut mae trawsddygiadur piesodrydanol yn gallu cael ei ddefnyddio i anfon pylsiau uwchsain byr. [2]

....

....

....

....

(b) Esboniwch y gwahaniaeth rhwng sgan uwchsain A a sgan uwchsain B. [4]

....

....

....

....

....

(c) Mae'r tabl yn dangos gwerthoedd dwysedd, buanedd sain a rhwystriant acwstig ar gyfer meinwe feddal ac asgwrn:

Meinwe'r corff	Dwysedd / kg m^{-3}	Buanedd sain / m s^{-1}	Rhwystriant acwstig / ....
Meinwe feddal		1590	1.70×10^6
Asgwrn	1650		6.73×10^6

(i) Cwblhewch y tabl gan gynnwys yr uned gywir ar gyfer rhwystriant acwstig. [3]

(ii) Dangoswch mai'r cyfernod adlewyrchu rhwng meinwe feddal ac asgwrn yw 36%. [1]

....

....

....

....

(iii) Mae'n bosibl delweddu ymennydd baban newydd-anedig drwy ddefnyddio sgan uwchsain gan nad yw'r penglog wedi calcheiddio. Mae radiolegydd yn dweud y bydd yr adlewyrchiadau sy'n cael eu canfod o'r tu mewn i'r ymennydd lawer gwaith yn wannach ar gyfer oedolyn o'i gymharu â phlentyn newydd-anedig. Mae'n mynd ymlaen i ddweud y bydd arddwysedd yr adlewyrchiadau yn 13% o'r rhai ar gyfer y baban oherwydd mae $0.36^2 = 0.13$, ar gyfer yr adlewyrchiad ar y ffordd i mewn ac ar y ffordd allan. Darganfyddwch i ba raddau mae'r radiolegydd yn iawn a chywirwch ei ffigurau (os oes angen eu cywiro). [3]

C5 (a) Mae'r hanner trwch $(x_{\frac{1}{2}})$ yn cael ei ddiffinio fel trwch defnydd sy'n lleihau arddwysedd pelydr X i hanner ei werth gwreiddiol. Dangoswch fod yr hanner trwch yn gysylltiedig â'r cyfernod amsugno (μ) gan y berthynas ganlynol:

$$\mu x_{\frac{1}{2}} = \ln 2$$ [3]

(b) Mewn ffibr cyhyrol, yr hanner trwch ar gyfer rhai pelydrau X yw 3.7 cm. Cyfrifwch y gostyngiad canrannol mewn arddwysedd pelydr X pan fydd y paladr o belydrau X yn mynd drwy 5.0 cm o ffibr cyhyrol. [3]

C6 (a) Mae technegydd uwchsain yn cymryd delweddau o ffoetws y tu mewn i'r groth gan ddefnyddio sgan uwchsain B. Esboniwch yn fyr sut mae delwedd sgan uwchsain B yn cael ei chynhyrchu a pham mae gel cyplysu yn hanfodol i gael y ddelwedd. [4]

(b) (i) Fel rhan o'r sgan uwchsain, bydd buanedd mwyaf llif y gwaed yn aorta'r ffoetws yn cael ei fesur. Esboniwch sut mae'n bosib mesur llif y gwaed gan ddefnyddio'r dadleoliad Doppler. [3]

(ii) Mae uwchsain ag amledd 5.50 MHz yn cael ei ddefnyddio, mae'r uwchsain yn mynd i mewn i'r aorta ar ongl o 5.0° i gyfeiriad llif y gwaed a buanedd y sain mewn gwaed yw 1580 m s⁻¹. Cyfrifwch y newid yn amledd yr uwchsain pan fydd llif y gwaed yn cael ei fesur fel 105.8 cm s⁻¹. [2]

C7 Mae diagram syml o drefniant fflworosgopeg i'w weld.

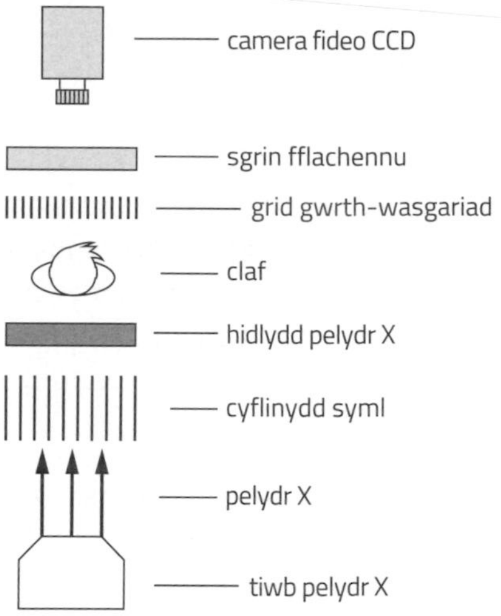

(a) Esboniwch bwrpas y grid gwrth-wasgariad a'r sgrin fflachennu. [2]

- camera fideo CCD
- sgrin fflachennu
- grid gwrth-wasgariad
- claf
- hidlydd pelydr X
- cyflinydd syml
- pelydr X
- tiwb pelydr X

(b) Esboniwch pam mae dyluniad y sgrin fflachennu yn bwysig o ran lleihau'r risg o ganser i'r claf. [2]

C8   Mae pelydrau X egni uchel (tua 10 MeV) yn cael eu defnyddio mewn therapi pelydriad.

(a)   Esboniwch pam mae angen pelydrau X egni uwch ar gyfer therapi pelydriad nag ar gyfer delweddu pelydr X.   [2]

....

....

....

(b)   Esboniwch pam mae angen paladrau arddwysedd uwch ar gyfer therapi pelydriad.   [2]

....

....

....

....

C9   (a) Esboniwch rôl tonnau radio mewn delweddu cyseiniant magnetig (MRI).   [3]

....

....

....

....

....

(b)   Cyfrifwch amrediad amledd y tonnau radio sy'n cael eu defnyddio gan beiriant MRI sydd â chryfder maes magnetig sy'n amrywio o 1.53 T i 1.94 T.   [2]

....

....

....

(c)   Mae gan chwaraewr pêl-rwyd rhyngwladol broblem gyda chymal ei phen-glin. Mae llawfeddyg orthopaedig yn argymell sgan MRI, delweddau pelydr X traddodiadol a sgan uwchsain B i wneud diagnosis o'r broblem. Gwerthuswch gryfderau a gwendidau pob un o'r technegau hyn wrth ddelweddu'r cymal pen-glin.   [6]

....

....

....

....

....

....

....

....

C10 (a) Mewn sgan PET, mae dau belydryn gama yn cael eu canfod gan ddau ganfodydd gama **A** a **B**. Mae'r pelydryn gama yn cael ei ganfod gan ganfodydd **A** 237 ps cyn i'r pelydryn gama arall gael ei ganfod gan synhwyrydd **B**. Rhowch groes ar y diagram i nodi lleoliad ffynhonnell y ddau belydryn gama. [3]

canfodydd A   canfodydd B

0cm 1 2 3 4 5 6 7 8 9 10 11 12 13 14 15 16 17 18 19 20 21 22 23 24 25 26 27 28 29 30

[Lle gwag ar gyfer cyfrifiadau]

(b) Esboniwch yn fyr egwyddorion ffisegol sgan PET. [4]

....

....

....

....

....

....

....

C11 Esboniwch yn fyr sut gall sganiwr CT gael delwedd 3D o du mewn claf. [4]

....

....

....

....

....

....

....

....

C12   Mae tablau o'r ffactor pwysoli ymbelydredd a'r ffactor pwysoli meinwe i'w gweld:

Math o belydriad ac amrediad egni	Ffactor pwysoli ymbelydredd W_R
pelydrau X a phelydrau-γ, pob egni	1
Electronau, positronau, miwonau, pob egni	1
Niwtronau:	
<10 keV	5
10 keV i 100 keV	10
>100keV i 2 MeV	20
>2 MeV i 20 MeV	10
>20 MeV	5
Protonau	2 i 5
α	20

Meinwe	Ffactor pwysoli meinwe, W_T
Mêr esgyrn coch, colon, ysgyfaint, stumog, y fron, meinweoedd eraill	0.12
Gonadau	0.08
Pledren, oesoffagws, afu/iau, thyroid	0.04
Asgwrn, ymennydd, chwarennau poer, croen	0.01

(a)   Mae claf yn cael ei arbelydru'n unffurf gyda phaladr o niwtronau 1 MeV. Y dos cyfatebol sy'n cael ei dderbyn gan yr afu/iau yw 550 mSv.

     (i)   Cyfrifwch gyfraniad yr afu i ddos effeithiol y claf.   [2]

     (ii)   Mae'r niwtronau'n cael eu hamsugno'n unffurf gan gorff cyfan y claf ac mae gan y claf fàs o 94 kg. Cyfrifwch gyfanswm egni'r niwtronau sy'n cael eu hamsugno.   [3]

(b)   Mae radiolegydd yn nodi mai anadlu neu lyncu ffynhonnell gronynnau α yw'r peth mwyaf peryglus y gallech chi ei wneud o bosibl gyda phelydriad sy'n ïoneiddio. Defnyddiwch ddata o'r tablau i werthuso'r gosodiad hwn.   [3]

Cwestiynau Ymarfer Opsiynau A–CH

C13 Mae'r diagram yn dangos claf sydd wedi derbyn yr olinydd ymbelydrol technetiwm-99m. Yna mae camera gama yn cael ei ddefnyddio i ddelweddu arennau'r claf.

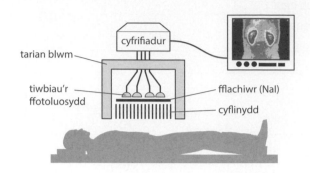

(a) Esboniwch bwrpas y fflachiwr, y cyflinydd a thiwbiau'r ffotoluosydd yn y camera gama. [3]

....

....

....

....

....

(b) Nodwch rai o briodweddau y byddech chi'n eu disgwyl oddi wrth technetiwm-99m er mwyn iddo fod yn radioniwclid addas i'w ddefnyddio gyda'r camera gama. [3]

....

....

....

....

....

....

Dadansoddi cwestiynau ac atebion enghreifftiol

C&A 1

(a) Cyfrifwch gp gweithredol y tiwb pelydr X mae ei sbectrwm i'w weld isod. [3]

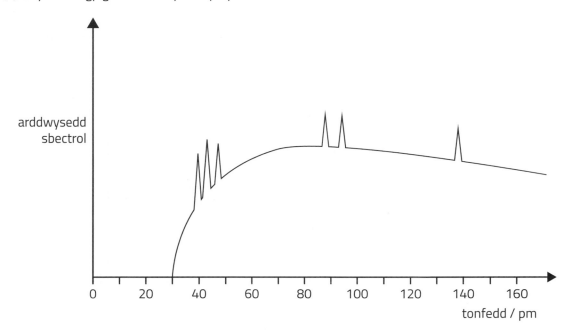

(b) Ar y diagram uchod, brasluniwch y sbectrwm pelydr X ar gyfer yr un tiwb pan fydd y gp gweithredol yn cynyddu 50%. [3]

(c) Pum mlynedd ar ôl llawdriniaeth ar gyfer falf calon newydd, mae'n ofynnol i glaf gael sgan blynyddol i wirio perfformiad y falf. Gwerthuswch addasrwydd y technegau canlynol wrth wneud y sgan blynyddol:

Fflworosgopeg   CT   MRI   Uwchsain   PET [5]

Beth mae'r cwestiwn yn ei ofyn

Marciau AA2 yw rhan (a). Maen nhw'n gofyn i'r ymgeisydd ganfod gwerth ar gyfer y donfedd leiaf o'r graff ac yna defnyddio hyn i gael gp cyflymu'r tiwb pelydr X.

Marciau AA1 yw rhan (b) yn bennaf ond mae un marc AA2 ar gyfer cyfrifo'r donfedd leiaf newydd. Mae'r ddau farc AA1 am wybod y bydd siâp sylfaenol y sbectrwm yn aros yr un fath ac am wybod bod yn rhaid i safleoedd y brigau aros ar yr un donfedd.

Marciau AA3 yn unig sydd yn rhan (c). Rhaid i'r ymgeiswyr werthuso addasrwydd pob un o'r pum techneg ddelweddu wrth gael gwybodaeth am falf y galon. Mae angen cryfderau a gwendidau pob techneg er mwyn cael ateb da.

Cynllun marcio

Rhan o'r cwestwn			Disgrifiad	AA			Cyfanswm	Sgiliau	
				1	2	3		M	Y
(a)			Darllen y donfedd leiaf yn gywir (30 pm) [1] Defnyddio $eV = hc/\lambda$ [1] Ateb cywir = 41.4 kV [1]		3		3	1	
(b)			Tonfedd leiaf = 20 pm (wedi'i ysgrifennu neu ar y graff) [1] Pob brig yn yr un man [1] Sbectrwm cefndir yn dilyn yr un patrwm [1]	1 1	1		3	1	
(c)			Unrhyw 2 bwynt ar gyfer pob dull – 1 marc **Fflworosgopeg** – delweddau symudol, mae'n bosibl gwirio'r llif o fideos, dos pelydr X, drud. **CT** – delwedd yn unig (ddim yn symud), dos pelydr X, mae'n bosibl gwirio llif y gwaed (gan ddefnyddio cyfryngau cyferbynnu), cost **MRI** – delweddau da, drud, dydyn nhw ddim yn ïoneiddio, mae'n bosibl gwirio llif y gwaed (gan ddefnyddio cyferbyniad/MRI amser real) **Uwchsain** – sgan-B yn rhad, delweddau symudol, dydyn nhw ddim yn ïoneiddio, mae Doppler yn rhoi llif gwaed hefyd (dull gorau) **PET** – dos pelydriad, cydraniad isel, delweddau llonydd, ddim yn ddefnyddiol ar gyfer llif (nid yw drud neu argaeledd yn opsiwn marcio gan na fydd yn gweithio)			5	5		
Cyfanswm				2	4	5	11	2	0

Atebion Rhodri

(a) $V = \dfrac{hc}{e\lambda}$ ✓

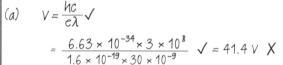

$= \dfrac{6.63 \times 10^{-34} \times 3 \times 10^{8}}{1.6 \times 10^{-19} \times 30 \times 10^{-9}}$ ✓ $= 41.4$ V ✗

SYLWADAU'R MARCIWR
Mae ateb Rhodri yn berffaith heblaw am y ffaith ei fod wedi gwneud camgymeriad gyda phŵer 10 (pm yw 10^{-12} m nid 10^{-9} m).
2 farc

(b)

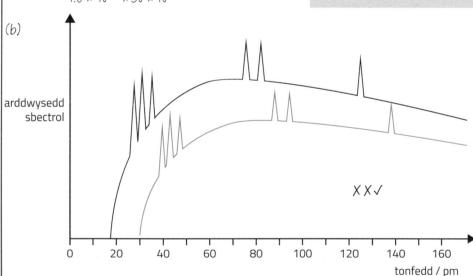

arddwysedd sbectrol

tonfedd / pm

✗ ✗ ✓

SYLWADAU'R MARCIWR
Mae ateb Rhodri yn edrych yn iawn ond mae dau gamgymeriad pwysig. Yn gyntaf, mae pob brig wedi symud i donfeddi is. Yn ail, dylai'r donfedd leiaf fod yn 20 pm (mae cynnydd o 50% yn gyfystyr â chynyddu drwy ffactor o 1.5, sy'n golygu bod y donfedd yn gostwng yn ôl ffactor o 1.5). Dim ond ar gyfer y sbectrwm cefndir mae'n ennill y marc.
1 marc

(c) Mae fflworosgopeg yn ddrud ac yn ddiwerth oherwydd dydych chi ddim eisiau rhoi olinyddion ymbelydrol y tu mewn i'r claf bob blwyddyn ✗. Mae sganiau CT yn rhoi delweddau da o'r galon ond mae ganddo belydriad sy'n ïoneiddio ✓. Mae sganiau MRI yn ddrud ond does ganddyn nhw ddim pelydriad sy'n ïoneiddio ✓.

Mae uwchsain yn ddiwerth gan nad yw'r cydraniad yn ddigon da ✗. Mae sganiau PET hefyd â chydraniad isel ond maen nhw'n llawer rhy ddrud a dydyn nhw ddim ar gael ym mhob ysbyty. Yn gyffredinol, MRI fyddai orau (oni bai bod gan y claf reoliadur).

SYLWADAU'R MARCIWR
Mae Rhodri wedi llwyr gamddeall fflworosgopeg a fyddai'n defnyddio ïodin fel cyfrwng cyferbynnu ond yn sicr does ganddo ddim olinydd ymbelydrol. Mae'n gwneud dau bwynt derbyniol am sganiau CT (delwedd dda a phelydriad sy'n ïoneiddio). Mae hefyd yn gwneud dau bwynt derbyniol am sganiau MRI. Mae angen ychydig mwy arno i gael y marc sgan PET).
2 farc

Atebion Ffion

(a) Egni ffoton = $\frac{hc}{\lambda}$

= 6.63×10^{-15} J ✓

= 41.4 keV ✓

Felly mae V = 41.4 kV ✓

(b)

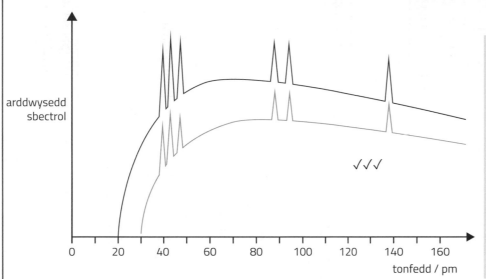

arddwysedd sbectrol

✓✓✓

tonfedd / pm

(c) Y dull gorau a mwyaf cost effeithiol fyddai defnyddio sganiau-B uwchsain sydd ddim yn ïoneiddio (efallai hyd yn oed ecocardiogram trawsoesoffageaidd). Byddai'r rhain yn darparu delweddau symudol rhad a byddai sgan uwchsain Doppler yn rhoi manylion llif y gwaed hefyd ✓. Mae MRI yn rhy ddrud ac mae'r holl dechnegau eraill yn cynnwys pelydriad sy'n ïoneiddio ✓. Hefyd, uwchsain yw'r unig dechneg a fydd yn darparu gwerthoedd llif gwaed manwl ac mae hyn yn hanfodol er mwyn gwirio gweithrediad y falf newydd. Ymgynghori drosodd, fy ffi yw $4000, mae fy ysgrifenyddes yn derbyn pob un o'r prif gardiau credyd mawr, diolch!! ☺
CT ✓, PET ✓

Opsiwn C: Ffiseg chwaraeon

Crynodeb o'r testun

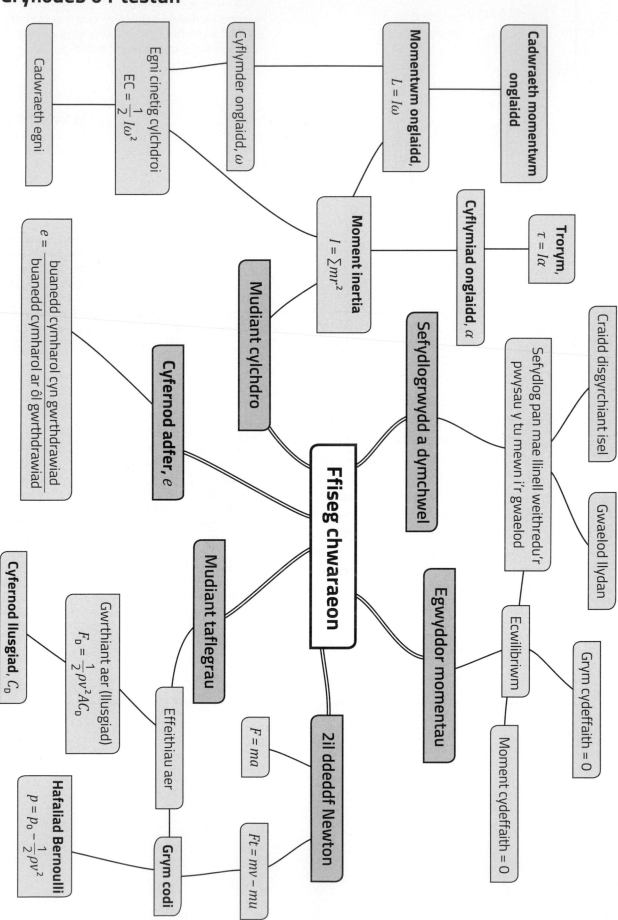

C1 Weithiau mae rhai pobl yn dweud bod gan chwaraewyr byr, cadarn fantais fawr wrth chwarae pêl-droed. Esboniwch pam gallai hyn fod yn wir, gan ddefnyddio sefydlogrwydd. Gallai diagram syml helpu eich ateb. [3]

....

....

....

....

....

....

C2 Mae athletwr yn cynnal ymarfer codi coes fel sydd i'w weld. Mae'r diagram syml isod yn dangos pwysau'r goes, pwysau'r droed a'r grym (F) sy'n cael ei roi ar y goes gan y cyhyr perthnasol. Cyfrifwch y grym, F, sydd ei angen i ddal y goes mewn ecwilibriwm. [3]

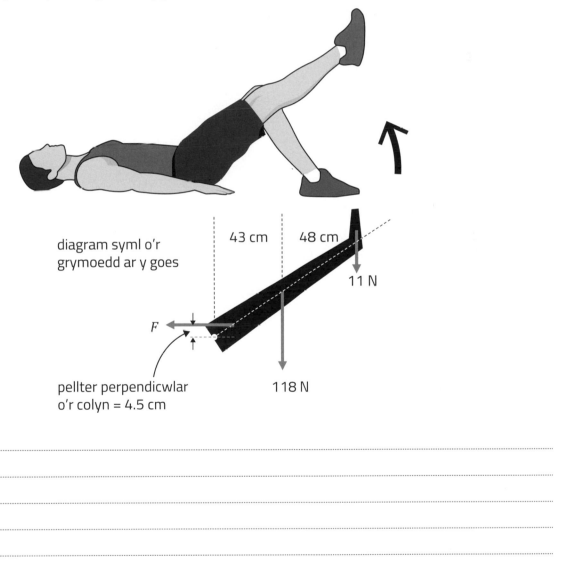

diagram syml o'r
grymoedd ar y goes

43 cm | 48 cm

11 N

F

pellter perpendicwlar
o'r colyn = 4.5 cm

118 N

....

....

....

....

....

C3 (a) Mae silindr tenau, gwag yn cael ei gylchdroi o amgylch ei echelin ganolog.

(i) Esboniwch pam mae ei egni cinetig (EC) yn cael ei roi gan:

$$EC = \frac{1}{2}mr^2\omega^2$$

lle r yw radiws y silindr gwag, m yw ei fas ac ω yw ei gyflymder onglaidd. [3]

(ii) Dangoswch, pan fydd y silindr gwag yn rholio i lawr plân ar oledd o ddisymudedd, bydd hanner ei egni cinetig yn EC llinol a bydd hanner yn EC cylchdroi. [3]

(iii) Pan fydd y silindr gwag wedi rholio i lawr y llethr ar oledd pellter fertigol o 0.30 m, ei EC cylchdroi yw 0.45 J. Cyfrifwch fàs y silindr gwag. [3]

(b) Mae'r silindr gwag a phêl snwcer yn cael eu rholio i lawr plân ar oledd o'r un uchder. Esboniwch pam mae'r bêl snwcer yn cyrraedd gwaelod y plân ar oledd cyn y silindr gwag (moment inertia'r bêl snwcer = $\frac{2}{5}mr^2$). [3]

C4

Mae Serena Williams yn taro ergyd flaenllaw, â thopsbin, gyda phŵer eithafol. Yn y gwrthdrawiad rhwng y raced a'r bêl, mae'r bêl yn newid cyfeiriad o $32\,\mathrm{m\,s^{-1}}$ tua'r dwyrain i $48\,\mathrm{m\,s^{-1}}$ tua'r gorllewin mewn amser o 6.8 ms. Mae sbin y bêl yn newid hefyd o 1200 cylchdro am bob munud yn glocwedd i 2550 cylchdro am bob munud yn wrthglocwedd. Màs y bêl dennis yw 58.2 g a'i diamedr yw 66.9 mm.

(a) Cyfrifwch gyflymiad llinol ac onglaidd y bêl dennis. [5]

(b) Cyfrifwch y trorym net a'r grym net sy'n gweithredu ar y bêl dennis yn ystod y gwrthdrawiad.
[Moment inertia'r bêl dennis = $\frac{2}{5}mr^2$] [4]

(c) Mae Charles yn dweud bod egni cinetig cylchdroi'r bêl dennis bellach yn fwy na'i EC llinol. Penderfynwch a yw'n gywir ai peidio. [3]

(ch) Mae Serena yn taro'r bêl dennis ar ongl o 6.5° uwchben y llorwedd o uchder o 0.95 m uwchben y ddaear. Os bydd y bêl yn teithio ymhellach na 31.2 m bydd yn glanio y tu hwnt i'r cwrt. Penderfynwch a yw Serena wedi taro'r bêl yn rhy bell ai peidio. [Anwybyddwch unrhyw effeithiau sbin neu wrthiant aer ar gyfer y rhan hon o'r cwestiwn.] [4]

(d) (i) Mae gan y bêl dennis gyfernod llusgiad o 0.60. Cyfrifwch y grym llusgiad cychwynnol sy'n gweithredu ar y bêl dennis a nodwch a yw'n bosibl anwybyddu llusgiad i frasamcan da ai peidio.

[4]

....

....

....

....

....

....

(ii) Mae'r topsbin ar y bêl dennis yn golygu mai −2.0 N yw ei grym codi, h.y. mae grym tuag i lawr o 2.0 N yn gweithredu ar y bêl. Trafodwch sut gallai'r grym hwn a'r grym llusgiad newid eich casgliad i ran (ch).

[3]

....

....

....

....

....

C5 Wrth gymryd cawod ar ôl gêm, mae chwaraewr rygbi yn sylwi bod llen y gawod yn symud i mewn pan mae'r gawod yn cael ei throi ymlaen. Esboniwch hyn gan ddefnyddio hafaliad Bernoulli.

[3]

....

....

....

....

C6 Mae'r hwylfyrddiwr yn y diagram mewn ecwilibriwm. Esboniwch pam nad yw'r hwylfyrddiwr yn cwympo tuag yn ôl i mewn i'r môr.

[3]

....

....

....

....

....

....

C7 Cyfrifwch y cyfernod adfer rhwng peli snwcer, gan ddefnyddio'r data yn y diagram: [3]

◯ →11.8 m s⁻¹ ⬤   ◯ →0.4 m s⁻¹ ⬤ →11.4 m s⁻¹

C8 Mae trampolinwr yn perfformio trosben triphlyg. Mae hi'n dechrau'r naid gyda'i chorff yn y safle syth ond mae ei chyfradd cylchdroi yn cynyddu pan fydd yn mynd i'r safle cwrcwd. Esboniwch pam mae ei chyfradd cylchdroi yn cynyddu pan fydd yn mynd i'r safle twc. [3]

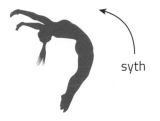 syth

 naid gwrcwd (*tuck*)

C9 (a) Mae pêl dennis â màs 58 g yn cael ei tharo at wal gyda chyflymder o 63 m s⁻¹ tua'r gogledd. Mae'n adlamu oddi ar y wal goncrit gyda chyflymder o 49 m s⁻¹ tua'r de. Cyfrifwch y grym cymedrig sy'n cael ei roi gan y wal ar y bêl o ystyried bod y bêl mewn cysylltiad â'r wal am 6.5 ms. [3]

(b) (i) Cyfrifwch gyfernod adfer y bêl dennis a'r wal goncrit. [2]

(ii) I ba ffracsiwn o'i uchder gwreiddiol y byddech chi'n disgwyl i'r bêl dennis adlamu pan gaiff ei gollwng ar lawr concrit (cwrt caled)? [2]

C10 Mae clwb golff mewn cysylltiad â phêl golff am 257 μs. Yn ystod y cyfnod hwn, mae pêl golff â màs 45.93 g a diamedr 42.67 mm yn cyrraedd buanedd llinol o 85 m s⁻¹ a chyfradd troelli o 2700 cylchdro am bob munud.

(a) Cyfrifwch y grym cydeffaith cymedrig sy'n gweithredu ar y bêl yn ystod y gwrthdrawiad. [2]

(b) Cyfrifwch gyflymiad onglaidd cymedrig y bêl golff. [3]

(c) Cyfrifwch y grym tangiadol cymedrig sy'n darparu cyflymiad onglaidd y bêl yn ystod y gwrthdrawiad. [Moment inertia sffêr solet $= \frac{2}{5}mr^2$] [4]

(ch) Lluniadwch wrth raddfa ddwy gydran y grym cydeffaith sy'n gweithredu ar y bêl golff yn y cyfeiriadau sy'n cael eu nodi gan y llinellau toredig. [2]

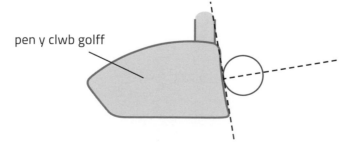

pen y clwb golff

(d) Cyfrifwch gymhareb gychwynnol yr egni cinetig cylchdroi i'r egni cinetig llinol ar gyfer y bêl golff. [3]

C11 Mae gan bêl droed ddiamedr o 22.0 cm. Mae'r bêl yn cael ei chicio gan gôl-geidwad fel ei bod yn symud o lefel y ddaear ar fuanedd o 18.1 m s⁻¹ ar ongl o 21.2° uwchben y llorwedd.

(a) Dangoswch y dylai'r bêl deithio pellter llorweddol o tua 20 m cyn taro'r ddaear, os ydyn ni'n anwybyddu effeithiau gwrthiant aer a sbin. [3]

(b) Cyfernod llusgiad y bêl droed yw 0.195. Cyfrifwch y grym llusgiad cychwynnol sy'n gweithredu ar y bêl droed. [ρ_{aer} = 1.25 kg m⁻³] [2]

(c) Mae'r bêl yn cael ei chicio o'r chwith i'r dde gydag ôl-sbin. Esboniwch pam mae'r pellter gwirioneddol sy'n cael ei deithio gan y bêl droed yn debygol o fod yn fwy na'ch ateb i ran (a) [Awgrym: defnyddiwch y diagram]. [3]

cyfeiriad mudiant y bêl droed

(rh) Lluniadwch saethau wedi'u labelu i gynrychioli'r tri grym sy'n gweithredu ar y bêl droed (mae gan y bêl ôl-sbin, felly mae'r grym codi yn bositif). [3]

cyfeiriad teithio

(d) Gwerthuswch effeithiau sbin a gwrthiant aer ar amser hediad y bêl, ei buanedd llorweddol cymedrig a'i chyrhaeddiad. [6]

....

....

....

....

....

....

....

....

(dd) Mae cyfradd sbin y bêl yn gostwng o 2700 cylchdro am bob munud i tua hanner y gwerth hwn pan fydd y bêl yn glanio. Esboniwch a yw hyn yn gwrth-ddweud yr egwyddor cadw momentwm ai peidio. [2]

....

....

(e) Mae taflwybr y bêl droed mewn gwactod yn cael ei ddangos gan y llinell doredig. Brasluniwch daflwybr disgwyliedig y bêl yn yr aer gydag ôl-sbin a gwrthiant aer (y cyrhaeddiad disgwyliedig mewn aer yw 25 m). [3]

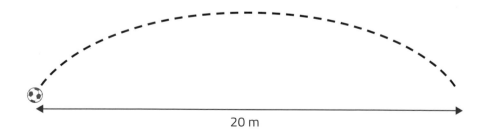

20 m

Dadansoddi cwestiynau ac atebion enghreifftiol

C&A 1 Mae data sy'n ymwneud â pheli snwcer i'w gweld yn y tabl:

Data pêl snwcer		
Diamedr	Màs	Cyfernod llusgiad
52.5 mm	165 g	0.48

Mae pêl snwcer ddisymud yn cael ei tharo â blaen ciw. Mae'r blaen mewn cysylltiad â'r bêl am 1.15 ms ac yn ystod yr amser hwnnw mae'r bêl yn cyflymu i 13.6 m s^{-1}.

blaen y ciw

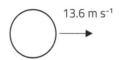
13.6 m s^{-1}

(a) Cyfrifwch y grym cydeffaith sy'n gweithredu ar y bêl. [3]

(b) Fel sydd i'w weld yn y diagram, dydy'r bêl snwcer ddim yn cael ei tharo yn ei chanol, fel bydd cwpl o 30.6 N m yn cael ei roi ar y bêl ar yr un pryd. Cyfrifwch gyflymiad onglaidd y bêl snwcer. [3]

(c) Mae'r grym ffrithiant sy'n cael ei weithredu gan y brethyn ar y bêl snwcer yn gyson ac mae'n cae ei roi gan:
   Grym ffrithiannol = 0.060 × pwysau'r bêl snwcer

   (i) Cyfrifwch y buanedd pan fydd y ffrithiant a'r gwrthiant aer yn hafal ar gyfer pêl snwcer os bydd dwysedd yr aer yn 1.25 kg m^{-3}. [4]

   (ii) Mae Archibald yn honni bod effaith gwrthiant aer yn fwy nag effaith ffrithiant ar gyfer mudiant pêl snwcer. Trafodwch i ba raddau mae Archibald yn gywir. [3]

Beth mae'r cwestiwn yn ei ofyn

Mae rhan (a) yn sgiliau AA2 yn bennaf lle mae'n rhaid defnyddio 2il ddeddf Newton i gael y grym cydeffaith. Mae rhan (b) yn debyg iawn ond mae'n ymwneud â mudiant cylchdro yn hytrach na mudiant llinol. Bydd rhaid cyfrifo moment inertia'r bêl snwcer hefyd. Unwaith eto, mae (c)(i) yn sgiliau AA2 yn bennaf a rhaid hafalu'r hafaliad ar gyfer llusgiad â'r grym ffrithiant sy'n cael ei roi yn y cwestiwn. Mae rhan (c)(ii) yn sgiliau AA3. Rhaid cymharu ffrithiant a gwrthiant aer ac yna dylid cyflwyno casgliad rhesymegol.

Cynllun marcio

Rhan o'r cwestiwn			Disgrifiad	AA 1	AA 2	AA 3	Cyfanswm	Sgiliau M	Sgiliau Y
(a)			Dyfynnu neu ddefnyddio 2il ddeddf Newton naill ai ar y ffurf $F=ma$ neu ar ffurf momentwm ($Ft = mv-mu$) [1]	1			3		
			Ad-drefnu neu $\frac{0.165 \times 13.6}{0.00115}$ i'w weld [1]		1			1	
			Ateb cywir = 1950 N [1]		1			1	
(b)			Amnewid yn hafaliad moment inertia h.y. $\frac{2}{5} \times 0.165 \times 0.02625^2$ (neu 4.13×10^{-5} i'w weld) [1]	1			3		
			$\alpha = \frac{\tau}{I}$, h.y. ad-drefnu (neu'n ymhlyg) [1]		1			1	
			Ateb cywir = 673 000 rad s^{-2} [1]		1			1	
(c)	(i)		Defnyddio hafaliad llusgiad, h.y. $F = \frac{1}{2}\rho v^2 A C_\text{D}$ [1]	1			4		
			Defnyddio hafaliad pwysau, h.y. $W =mg$ [1]		1				
			Hafalu'r grymoedd h.y. $0.06mg = \frac{1}{2}\rho v^2 A C_\text{D}$ [1]		1			1	
			Ateb terfynol = 12.2 m s^{-1} [1]		1			1	

Cwestiynau Ymarfer Opsiynau A–CH

(ii)		Mae'n ymddangos bod y llusgiad mor fawr â'r ffrithiant neu'n debyg iddo (unrhyw sylw sy'n cymharu meintiau) [1] Bydd y llusgiad yn lleihau wrth i'r buanedd leihau (neu i'r gwrthwyneb) [1] Casgliad terfynol da, e.e. llusgiad yn bwysicach ar fuaneddau uchel, yn gyffredinol mae ffrithiant yn bwysicach oherwydd bod y llusgiad y lleihau (yn gyflym), hefyd derbyn bod y ddau yn ymddangos mor bwysig â'i gilydd (oherwydd meintiau tebyg) [1]				3	3		
Cyfanswm			3	7	3		13	6	0

Atebion Rhodri

(a)   Grym $= 0.165 \times 13.6$

$= 2.244$ N ✗

SYLWADAU'R MARCIWR

Mae ateb Rhodri yn cyfrifo'r newid ym momentwm y bêl snwcer yn unig. Does dim marc ar gyfer hyn a dydy hi ddim yn bosibl dyfarnu unrhyw farciau iddo. Er mai dim ond rhannu'r ateb hwn â'r amser sydd angen iddo ei wneud, does dim un o'r camau cywir yn bresennol yma.

0 marc

(b)   Moment inertia $= \frac{2}{3}mr^2$ ✗

$= 3.03 \times 10^{-4}$

$= \dfrac{30.6}{3.03 \times 10^{-4}}$ ✓

$= 101000$ rad s^{-2} ✗ dim dgy

SYLWADAU'R MARCIWR

Mae Rhodri wedi defnyddio'r hafaliad anghywir ar gyfer moment inertia (mae wedi defnyddio hafaliad y sffêr gwag yn hytrach na hafaliad sffêr solet). Mae'r dull ar gyfer yr 2il farc yn gywir.

1 marc

(c) (i)   Llusgiad $= \frac{1}{2}1.25v^2 \, (4\pi r^2)C_D$ ✗

Pwysau $= 9.81 \times 0.165 = 1.62$ ✓

$0.06 \times 1.62 = \frac{1}{2}1.25v^2 \, (4\pi \times 0.0525^2)C_D$ ✓

$v = 3.1$ m s^{-1} ✗ (dim dgy)

SYLWADAU'R MARCIWR

Mae Rhodri wedi ymdrechu'n rhagorol ar y rhan hon ond mae camgymeriadau'n costio dau farc iddo. Mae'n colli'r marc cyntaf oherwydd ei fod wedi defnyddio'r arwynebedd arwyneb yn hytrach na'r arwynebedd trawstoriadol ac mae wedi defnyddio'r diamedr yn hytrach na'r radiws. Mae'n cael yr ail farc ar gyfer yr hafaliad pwysau a'r trydydd am hafalu'r grymoedd. Mae'r ateb terfynol yn anghywir a dydy hi ddim yn bosibl dyfarnu dgy oherwydd bod yr ymgeisydd wedi gwneud camgymeriad yn yr adran hon ac nid mewn adran flaenorol.

2 farc

(ii)   Os yw'r grymoedd yn hafal ar fuanedd mor isel ✓(dgy) yna mae'n ymddangos bod y gwrthiant aer yn bwysicach na ffrithiant a gallai Archie fod yn gywir. ✓ (dgy)

SYLWADAU'R MARCIWR

Mae Rhodri wedi gwneud ymdrech dda ar y rhan hon hefyd ac mae'n cael 2 farc. Mae'n cymharu'r grymoedd (drwy ddweud eu bod yn hafal ar fuanedd isel) ac yna'n dod i gasgliad synhwyrol iawn (gan ddefnyddio dgy am ei werth isel yn y rhan flaenorol). Dydy e ddim yn gallu ennill yr ail farc oherwydd does dim byd yma sy'n ymwneud â sut mae'r llusgiad yn amrywio gyda'r buanedd.

2 farc

Cyfanswm　　　　　　　　**5 marc /13**

Atebion Ffion

(a) $\text{Grym} = \dfrac{0.165 \times 13.6}{0.115}$ ✓✓

   $= 2000 \ N$ ✓ MYA (wedi'i dalgrynnu i 2 ff.y.)

(b) $I = \frac{2}{5}mr^2$ ✓ $= 4.55 \times 10^{-5}$

   $= \dfrac{30.6}{4.55 \times 10^{-5}}$ ✓ $= 672850 \ \text{rad s}^{-2}$ ✓

   Rhaid bod hyn yn anghywir. Gwneud gwiriad cyflym.

   $w = at = 774 \ \text{rad s}^{-1}$

   Felly $f = 774 \ / \ 2\pi = 123 \ Hz$

   sy'n ymddangos yn gyflym ond efallai'n iawn.

(c) (i) $\text{Llusgiad} = \frac{1}{2}1.25v^2 \ (4\pi r^2)C_D$ ✓ MYA

   $0.06 \times mg = = \frac{1}{2}1.25v^2 \ (4\pi \times 0.02625^2)C_D$ ✓✓

   $v = 12.3 \ \text{m s}^{-1}$ ✓ MYA (talgrynnu anghywir)

(ii) Os yw'r grymoedd yn hafal ar fuanedd mor isel ✓ (dgy) yna mae'n ymddangos bod y gwrthiant aer yn bwysicach na ffrithiant a gallai Archie fod yn gywir. ✓ (dgy)

Opsiwn CH: Egni a'r amgylchedd

Crynodeb o'r testun

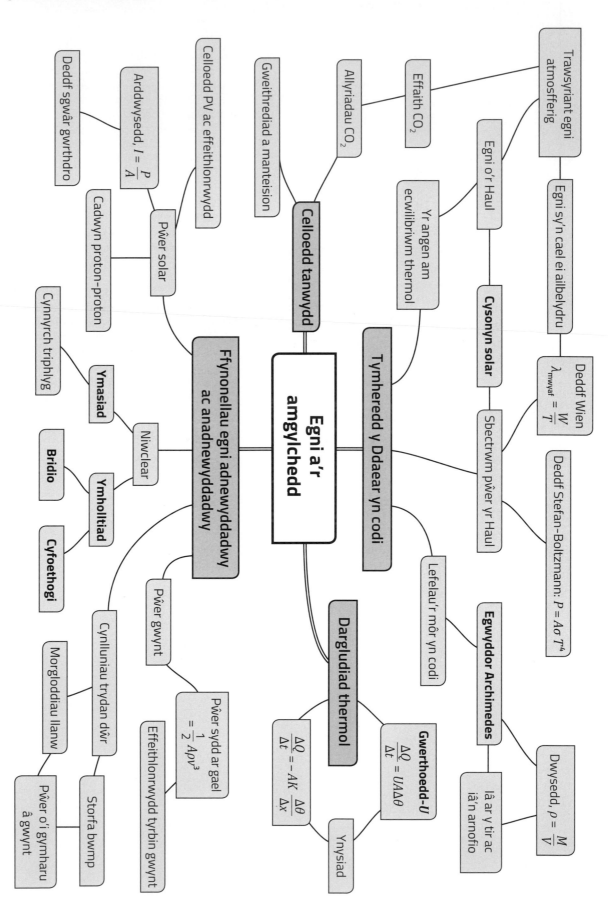

C1 Mae gan Asteroid 2010 TK7 ddiamedr o 300 m. Mae'n troi o gwmpas yr Haul ar yr un pellter â'r Ddaear, 1.50×10^{11} m. Does dim unrhyw fath o atmosffer gan yr asteroid.
[Cysonyn solar = 1361 W m^{-2}]

(a) Mae'r asteroid yn adlewyrchu 10% o'r pelydriad trawol yn ôl i'r gofod.

    (i) Cyfrifwch gyfradd amsugno egni'r Haul gan yr asteroid. [2]

    (ii) Tybiwch fod yr asteroid yn cylchdroi ac yn pelydru fel pelydrydd cyflawn. Dangoswch fod tymheredd arwyneb cymedrig 2010 TK7 tua 270 K, gan esbonio arwyddocâd y tybiaethau. [4]

    (iii) Cyfrifwch donfedd frig y pelydriad sy'n cael ei allyrru o arwyneb yr asteroid, 2010 TK7. Nodwch ranbarth y sbectrwm electromagnetig mae'r donfedd hon yn gorwedd ynddo. [3]

(b) Er gwaethaf adlewyrchu ffracsiwn mwy o'r pelydriad yr Haul sy'n dod i mewn, mae tymheredd arwyneb cymedrig y Ddaear yn uwch: tua 288 K.

    (i) Esboniwch sut mae presenoldeb nwyon tŷ gwydr, fel carbon deuocsid, yn yr atmosffer yn rhoi cyfrif am hyn. Does dim angen cyfrifiadau. [4]

    (ii) Esboniwch yn fyr pam mae crynodiadau cynyddol o nwyon tŷ gwydr yn achosi i dymereddau byd-eang godi. [2]

Cwestiynau Ymarfer Opsiynau A–CH

C2 (a) Mynegwch egwyddor Archimedes. [2]

....

....

....

(b) Mae gan floc o iâ gyfaint o 100 cm³. Mae'n cael ei ollwng gan bwyll i mewn i dun dadleoliad sy'n llawn dŵr môr.

$\rho_{iâ}$ = 920 kg m⁻³; $\rho_{dŵr\ môr}$ = 1028 kg m⁻³

(i) Cyfrifwch gyfaint y dŵr môr sy'n cael ei ddadleoli gan yr iâ. [3]

....

....

....

....

....

(ii) Mae'r iâ yn y tun yn ymdoddi. Esboniwch beth sy'n digwydd i lefel y dŵr yn y tun a pherthnasedd hyn ar gyfer lefelau'r môr sy'n codi. [3]

....

....

....

....

....

(c) Mae'r arwynebedd o gefnfor sydd wedi'i orchuddio gan iâ môr a rhewlifau wedi lleihau oherwydd cynhesu byd-eang. Mae colli iâ yn cyflymu cynhesu byd-eang. Esboniwch pam mae hyn yn wir. [2]

....

....

....

C3 Dadl gyffredin yn erbyn y ddibyniaeth ar ffynonellau adnewyddadwy ar gyfer cynhyrchu egni trydanol yw nad ydyn ni'n gallu dibynnu arnyn nhw am eu bod yn ysbeidiol. Trafodwch i ba raddau mae hyn yn wir ac awgrymwch sut byddai'n bosibl goresgyn yr anfantais hon. [4]

....

....

....

....

....

....

C4 (a) Nodwch beth yw ystyr *cell danwydd*. [2]

(b) Trafodwch y manteision o bweru cerbydau gyda chelloedd tanwydd yn hytrach na pheiriannau petrol neu ddiesel. [3]

C5 (a) Nodwch beth yw ystyr *cyfoethogi* wraniwm ac esboniwch pam mae hyn yn angenrheidiol. [3]

(b) Mae'n bosibl bridio (h.y. cynhyrchu) niwclidau ymholltog pan fydd niwclid nad yw'n ymholltog yn amsugno niwtron o adweithydd ymholltiad. Mae hyn yn cynhyrchu niwclid ymbelydrol sy'n mynd drwy sawl dadfeiliad β^- i roi'r niwclid ymholltog sydd ei angen.

Mae'n bosibl bridio'r $^{233}_{92}U$ ymholltog o isotop o thoriwm, Th sydd â Z = 90 .

(i) Ysgrifennwch yr adweithiau ar gyfer bridio $^{233}_{92}U$. [2]

(ii) Disgrifiwch sut mae cynhyrchu niwclid ymholltog o blwtoniwm. [3]

C6 (a) Mae aer, â dwysedd, ρ, yn teithio ar fuanedd, v, ar hyd pibell ag arwynebedd trawstoriadol A. Dangoswch fod egni cinetig yr aer sy'n pasio unrhyw bwynt yn y bibell bob eiliad yn cael ei roi gan $\frac{1}{2} A\rho v^3$. Mae lle wedi'i gynnwys ar gyfer diagram, os oes angen. [3]

(b) Mae tyrbin gwynt â llafn hyd 80 m yn gweithredu mewn gwynt cyson â buanedd o 12 m s^{-1}. Mae'n cynhyrchu 7.9 MW o bŵer trydanol. Cyfrifwch ei effeithlonrwydd. [ρ_{aer} = 1.25 kg m^{-3}] [3]

C7 Mae'n bosibl ysgrifennu'r hafaliad dargludiad thermol fel hyn:
$$\frac{\Delta Q}{\Delta t} = -AK\frac{\Delta \theta}{\Delta x}.$$

(a) Esboniwch at beth mae cydrannau canlynol yr hafaliad yn cyfeirio a rhowch eu hunedau: [3]

$\frac{\Delta Q}{\Delta t}$

$\frac{\Delta \theta}{\Delta x}$

(b) Felly, dangoswch mai uned dargludedd thermol, K, yw W m^{-1} K^{-1}. [2]

(c) Nodwch arwyddocâd yr arwydd minws (−) yn yr hafaliad. [1]

(ch) Cyfrifwch y trosglwyddiad gwres am bob munud drwy banel 0.50 m^2 o binwydden â thrwch o 12.0 mm os oes gwahaniaeth tymheredd o 25 °C ar draws y panel. [3]
[$K_{pinwydden}$ = 0.14 W m^{-1} K^{-1}]

C8 Mae system ffotofoltaidd (PV) ddomestig yn cynnwys set o baneli PV unigol. Mae'r gwneuthurwr yn cynhyrchu'r graffiau nodweddiadol canlynol ar gyfer y paneli unigol 2.0 m² sydd wedi'u goleuo ar 90° gan belydriad o'r Haul ar wahanol arddwyseddau.

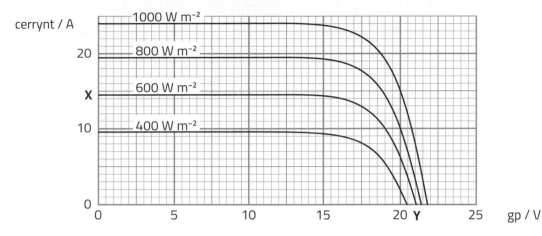

(a) Y cysonyn solar yw 1361 W m⁻². Rhowch reswm pam mae graffiau'r gwneuthurwr dim ond yn mynd i fyny hyd at 1000 W m⁻². [1]

....

....

(b) Defnyddiwch y data i gadarnhau bod y cerrynt allbwn ar gp penodol (e.e. 15 V) mewn cyfrannedd ag arddwysedd y pelydriad. [2]

....

....

....

....

(c) Mae'r pwynt **X** yn cynrychioli'r allbwn ar gyfer 600 W m⁻² pan fydd cylched fer ar draws y terfynellau ar y panel PV. Ym mhwynt **Y** mae'r terfynellau ar gylched agored. Esboniwch pam mae'r pŵer allbwn yn sero ym mhwynt X ac ym mhwynt Y. [2]

....

....

....

(ch) Mae'r gwneuthurwr yn honni y gall y panel roi o leiaf 220 W allan pan fydd mewn golau ag arddwysedd 600 W m⁻². Gwerthuswch yr honiad hwn a darganfyddwch y gp allbwn a'r cerrynt sy'n cyflenwi'r pŵer mwyaf posibl. [4]

....

....

....

....

....

....

C9 Yn y cynllun trydan dŵr ar raddfa fach sydd i'w weld, mae 2.75 m³ o ddŵr yn llifo drwy'r tyrbin bob eiliad; diamedr y bibell all-lif yw 1.0 m².

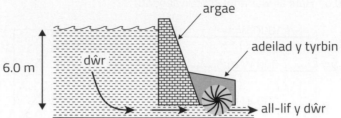

(a) Dangoswch fod:

(i) cyfradd ennill egni cinetig gan y dŵr tua 17 kW, [3]

(ii) cyfradd colli egni potensial gan y dŵr tua 160 kW, [2]

(b) Gan dybio bod y cyfuniad tyrbin/generadur yn trawsnewid 80% o'r egni sydd ar gael i egni trydanol, cyfrifwch bŵer allbwn y generadur. [3]

(c) Mae Colin yn honni, os caiff y tyrbin ei gymhwyso i ganiatáu cyfradd llif o 10% yn fwy o ddŵr, byddai'r pŵer allbwn 10% yn fwy ond byddai effeithlonrwydd cyffredinol cynhyrchu trydan dŵr 10% yn llai. Gwerthuswch yr honiadau hyn. [5]

C10 Dau gam cyntaf y gadwyn proton-proton yw:

$^1_1H + ^1_1H \rightarrow ^2_1H + ^0_1e + ^0_0v_e$ a $^2_1H + ^1_1H \rightarrow ^3_2He + \gamma$

Mae hyd oes cymedrig protonau yng nghraidd yr Haul dros 1000 miliwn o flynyddoedd, tra mae diwteron, ^2_1H, yn adweithio i roi ^3_2He o fewn tuag 1 eiliad. Esboniwch y gwahaniaeth hwn yn fyr drwy ystyried y rhyngweithiadau sy'n gysylltiedig â'r ddau gam. [2]

....

....

....

C11 Mae'r tu allan i fflat yn cynnwys wal wedi'i hynysu gyda gwerth U o 0.18 W m⁻²K⁻¹ a dwy ffenestr gwydr dwbl unfath â gwerthoedd U o 1.5 W m⁻² K⁻¹.

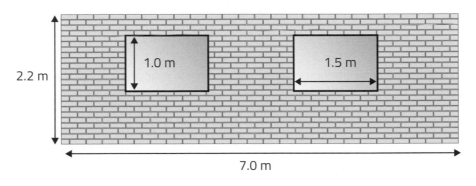

2.2 m

1.0 m

1.5 m

7.0 m

(a) Esboniwch ystyr gwerth U o 0.18 W m⁻² K⁻¹. [2]

....

....

....

(b) Mae perchennog y fflat yn ystyried disodli'r unedau gwydr dwbl â gwydr triphlyg sydd â gwerth U o 0.8 W m⁻² K⁻¹. Gan dybio mai dim ond trwy'r wal a'r ffenestri mae'r fflat yn colli gwres, cyfrifwch y gostyngiad canrannol yn y bil gwresogi y dylai'r perchennog ei ddisgwyl. [3]

....

....

....

....

(c) Awgrymwch pam mae ffenestri gwydr triphlyg yn llawer mwy cyffredin yn Norwy nag yng Nghymru a Lloegr. [2]

....

....

....

C12 Mae wal adeilad yn cynnwys dwy haen frics 10 cm gyda haen 10 cm o ynysiad gwlân mwynol rhyngddyn nhw. Ar un diwrnod, y gwahaniaeth tymheredd ar draws yr haen frics mewnol yw 0.35°C. $K_{bricsen}$ = 0.62 W m^{-1} K^{-1}; $K_{ynysiad}$ = 0.039 W m^{-1} K^{-1}

(a) Cyfrifwch y gyfradd colli gwres o ran 8.0 m^2 o wal. [2]

(b) Dangoswch mai'r gwahaniaeth tymheredd ar draws y wal gyfan yw tua 6 °C. [2]

(c) Ar ddiwrnod heb wynt, tymheredd yr aer y tu mewn i'r adeilad yw 22 °C a thymheredd yr aer y tu allan yw 8 °C.

(i) Darganfyddwch werth U y wal. [3]

(ii) Gyda chymorth diagram ond heb wneud unrhyw gyfrifiadau, esboniwch pam mae'r gwahaniaeth tymheredd rhwng y tu mewn a'r tu allan yn llawer mwy na'r 6 °C sy'n cael ei roi yn rhan (b). [3]

(iii) Esboniwch yn fyr pam byddech chi'n disgwyl i'r gyfradd colli gwres ar ddiwrnod gwyntog fod yn fwy na'r hyn sy'n cael ei ragweld gan y gwerth U. [2]

C13 Mae'r graff yn dangos amrywiad yr arddwysedd gyda thonfedd pelydriad yr Haul.
[Sylwch ar y raddfa logarithmig.]

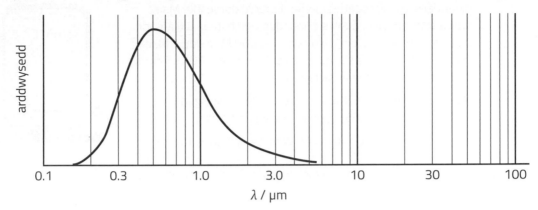

(a) Dangoswch fod tymheredd arwyneb yr Haul tua 6000 K. [2]

....

....

....

(b) Mae tymheredd cymedrig arwyneb y Ddaear tua 290 K. Brasluniwch sbectrwm allyrru'r Ddaear ar yr un echelinau. [Dydy uchder y brig ddim yn bwysig] [2]

[Lle gwag ar gyfer cyfrifiadau]

(c) Mae pelydriad rhwng 0.4 a 0.9 μm yn pasio trwy'r atmosffer heb fawr o amsugno. Rhwng 3 a 10 μm, mae ffracsiwn sylweddol o belydriad yn cael ei amsugno gan foleciwlau carbon deuocsid, anwedd dŵr a methan. Ar donfeddi hirach mae'r cyfan bron yn cael ei amsugno.

Esboniwch arwyddocâd y wybodaeth hon ar gyfer tymheredd arwyneb y Ddaear. [5]

....

....

....

....

....

....

....

....

....

C14 Y bwriad yw gosod storfa thermol mewn cwpwrdd sydd â thymheredd cymedrig o 20°C. Mae'r storfa i'w defnyddio ar gyfer darparu dŵr poeth ar gyfer defnydd domestig. Mae'r storfa thermol yn cynnwys silindr dur gwrthstaen â diamedr 0.60 m a thrwch 0.3 cm, sy'n cynnwys 400 litr o ddŵr. Mae'r silindr wedi'i ynysu â siaced ewyn polywrethan (PU) 2.5 cm o drwch ac mae'n sefyll ar sylfaen ynysu.

Mae system PV ddomestig yn cael ei defnyddio i gynnal tymheredd y dŵr ar 65°C, drwy wresogydd troch.

K_{PU} = 0.025 W m^{-1} K^{-1}; K_{dur} = 45 W m^{-1} K^{-1}; 1 litr = 10^{-3} m^3

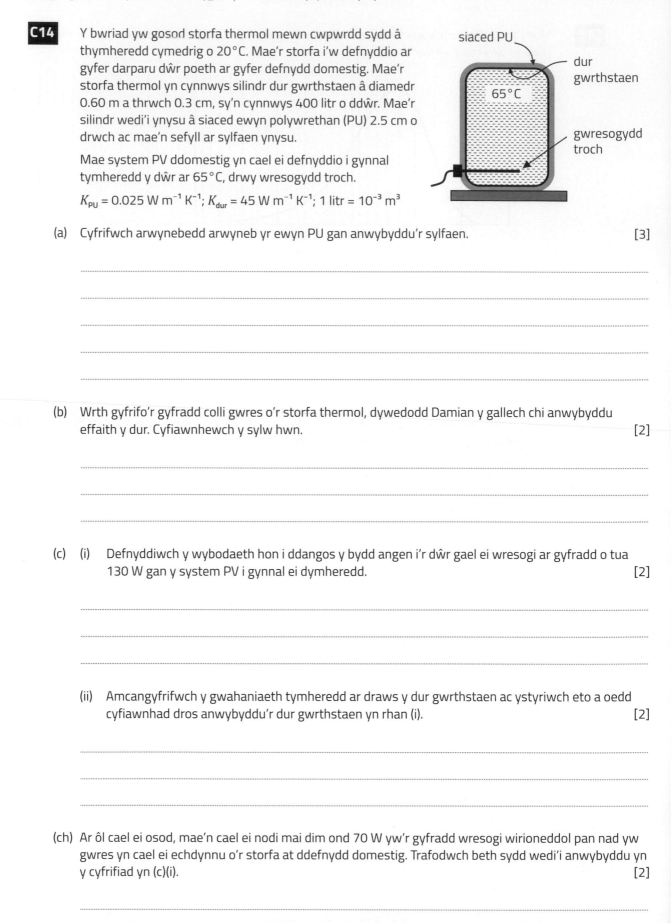

(a) Cyfrifwch arwynebedd arwyneb yr ewyn PU gan anwybyddu'r sylfaen. [3]

(b) Wrth gyfrifo'r gyfradd colli gwres o'r storfa thermol, dywedodd Damian y gallech chi anwybyddu effaith y dur. Cyfiawnhewch y sylw hwn. [2]

(c) (i) Defnyddiwch y wybodaeth hon i ddangos y bydd angen i'r dŵr gael ei wresogi ar gyfradd o tua 130 W gan y system PV i gynnal ei dymheredd. [2]

(ii) Amcangyfrifwch y gwahaniaeth tymheredd ar draws y dur gwrthstaen ac ystyriwch eto a oedd cyfiawnhad dros anwybyddu'r dur gwrthstaen yn rhan (i). [2]

(ch) Ar ôl cael ei osod, mae'n cael ei nodi mai dim ond 70 W yw'r gyfradd wresogi wirioneddol pan nad yw gwres yn cael ei echdynnu o'r storfa at ddefnydd domestig. Trafodwch beth sydd wedi'i anwybyddu yn y cyfrifiad yn (c)(i). [2]

Dadansoddi cwestiynau ac atebion enghreifftiol

C&A 1

(a) Y cam cyntaf yn yr adweithiau ymasiad sy'n digwydd yn yr Haul yw:

$$^1_1H + {}^1_1H \rightarrow {}^2_1H + {}^0_1e + {}^0_0v_e$$

gyda 2 MeV yn cael ei ryddhau.

Awgrymwch **ddau** reswm pam nad yw'r adwaith hwn yn briodol i'w ddefnyddio mewn adweithydd ymasiad niwclear ymarferol. [2]

(b) Cysyniad pwysig mewn ymasiad niwclear yw'r *amser cyfyngu*, τ_E, sy'n cael ei ddiffinio gan:

$$\tau_E = \frac{W}{P_{colled}}$$

lle W yw dwysedd egni (h.y. yr egni am bob uned cyfaint) y plasma a P_{colled} yw'r gyfradd colli egni am bob uned cyfaint.

Dangoswch, gyda'r diffiniad hwn, fod gan τ_E uned amser. [2]

(c) Er mwyn cynhyrchu pŵer defnyddiol, rhaid i'r *cynnyrch triphlyg* gyrraedd gwerth critigol.

(i) Gallwn ni ysgrifennu uned y cynnyrch triphlyg fel $K \, s \, m^{-3}$. Enwch y tri mesur yn y cynnyrch triphlyg ac felly cyfiawnhewch yr uned hon. [3]

(ii) Mae gwerth critigol y cynnyrch triphlyg yn dibynnu ar y tymheredd. Mae llyfr ffiseg ysgol yn rhoi'r graff canlynol o amrywiad gwerth critigol y cynnyrch triphlyg gyda thymheredd ar gyfer adweithydd dewteriwm-tritiwm.

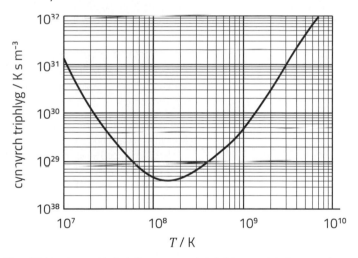

(I) Rhowch werth lleiaf y cynnyrch triphlyg sydd ei angen i gynnal adwaith ymasiad a'r tymheredd lle mae hyn yn digwydd. [2]

(II) Mewn adweithydd arbrofol, mae amser cyfyngu o 2.0 s wrth weithio ar y tymheredd yn rhan (I). Cyfrifwch ddwysedd yr ïonau dewteriwm a thritiwm sy'n angenrheidiol i sicrhau ymasiad parhaus. [2]

Beth mae'r cwestiwn yn ei ofyn

Ychydig iawn y gall arholwyr ei ofyn am ymasiad niwclear yn yr opsiwn hwn ond mae rhan (a) yn synoptig o ran natur ac mae'n AA3. Mae disgwyl i chi sylweddoli, gan fod hwn yn adwaith gwan, ei fod yn annhebygol iawn o ddigwydd ac nad yw ychwaith yn rhyddhau llawer o egni. Mae cyfeiriad penodol at y cynnyrch triphlyg ym manyleb yr opsiwn. Mae rhannau (b) ac (c) y cwestiwn yn cyfuno gwybodaeth am y cynnyrch triphlyg ag unedau SI a dadansoddi data. Mae rhan (b) yn rhoi diffiniad o amser cyfyngu ac yn ei gwneud yn ofynnol ei ddefnyddio wrth ddeillio uned – cwestiwn AA2 safonol. Mae rhan (c)(i) yn estyn hyn i ofyn am alw'r diffiniad o gynnyrch triphlyg (AA1) i gof a chyfiawnhau ei uned (AA2). Mae'r dadansoddiad data ar y cynnyrch triphlyg yn (c)(ii) yn eithaf anodd nid yn unig am ei fod yn cyflwyno'r syniad bod y cynnyrch triphlyg (sy'n cynnwys tymheredd) yn amrywio gyda thymheredd ond hefyd am fod y data'n cael ei roi gan ddefnyddio graff gyda graddfeydd logarithmig, sy'n un o'r gofynion mathemategol.

Cynllun marcio

Rhan o'r cwestiwn			Disgrifiad	AA			Cyfanswm	Sgiliau	
				1	2	3		M	Y
(a)			Mae'n rhyngweithiad gwan ac felly'n annhebygol / llai o ryngweithiadau (bob eiliad) [1] Mae'r egni sy'n cael ei ryddhau ganddo yn isel (cf. ^{2}H + ^{3}H) [1]			2	2		
(b)			$[W]$ = J m^{-3} [neu kg m^{-1} s^{-2}] **a** $[P_{\text{colled}}]$ = W m^{-3} [neu kg m^{-1} s^{-3}] [1] Rhannu i'w weld → s [1] Sylwch: hepgor m^{-3} → 1 marc ar y mwyaf		2		2	1	
(c)	(i)		Amser cyfyngu, dwysedd gronynnau/ïonau, tymheredd [1] $nT\tau_E$ i'w weld [neu mewn geiriau] [1] m^{-3}, K i'w weld [1]	1 1	1		3	1	
	(ii)	(I)	4 × 10^{28} [K s m^{-3}] 1.3 × 10^8 [K] [caniatáu 1.2 – 1.4]	2			2		
		(II)	4 × 10^{28} (dgy) = n × 1.3 × 10^8 (dgy) × 2.0 [1] 1.5 × 10^{20} [m^{-3}]	1	1		2	1	
Cyfanswm				5	4	2	11	3	0

Atebion Rhodri

(a) Byddai'r protonau'n bownsio oddi ar ei gilydd yn hytrach nag adweithio gan eu bod nhw wedi'u gwefru'n bositif **X** [dim digon]
2 MeV = 3.2 × 10^{-13} J **X** (?)

SYLWADAU'R MARCIWR
Roedd angen i Rhodri gysylltu hyn â'r rhyngweithiad gwan er mwyn ennill y marc cyntaf. Mae ïonau ^{2}H a ^{3}H â gwefr bositif hefyd! Beth yw arwyddocâd 3.2 × 10^{-13} J?
0 marc

(b) Mae gan egni (W) yr uned J
Mae gan pŵer (P) yr uned W **X**
$$W = J s^{-1} \quad \therefore \quad \frac{J}{J s^{-1}} = s \checkmark \text{ dgy}$$

SYLWADAU'R MARCIWR
Dydy Rhodri ddim wedi sylwi bod W a P_{colled} am bob uned cyfaint, felly mae'n colli'r marc cyntaf. Mae'n cael yr ail farc dgy.
1 marc

(c) (i) Ar wahân i'r amser cyfyngu, mae nifer y niwclysau am bob metr ciwbig a'r tymheredd. $\checkmark$
Yr unedau yw s, m^{-3} a K $\checkmark$
Felly rydyn ni'n cael K s m^{-3} **X** [dim digon]

SYLWADAU'R MARCIWR
Mae Rhodri wedi nodi'r tri newidyn ar gyfer y marc cyntaf. Mae wedi rhoi'r unedau yn yr un drefn â'r newidynnau felly mae'r arholwr yn tybio bod yr m^{-3} a K wedi'u priodoli'n gywir. Mae angen iddo ddweud bod y meintiau'n cael eu lluosi â'i gilydd i ennill y marc canol.
2 farc

(ii) (I) Cynnyrch triphlyg = 3 × 10^{28} **X**
Tymheredd = 0.5 × 10^8 **X**

SYLWADAU'R MARCIWR
Dydy Rhodri ddim wedi dehongli'r raddfa'n gywir, e.e. y llinell ar ôl 10^8 yw 2 × 10^8 felly mae'r tymheredd ar ei isaf rhwng 1 a 2 × 10^8.
0 marc

(II) Dwysedd = $\dfrac{3 \times 10^{28}}{0.5 \times 10^8 \times 2.0}$ $\checkmark$(dgy)

= 3 × 10^{20} m^{-3} $\checkmark$

Felly 1.5 × 10^{20} yr un o ddewteriwm a tritiwm.

SYLWADAU'R MARCIWR
Mae'r arholwr wedi caniatáu dgy ar yr ateb i ran (b)(ii)I. Doedd dim angen rhannu'r dwysedd yn ddewteriwm a thritiwm ond yn sicr nid yw'n cael ei gosbi!
2 farc

Cyfanswm   **5 marc /11**

Atebion Ffion

(a) Mae'r niwtrino yn dangos bod hwn yn rhyngweithiad gwan. Felly, hyd yn oed os bydd llawer o brotonau'n gwrthdaro, ychydig iawn fydd yn adweithio fel hyn ac yn newid i ^2_1H ac felly ychydig iawn o egni fydd yn cael ei gynhyrchu. ✓

Hefyd bydd llawer o'r egni'n cael ei gymryd i ffwrdd gan y niwtrinoeon – bydd hyn yn cael ei golli i'r adweithydd. ✓

(b) Egni am bob uned cyfaint $= kg\ m^2\ s^{-2} \times m^{-3}$
$$= kg\ m^{-1}\ s^{-2}$$

Felly mae'r golled pŵer am bob uned cyfaint $= kg\ m^{-1}\ s^{-3}$ ✓

Felly $\left[\dfrac{W}{P_{colled}}\right] = \dfrac{kg\ m^{-1}\ s^{-2}}{kg\ m^{-1}\ s^{-3}}$ ✓ $= s$

(c) (i) Y cynnyrch triphlyg:
Amser cyfyngu, $\tau_E - s$
dwysedd nifer , $n - m^{-3}$ [mya]
tymheredd, $T - K$ ✓✓
Felly $[T\tau_E n]$ ✓ $= K\ s\ m^{-3}$

(ii)(I) Gwerth lleiaf $= 4 \times 10^{28}\ K\ s\ m^{-3}$ ✓
Tymheredd $= 1.5 \times 10^8\ K$ ✗

(II) $4 \times 10^{28} = 1.5 \times 10^8 \times 2.0\ n$ ✓ (dgy)
$\therefore n = 1.3 \times 10^{20}\ m^{-3}$ ✓

Cwestiynau Ymarfer Opsiynau A–CH

FFISEG SAFON UWCH
PAPUR ENGHREIFFTIOL UNED 3
[Adran A yn unig]

1 awr 35 munud

I'r Arholwr yn unig		
Cwestiwn	Marc Uchaf	Marc yr Arholwr
1.	11	
2.	18	
3.	12	
4.	13	
5.	12	
6.	14	
Cyfanswm	80	

Nodiadau

Mae gan bapur Uned 3 CBAC ddwy adran a chyfanswm amser o 2 awr. Mae'r cwestiynau ar y tudalennau canlynol yn cynrychioli fersiwn ymarfer o Adran A. Mae Adran B yn cynnwys darn o wybodaeth am destun ffiseg ac yna cwestiynau sy'n dod i gyfanswm o 20 marc. Bydd o werth mawr i chi ymarfer ar gyfer Adran B drwy ddefnyddio papurau CBAC ac Eduqas blaenorol o'r manylebau cyfredol a blaenorol.

Bydd y wybodaeth ganlynol ar flaen papur CBAC:

1. **Deunyddiau ychwanegol**
   Byddwch chi'n cael gwybod y bydd angen cyfrifiannell a Llyfryn Data arnoch chi. Weithiau byddwch chi'n cael gwybod bod angen pren mesur a/neu fesurydd ongl / onglydd arnoch.

2. **Ateb yr arholiad**
   Byddwch chi'n cael gwybod bod angen i chi ddefnyddio beiro du (ond mae'n well defnyddio pensil i luniadu graffiau). Cewch chi wybod bod angen i chi ateb pob cwestiwn yn y lleoedd gwag priodol ar y papur.

3. **Gwybodaeth ychwanegol**
   Mae pob rhan o'r cwestiwn yn dangos, gan ddefnyddio cromfachau sgwâr, gyfanswm y marciau sydd ar gael. Bydd un cwestiwn yn asesu ansawdd yr ymateb estynedig [AYE]. Bydd y cwestiwn hwn yn cael ei nodi ar y dudalen flaen. Yn y papur enghreifftiol hwn, y cwestiwn AYE yw cwestiwn **3(a)**.

ADRAN A

*Atebwch **bob** cwestiwn*

1 (a) (i) Diffiniwch *cyflymiad.*   [1]

....

....

   (ii) Rhowch enghraifft o wrthrych sydd ddim yn cyflymu.   [1]

....

....

....

(b) Mae car yn cael ei yrru o amgylch trac crwn gwastad â diamedr 120 m ar fuanedd cyson. Mae pob lap yn cymryd 24.0 s. Cyfrifwch:

   (i) cyflymder onglaidd y car o amgylch canol y trac;   [2]

....

....

   (ii) buanedd y car;   [2]

....

....

   (iii) cyflymiad y car;   [2]

....

....

(c) Mae'r diagram yn dangos y car ar un pwynt ar ei daith:

golwg oddi uchod (heb fod wrth raddfa)

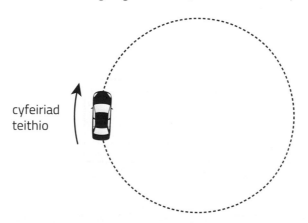

cyfeiriad teithio

Rhowch saethau ar y car i ddangos cyfeiriadau:

   ▪ Y grym cydeffaith ar y car. Labelwch y saeth 'R'.   [1]

   ▪ Y gwrthiant aer (llusgiad) ar y car. Labelwch y saeth 'D'.   [1]

   ▪ Y grym llorweddol ar y car o'r ffordd. Dangoswch fel un saeth wedi'i labelu 'F'.   [1]

2. (a) Mae sffêr â màs 0.20 kg yn hongian o sbring heligol. Mae top y sbring wedi'i glampio. Mae'r sffêr yn cael ei dynnu i lawr islaw ei safle ecwilibriwm a'i ryddhau ar amser $t = 0$, fel ei fod yn osgiliadu i fyny ac i lawr. Mae graff dadleoliad–amser i'w weld:

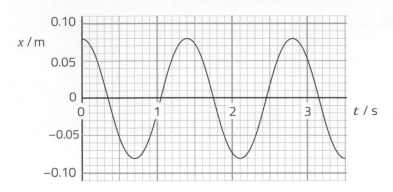

   (i) Darganfyddwch gysonyn anhyblygedd, k, y sbring. [3]

   ....

   ....

   ....

   ....

   ....

   (ii) Cyfrifwch egni cinetig mwyaf y sffêr. [3]

   ....

   ....

   ....

   ....

   ....

   (iii) Mae Glyn wedi braslunio graff o egni cinetig, E_k, yn erbyn amser, t, ar gyfer y màs sy'n osgiliadu. Doedd dim angen graddfa fertigol. Gwerthuswch ei ymgais (isod). [3]

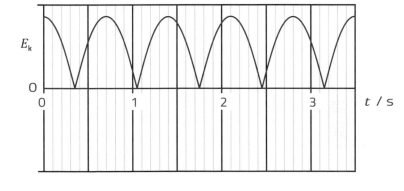

   ....

   ....

   ....

   ....

(b) Mae darn ysgafn o bapur yn cael ei lynu wrth y sffêr, ac mae cyfarpar rhan (a) yn cael ei ddefnyddio i ymchwilio i osgiliadau gwanychol. Mae'r sffêr yn cael ei dynnu i lawr 60 mm o dan ei safle ecwilibriwm a'i ryddhau ar amser $t = 0$. Mae osgled, A, yr osgiliadau yn cael ei fesur ar gyfyngau o 2 gylchred, ac mae pwyntiau'n cael eu plotio ar grid o A yn erbyn t:

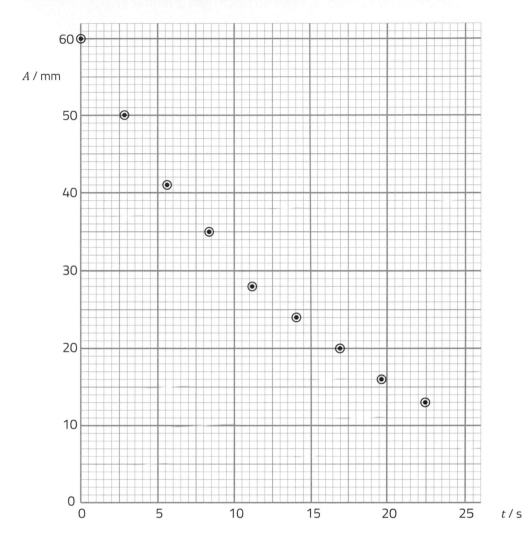

(i) Disgrifiwch sut, ar ôl nifer penodol o osgiliadau, y gallech chi ddarganfod A gan ddefnyddio offer labordy syml. Dylech chi gynnwys y rhagofalon byddech chi'n eu cymryd i gael canlyniad sy'n fanwl gywir. [3]

....

....

....

....

....

(ii) Mae disgwyl i'r osgled leihau gydag amser yn ôl yr hafaliad:

$$A = A_0 e^{-\left(\frac{t}{\tau}\right)}$$

lle mae A_0 a τ yn gysonion.
Defnyddiwch y pwyntiau sydd wedi'u plotio i gael gwerth ar gyfer τ .

[4]

(iii) Esboniwch yn fyr sut gallech chi ddefnyddio'r parau o werthoedd A a τ wedi'u mesur i gael gwerth mwy ailadroddadwy ar gyfer τ.

[2]

3 (a) Mae balŵn sydd wedi'i enchwythu'n rhannol yn ehangu'n araf pan fydd yn mynd i mewn i ystafell gynhesach. Rhowch esboniad cam wrth gam o pam mae hyn yn digwydd *yn nhermau moleciwlau a'r ddamcaniaeth ginetig.* [6 AYE]

....

....

....

....

....

....

....

....

....

....

(b) Mae silindr â chyfaint 0.025 m³ yn cynnwys 6.0 mol o heliwm, nwy monatomig, ar wasgedd o 600 kPa. (M_r heliwm = 4.0)

(i) Cyfrifwch fuanedd isc y moleciwlau. [3]

....

....

....

....

....

(ii) Mae'r silindr yn cael ei symud nawr i storfa lle mae'r tymheredd yn 285 K. Darganfyddwch a fydd buanedd isc y moleciwlau heliwm yn cynyddu, yn lleihau neu'n aros yr un fath. [3]

....

....

....

....

....

4. (a) Mae'n bosibl ysgrifennu deddf gyntaf thermodynameg fel:

$$\Delta U = Q - W$$

Esboniwch yn nhermau egni beth mae Q yn ei gynrychioli yn yr hafaliad hwn. [2]

....

....

....

(b) Mae'r diagram yn dangos newid, AB, i swm penodol o nwy delfrydol, a oedd ar dymheredd o 280 K i ddechrau:

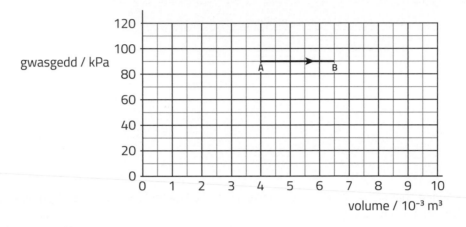

(i) Darganfyddwch swm y nwy mewn mol. [2]

....

....

....

(ii) Dangoswch fod y cynnydd yn y tymheredd rhwng A a B tua 180 K. [2]

....

....

....

(iii) Defnyddiwch ddeddf gyntaf thermodynameg i gyfrifo'r llif gwres yn ystod y newid hwn. [5]

....

....

....

....

....

....

....

(iv)   Mae'r diagram yn dangos llwybr posibl arall i fynd â'r nwy o A i B:

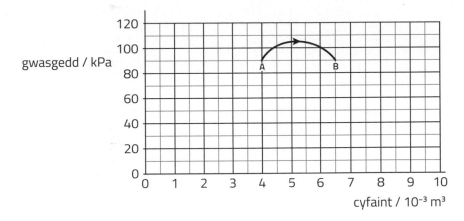

Esboniwch a fydd y llif gwres yn fwy, yr un fath neu'n llai na beth sy'n cael ei gyfrifo yn (b) (iii).   [2]

....

....

....

5. (a) Diffiniwch *actifedd*, A, sampl o isotop ymbelydrol. [1]

(b) Defnyddiwch yr hafaliad dadfeiliad ymbelydrol, $A = A_0 e^{-\lambda t}$, i ddangos bod y cysonyn dadfeiliad, λ, yn perthyn i'r hanner oes, $T_{1/2}$, drwy'r hafaliad:

$$\lambda = \frac{\ln 2}{T_{1/2}}$$ [2]

(c) Mae $^{32}_{15}$P yn allyrrydd β^-, gyda hanner oes o 14.2 diwrnod, sy'n dadfeilio i isotop o sylffwr (S).

(i) Cwblhewch yr hafaliad niwclear ar gyfer y dadfeiliad hwn, gan gynnwys pob cynnyrch dadfeiliad: [2]

$$^{32}_{15}P \rightarrow$$

(ii) Mae gan sampl o $^{32}_{15}$P actifedd o 240 GBq.

(I) Cyfrifwch fàs y sampl, gan roi eich ateb mewn uned SI. [4]

(II) Mae Rhian yn honni y bydd actifedd y sampl yn gostwng i 180 Bq mewn llai na 7.1 diwrnod. Gwerthuswch ei honiad. [3]

6. Ar gyfer y cwestiwn hwn bydd angen y data hyn arnoch chi:

    màs proton = 1.00728 u

    màs niwtron = 1.00866 u

    màs niwclews $^{7}_{3}$Li = 7.01435 u

    màs niwclews $^{4}_{2}$He = 4.00151 u

    1 u ≡ 931 MeV.

    (a) (i) Cyfrifwch egni clymu **fesul niwcleon** niwclews $^{7}_{3}$Li. [3]

    ....

    ....

    ....

    ....

    (ii) (I) Brasluniwch graff o egni clymu fesul niwcleon yn erbyn rhif niwcleon ar yr echelinau sy'n cael eu darparu. Does dim angen graddfeydd. [1]

    (II) Defnyddiwch y graff i esbonio pam mae egni'n cael ei ryddhau pan fydd niwclysau ysgafn yn mynd drwy ymasiad neu niwclysau trwm yn mynd drwy ymholltiad. [3]

    ....

    ....

    ....

    ....

    ....

(b) Mae proton gydag egni cinetig o 0.800 MeV yn gwrthdaro â niwclews $^{7}_{3}$Li disymud, ac yn achosi'r ymddatodiad hwn:

$$^{1}_{1}p + {}^{7}_{3}Li \longrightarrow {}^{4}_{2}He + {}^{4}_{2}He$$

(i) Nodwch y gp sydd ei angen i gyflymu'r proton o ddisymudedd i roi egni cinetig o 0.800 MeV iddo.

[1]

(ii) Cyfrifwch swm egni cinetig y niwclysau $^{4}_{2}$He.

[3]

(iii) Mae un o'r niwclysau $^{4}_{2}$He yn cael ei allyrru i'r un cyfeiriad roedd y proton yn teithio iddo. Esboniwch pam na all y niwclysau $^{4}_{2}$He rannu'r egni cinetig yn gyfartal.

[3]

FFISEG SAFON UWCH
PAPUR ENGHREIFFTIOL UNED 4

2 awr

		I'r Arholwr yn unig	
	Cwestiwn	Marc Uchaf	Marc yr Arholwr
Adran A	1.	16	
	2.	15	
	3.	11	
	4.	9	
	5.	11	
	6.	10	
	7.	8	
Adran B	Opsiwn	20	
	Cyfanswm	100	

Nodiadau

Mae gan bapur arholiad Uned 4 CBAC ddwy adran, A a B. Mae Adran A yn cynnwys cwestiynau craidd sy'n dod i gyfanswm o 80 marc – byddwch chi'n cael eich cynghori i dreulio tuag 1 awr 35 munud ar y rhain. Mae Adran B yn cynnwys cwestiynau ar bedwar opsiwn, pob un allan o 20 marc: dylech chi ateb un o'r cwestiynau opsiwn hyn yn unig a chewch chi eich cynghori i dreulio tua 25 munud ar y cwestiwn hwn.

Mae'r wybodaeth ganlynol ar flaen papur CBAC:

1. **Deunyddiau ychwanegol**
   Byddwch chi'n cael gwybod y bydd angen cyfrifiannell a **Llyfryn Data** arnoch chi. Weithiau byddwch chi'n cael gwybod bod angen pren mesur a/neu fesurydd ongl / onglydd arnoch chi.

2. **Ateb yr arholiad**
   Byddwch chi'n cael gwybod bod angen i chi ddefnyddio beiro du (ond mae'n well lluniadu graffiau gan ddefnyddio pensil).
   Cewch chi wybod bod angen i chi ateb pob cwestiwn yn y lleoedd gwag priodol ar y papur.

3. **Gwybodaeth ychwanegol**
   Mae pob rhan o'r cwestiwn yn dangos, gan ddefnyddio cromfachau sgwâr, gyfanswm y marciau sydd ar gael. Bydd un cwestiwn yn asesu ansawdd yr ymateb estynedig [AYE]. Bydd y cwestiwn hwn yn cael ei nodi ar y dudalen flaen. Yn y papur ymarfer hwn, y cwestiwn AYE yw cwestiwn **5(b)**.

ADRAN A

*Atebwch **bob** cwestiwn*

1. (a) Brasluniwch ddiagramau i ddangos dwy ffordd o gysylltu cynhwysydd 2.0 µF a chynhwysydd 3.0 µF gyda'i gilydd, a chyfrifwch gynhwysiant pob cyfuniad. [4]

Cyfuniad 1)   Cyfuniad 2)

....

....

....

....

....

(b) Mae Ffred yn dylunio brwsh dannedd trydan fydd yn rhedeg oddi ar gynhwysydd wedi'i wefru. Bydd y cynhwysydd yn cael ei wefru i gp o 6.0 V a'i gysylltu ar draws modur y brwsh dannedd, fydd yn gweithio'n effeithiol nes bod y gp wedi gostwng i 4.5 V. Y pŵer cymedrig sy'n cael ei gymryd gan y modur yw 0.75 W. Mae Ffred yn credu y bydd cynhwysydd 10 F, wedi'i wefru i 6.0 V, yn cyflenwi'r egni sydd ei angen am 2.0 munud o lanhau dannedd. Gwerthuswch ei gred. [3]

....

....

....

....

....

....

(c) Mae Jules yn ymchwilio i ddadwefru cynhwysydd drwy wrthydd, gan ddefnyddio'r gylched sydd i'w gweld, sy'n cynnwys switsh 3-safle, S.

Mae'n gwefru'r cynhwysydd (switsh i'r chwith), yn caniatáu i'r cynhwysydd ddadwefru (switsh i'r dde) am gyfnod o amser wedi'i fesur, t, ac yn darllen y gp, V, (switsh yn y canol). Mae'n ailadrodd y dull gweithredu er mwyn gallu plotio pwyntiau gyda barrau cyfeiliornad ar gyfer graff o ln (V / V) yn erbyn t (gweler isod).

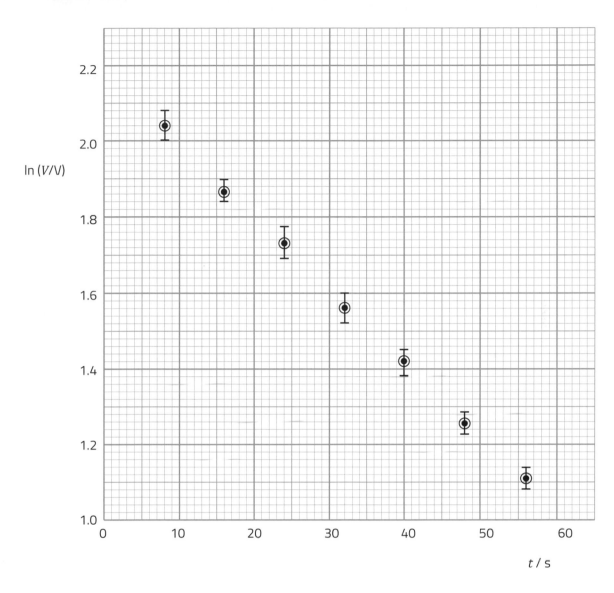

t / s

(i)   Gan ddechrau gyda'r hafaliad $Q = Q_0 e^{-t/CR}$, dangoswch mai'r berthynas ddisgwyliedig yw:

$$\ln(V/V) = \ln(V_0/V) - \frac{1}{CR} t$$ [2]

....

....

....

....

....

....

(ii) Ar gyfer t = 24 s, mae'r darlleniadau gp canlynol yn cael eu cymryd:

V / V: 5.43, 5.52, 5.74, 5.88

Gwerthuswch a yw'r bar cyfeiliornad wedi'i luniadu'n gywir ai peidio ar gyfer t = 24 s.　　　[2]

(iii) Defnyddiwch y data sydd wedi'u plotio i gyfrifo cynhwysiant y cynhwysydd, ynghyd â'i ansicrwydd absoliwt.　　　[5]

2. (a) Diffiniwch y *cryfder maes trydanol, E*, ar bwynt. [1]

....

....

....

(b) Cryfder y maes trydanol ar bellter o 0.10 m o sffêr bach, â gwefr bositif, yw 2.0 N C^{-1}. Dangoswch fod y wefr, Q, ar y sffêr tua 2 pC. [2]

....

....

....

(c) Mae'r sffêr yn rhan (b) a sffêr arall, union yr un fath, gyda'r un wefr yn cael eu gosod fel sydd i'w weld:

Darganfyddwch faint a chyfeiriad cryfder y maes trydanol ym mhwynt P oherwydd y gwefrau.
Gallwch chi ychwanegu at y diagram. [4]

....

....

....

....

....

....

....

(ch) Mae ïon â màs 1.05×10^{-25} kg a gwefr 1.60×10^{-19} C, sy'n ddisymud i ddechrau ar **X**, yn derbyn cyflymder cychwynnol bach iawn tua'r dde. Darganfyddwch y buanedd mwyaf mae'n ei gyrraedd. [4]

....

....

....

....

....

....

....

(d) Mae Elodie yn rhoi'r disgrifiad hwn o fudiant yr ïon. 'Wrth i'r ïon adael X a theithio ymhellach ac ymhellach i'r dde mae ei gyflymiad yn mynd yn llai ac yn llai.' Gwerthuswch i ba raddau mae disgrifiad Elodie yn fanwl gywir. Does dim angen cyfrifiadau. [4]

....

....

....

....

....

....

3. (a) Mae graff o *gyflymder* rheiddiol yn erbyn amser yn cael ei roi ar gyfer seren 18 Delphini. Mae'r cyflymder rheiddiol *cymedrig* wedi cael ei dynnu, gan adael cyflymder newidiol y seren yn unig o ganlyniad i blaned mewn orbit.

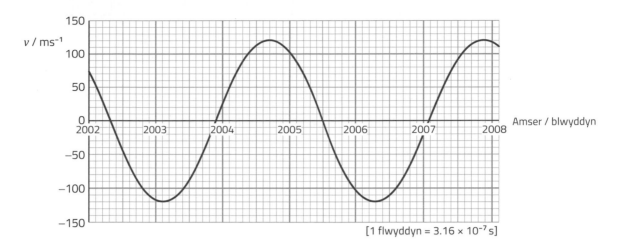

[1 flwyddyn = 3.16×10^{-7} s]

(i) Cyfrifwch radiws orbit y **seren**. [3]

....

....

....

....

(ii) Mae màs y seren wedi'i ganfod i fod yn 4.67×10^{30} kg. Dangoswch fod y seren a'r blaned tua 4×10^{11} m ar wahân, gan nodi un dybiaeth neu frasamcan rydych chi'n ei wneud. [4]

....

....

....

....

....

....

(iii) Cyfrifwch fàs y blaned. [2]

....

....

....

....

(b) Mae seryddwyr wedi darganfod planedau mewn orbit o gwmpas sêr ar wahân i'r Haul, a allai fod ag amodau arwyneb tebyg i'r Ddaear. Mae awgrym y dylai cyllid ar gyfer chwilio am 'allblanedau tebyg i'r Ddaear' fod yn arbennig o hael. Trafodwch yr awgrym hwn. [2]

....

....

....

....

....

4. (a) Nodwch ystyr y *cysonyn Hubble*, H_0. [1]

    ....

    ....

    (b) Defnyddiwch y cysonyn Hubble i ateb y canlynol:

    (i) Yn ôl y mesuriadau mewn labordy mae gan linell yn sbectrwm atomig hydrogen donfedd o 656 nm. Mae'r un llinell yn cael ei harsylwi mewn golau sy'n ein cyrraedd o alaeth bell, ond gyda thonfedd o 694 nm. Darganfyddwch bellter yr alaeth oddi wrthyn ni. [3]

    ....

    ....

    ....

    ....

    ....

    ....

    (ii) Amcangyfrifwch oed y bydysawd a rhowch un rheswm (ar wahân i ansicrwydd yng ngwerth H_0) pam mai amcangyfrif yn unig yw'r gwerth hwn. [2]

    ....

    ....

    ....

    (c) Mae *dwysedd critigol*, ρ_c, bydysawd 'gwastad' yn cael ei roi gan :

    $$\rho_c = \frac{3H_0^2}{8\pi G}$$

    Dangoswch fod yr hafaliad hwn yn gywir o ran yr unedau (neu'r dimensiynau). [3]

    ....

    ....

    ....

    ....

    ....

    ....

5. (a) Mae dau fyfyriwr, Chioke ac Emeka, wedi cael y dasg o ddarganfod cryfder y maes magnetig, *B*, mewn ardal, gan ddefnyddio'r cyfarpar sydd i'w weld, a chyfres o fasau safonol bach.

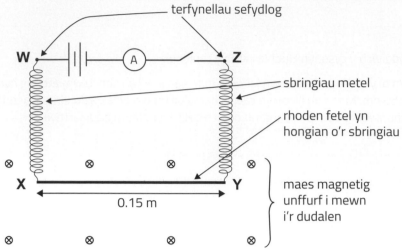

(i) Mae'r myfyrwyr eisiau i'r rhoden fetel, XY, symud i fyny pan fydd y switsh ar gau. Gwerthuswch a yw'r batri wedi'i gysylltu'n gywir, er mwyn i hyn ddigwydd, neu a oes angen ei wrthdroi. [2]

....

....

....

(ii) Gyda'r batri wedi'i gysylltu'r ffordd gywir a'r switsh ar gau, mae'r amedr yn darllen 4.20 A. Mae'r myfyrwyr yn canfod y bydd màs o 4.50 gram, sy'n hongian o ganol y rhoden, yn dod â hi yn ôl i lawr i'w safle cyn i'r switsh gael ei gau. Darganfyddwch gryfder y maes magnetig. [3]

....

....

....

....

....

(b) Mae'r myfyrwyr yn cael eu gwahodd i ymchwilio i wanychiad electromagnetig gan ddefnyddio fersiwn wedi'i haddasu o'r cyfarpar yn (a).

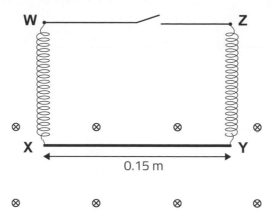

Yn gyntaf gyda'r switsh ar agor, yna gyda'r switsh ar gau, maen nhw'n dadleoli'r rhoden i lawr o bellter bach ac yn arsylwi osgiliadau'r rhoden i fyny ac i lawr. Maen nhw'n gweld bod yr osgiliadau wedi'u gwanychu'n fwy pan fydd y switsh ar gau, ac maen nhw'n priodoli hyn yn gywir i rym electromagnetig ar y rhoden.

Esboniwch yn ofalus sut mae'r grym electromagnetig yn codi, a sut rydyn ni'n rhoi cyfrif am y cyfeiriad mae'n gweithredu iddo. [6 AYE]

....

....

....

....

....

....

....

....

....

....

....

....

....

....

6. Mae'r diagram yn dangos batri yn gyrru cerrynt o'r chwith i'r dde trwy'r waffer Hall. Mae maes magnetig unffurf B, yn cael ei weithredu, ar ongl sgwâr i wynebau mawr y waffer, fel sydd i'w weld:

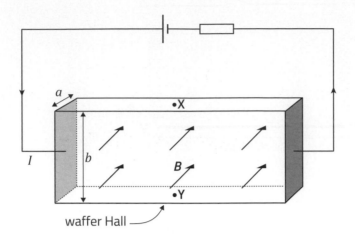

waffer Hall

(a) Mae'r foltedd Hall, V_H, rhwng **X** ac **Y** yn cael ei roi gan yr hafaliad:

$$V_H = bBv$$

Lle v yw buanedd drifft y cludyddion gwefr yn y waffer.

Esboniwch sut mae'r foltedd Hall yn codi, a deilliwch yr hafaliad sy'n cael ei roi uchod. Mae'r cludyddion gwefr yn y waffer yn bositif. [5]

(b) Ar gyfer cerrynt penodol, I, a dwysedd fflwcs magnetig penodol, B, mae'r foltedd Hall, V_H, yn fwy pan fydd a (trwch y waffer) ac n (nifer y cludyddion gwefr am bob uned cyfaint) yn llai. Esboniwch pam mae hyn yn digwydd. [2]

(c)   Mae'r waffer Hall, sy'n cario cerrynt sefydlog, yn cael ei gosod ar bellter wedi'i fesur, r, oddi wrth wifren hir, syth sy'n cario cerrynt. Mae'r waffer wedi'i chyfeiriadu fel bod maes magnetig y wifren ar ongl sgwâr i'w hwynebau mwyaf, ac mae V_H yn cael ei fesur. Mae'r dull gweithredu yn cael ei ailadrodd ar gyfer dau bellter arall, a hefyd gyda'r cerrynt yn y wifren wedi'i ddiffodd. Dyma'r canlyniadau:

r / mm	40	60	80	Dim cerrynt yn y wifren
V_H / mV	79	57	47	15

Edrychwch i weld a yw'r darlleniadau hyn yn cefnogi'r amrywiad disgwyliedig gyda phellter o faes magnetig y wifren ai peidio.   [3]

....

....

....

....

....

....

7. (a) Tynnwch linellau maes magnetig ar y diagram i ddangos y maes magnetig y tu mewn a thu hwnt i ddau ben y solenoid. [3]

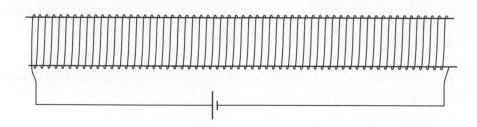

(b) Mae solenoid 400 troad â hyd 0.80 m yn cael ei gysylltu â generadur signalau sy'n cynhyrchu tonffurf drionglog. Pan fydd y cerrynt trwy'r solenoid yn codi, mae'n gwneud hynny ar gyfradd o 0.60 A s^{-1}.

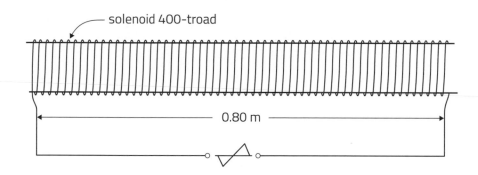

solenoid 400-troad

0.80 m

(i) Dangoswch fod cyfradd y cynnydd yn y dwysedd fflwcs magnetig yn rhan ganol y solenoid tua 4 × 10^{-4} T s^{-1}. [2]

....

....

....

(ii) Mae coil byr, â diamedr llai na'r solenoid, yn cael ei osod yn ganolog y tu mewn i'r solenoid fel bod ei echelin yn cyd-daro ag echelin y solenoid. Mae gan y coil byr 250 o droadau a'i **ddiamedr** yw 30 mm. Cyfrifwch y g.e.m. sy'n cael ei anwytho yn y coil byr pan fydd y cerrynt yn y solenoid yn cynyddu. [3]

....

....

....

....

....

....

ADRAN B: TESTUNAU DEWISOL

Opsiwn A – **Ceryntau eiledol**

Opsiwn B – **Ffiseg feddygol**

Opsiwn C – **Ffiseg chwaraeon**

Opsiwn CH – **Egni a'r amgylchedd**

Atebwch y cwestiwn ar un testun yn unig.

Ticiwch (✓) un o'r blychau uchod, i ddangos pa destun rydych chi'n ei ateb.

Dylech chi dreulio tua 25 munud ar yr adran hon.

Opsiwn A – Ceryntau eiledol

8. (a) Mae tegell trydan 2.5 kW yn gweithio o'r prif gyflenwad 230 V_{isc} 50 Hz.

   Ar yr echelinau isod, brasluniwch graff o'r pŵer, P, sy'n cael ei drosglwyddo i'r elfen wresogi o'r prif gyflenwad dros gyfnod o 40 ms. Dylech chi gynnwys gwerthoedd priodol ar yr echelin bŵer. [3]

   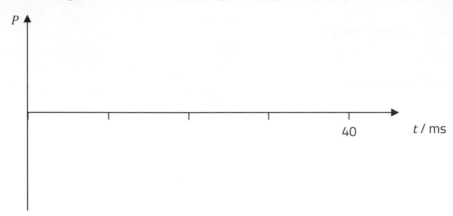

   Lle gwag ar gyfer cyfrifiadau (os oes ei angen):

   (b) Mae gan gynhwysydd, C, adweithedd o 40 Ω ar 500 Hz. Mae wedi'i gysylltu mewn cyfres â gwrthydd 30Ω ar draws cyflenwad pŵer 12 V isc, 500 Hz.

   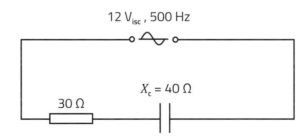

   (i) Dangoswch fod y gp isc ar draws y gwrthydd a'r cynhwysydd yn 7.2 V a 9.6 V yn ôl eu trefn. [3]

   ....

   ....

   ....

   ....

   ....

   ....

   (ii) Esboniwch yn fyr sut gall swm y folteddau yn rhan (i) fod yn fwy na foltedd isc y cyflenwad. [1]

   ....

   ....

(iii) Mae Jamie yn honni, os bydd anwythydd yn cael ei ychwanegu mewn cyfres â'r gwrthydd a'r cynhwysydd, y bydd y gp ar draws y gwrthydd yn cynyddu. Gwerthuswch ei honiad. [3]

....

....

....

....

(c) Er mwyn mesur yr amledd a'r cerrynt isc mewn gwrthydd 12 kΩ mewn cylched CE wahanol , mae Nigel yn cysylltu osgilosgop ar draws y gwrthydd. Mae'n cael olin 1 i ddechrau. Drwy addasu gosodiadau'r osgilosgop, mae'n cael olin 2.

olin 1

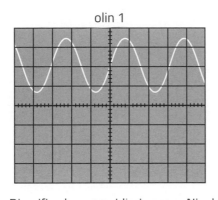

olin 2

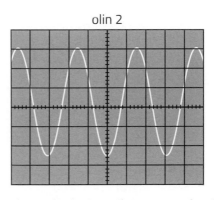

(i) Disgrifiwch pa newidiadau mae Nigel yn eu gwneud i osodiadau'r osgilosgop ac esboniwch sut mae'r newidiadau hyn yn caniatáu iddo gael gwell darlleniadau ar gyfer darganfod y cerrynt. [3]

....

....

....

....

....

(ii) Mae Nigel yn defnyddio'r gosodiadau canlynol ar gyfer olin 2:
Amserlin: 20 μs rhaniad^{-1} cynnydd-Y: 10 mV rhaniad^{-1}

Darganfyddwch:

(I) amledd y CE; [2]

....

....

....

(II) y cerrynt isc yn y gwrthydd. [3]

....

....

....

....

(iii) Mae Gareth yn awgrymu byddai gosodiad amserlin o 10 µs rhaniad^{-1} yn well. Rhowch sylw byr ar ei awgrym. [2]

....

....

....

Opsiwn B – Ffiseg feddygol

9.   (a)   Mae sgan-A uwchsain yn cael ei wneud ar lygad. Mae'r diagram yn dangos yr amseroedd mae pwls sy'n cael ei adlewyrchu gan rai rhannau o'r llygad yn cyrraedd y trawsddygiadur piesodrydanol:

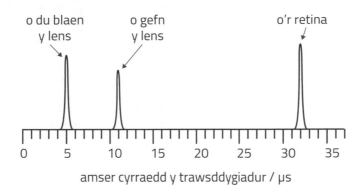

(i)   Mae cefn y lens wedi'i wahanu oddi wrth y retina gan sylwedd o'r enw *hylif gwydrog* (VH) lle mae buanedd uwchsain yn 1620 m s⁻¹. Cyfrifwch y pellter rhwng cefn y lens a'r retina.   [3]

....

....

....

....

....

(ii)   Darganfyddwch ganran yr arddwysedd uwchsain sy'n cael ei adlewyrchu gan y ffin rhwng y lens a'r VH, gan ddefnyddio'r hafaliad:

$$\frac{I_{\text{wedi'i adlewyrchu}}}{I_{\text{trawol}}} = \frac{(Z_2 - Z_1)^2}{(Z_2 + Z_1)^2}$$

Rhwystriant acwstig y lens = 1.74 uned
Rhwystriant acwstig y VH   = 1.53 uned   [2]

....

....

....

(iii)   I wneud y sgan, mae'r trawsddygiadur uwchsain yn cael ei ddal yn erbyn blaen y llygad. Esboniwch pam mae angen cyfrwng cyplysu rhwng y trawsddygiadur a'r llygad.   [2]

....

....

....

....

(b) Mae'r diagram yn dangos sbectrwm pelydr X o diwb pelydr X gyda tharged molybdenwm.

(i) Cyfrifwch y gp cyflymu sy'n cael ei ddefnyddio i gynhyrchu'r sbectrwm hwn. [3]

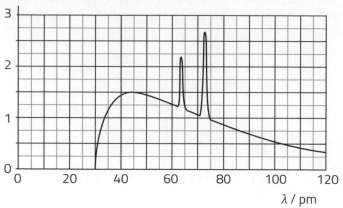

arddwysedd cymharol

λ / pm

....

....

....

....

(ii) Esboniwch yn fyr beth sy'n achosi sbigynnau ar y sbectrwm. [2]

....

....

....

....

(c) (i) Cyfrifwch yr amledd Larmor ar gyfer niwclysau ^1_1H mewn maes magnetig o 1.50 T. [2]

....

....

....

....

(ii) Esboniwch pam mae maes magnetig anunffurf yn cael ei ddefnyddio mewn sganiwr MRI. [2]

....

....

....

....

(iii) Esboniwch sut mae sganiwr MRI yn gwahaniaethu rhwng gwahanol feinweoedd. [2]

....

....

....

....

(ch) Mae'n bosibl delweddu meinwe feddal gan ddefnyddio sgan CT neu ddefnyddio sgan MRI. Rhowch un fantais ac un anfantais sydd gan sgan MRI dros sgan CT. [2]

....

....

....

Opsiwn C – Ffiseg chwaraeon

10. (a) Mae byrddau padlo yn cael eu cynllunio i bobl eu defnyddio ar y dŵr. Mae defnyddwyr yn sefyll ar ben y bwrdd sy'n arnofio.

Mae byrddau padlo braidd yn ansefydlog ac mae dechreuwyr yn aml yn cael eu hunain yn y dŵr, yn hytrach nag ar y bwrdd. Mae byrddau padlo ar gael mewn sawl lled ac mae dechreuwyr yn cael eu cynghori i ddechrau gyda rhai llydan.

Esboniwch y cyngor hwn – gallwch chi ychwanegu at y diagram i'ch helpu i esbonio. [3]

(b) Mae gafael mwyaf teiars ceir ar ffyrdd tua'r un faint â'r grym cyffwrdd normal a gaiff ei roi gan y ffordd ar y teiars. Mae gan geir Fformiwla 1 (F1) nodweddion ychwanegol o'r enw adenydd (neu arafwyr) i helpu gyda'u perfformiad. Mae'r diagram yn dangos y llif aer o amgylch yr adenydd ar gar F1, sy'n teithio i'r dde.

adain gefn   adain flaen

(i) Defnyddiwch ddeddfau mudiant Newton i esbonio pam mae mwy o rym cyffwrdd normal, oherwydd yr adenydd. [5]

....

....

....

....

....

....

....

....

(ii) Mae rasio F1 yn golygu cyflymu, arafu a theithio o amgylch corneli. Esboniwch pam mae mwy o rym cyffwrdd normal yn gwella perfformiad y ceir. [4]

....

....

....

....

....

....

(c) Er mwyn sgorio gôl mewn pêl-rwyd mae'n rhaid i'r saethwr gôl gael y bêl drwy gylch metel, diamedr 38 cm, sydd 3.05 m uwchben y ddaear. Mae saethwyr gôl yn cael eu cynghori i anelu at apig côn dychmygol uwchben y cylch.

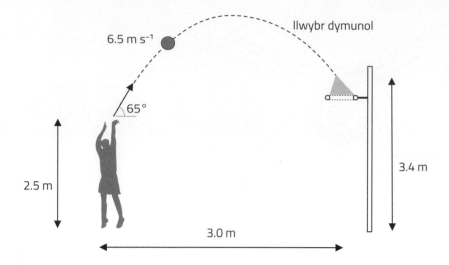

Mae Glenys yn gobeithio, gyda'i chynnig 6.50 m s⁻¹ ar 65° i'r llorwedd, bydd y bêl yn taro apig y côn 3.40 m o uchder, ac felly'n disgyn trwy'r cylch. Mae hi'n sefyll 3.00 m oddi wrth y cylch a'r uchder lansio yw 2.50 m.

(i) Cyfrifwch yr amser mae'r bêl yn ei gymryd i deithio 3.00 m yn llorweddol. [3]

....

....

....

....

(ii) Gwerthuswch a yw cynnig Glenys yn debygol o fod yn llwyddiannus. Dangoswch eich ymresymu. [5]

....

....

....

....

....

....

....

Opsiwn CH – Egni a'r amgylchedd

11. (a) Mae tyrbinau llif llanw yn gweithredu fel tyrbinau gwynt. Mae'n bosibl eu gosod o dan arwyneb y môr mewn mannau lle mae'r llanw newidiol yn achosi ceryntau cryfion.

Mae'r pŵer sydd ar gael i dyrbin ag arwynebedd A o lif llanw â buanedd v yn cael ei roi gan:

$$P = \frac{1}{2} A\rho v^3$$

(i) Esboniwch pam mae tyrbin llif llanw yn llawer llai na thyrbin gwynt ar gyfer pŵer allbwn tebyg. [2]

....

....

....

....

(ii) Mae cynnig i gael generadur llif llanw wrth y fynedfa i loch môr, sy'n gilfach llanw sy'n gysylltiedig â'r môr gan ddarn cul o ddŵr. Mae safle arfaethedig y generadur i'w weld yn y diagram . Mae'r llanw sy'n codi ac yn gostwng yn y môr yn cynhyrchu llifoedd llanw i mewn ac allan o'r loch.

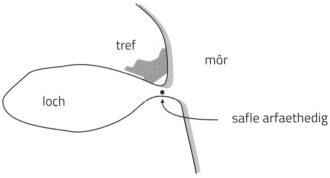

(I) Esboniwch leoliad y safle arfaethedig. [2]

....

....

....

....

(II) O ystyried bod safleoedd addas ar gyfer fferm wynt, esboniwch fanteision tyrbin llif llanw ar gyfer cyflenwi trydan i'r dref gyfagos. [2]

....

....

....

....

(III) Rhowch reswm pam, heb adnoddau ychwanegol, na allai generadur llif llanw ddarparu'r unig gyflenwad trydan i'r dref. [1]

....

....

(IV) Gyda llif llanw o 8.0 m s^{-1}, pŵer allbwn arfaethedig y generadur yw 3.0 MW. Gan dybio effeithlonrwydd o 35%, cyfrifwch hyd y llafnau tyrbin sydd eu hangen. [Dwysedd dŵr y môr = 1020 kg m^{-3}] [2]

(b) (i) Disgrifiwch yn fyr brosesau ymholltiad niwclear ac ymasiad niwclear. [4]

(ii) Amlinellwch y prif anawsterau o ran cynhyrchu ymasiad niwclear parhaus. [3]

(c) Mae cwmni fferyllol yn adeiladu 'storfa oer' fach i gadw brechlynnau ar dymheredd cyson o –5.0 °C. Mae'r dyluniad yn cynnwys ciwb 2.0 m o goncrit â thrwch 3.5 cm, sy'n mynd i sefyll ar sylfaen wedi'i ynysu'n dda mewn warws sy'n cael ei gynnal ar 15.0 °C.

Bydd y storfa yn cynnwys uned oereiddio sy'n gallu echdynnu gwres ar gyfradd o hyd at 1 kW.

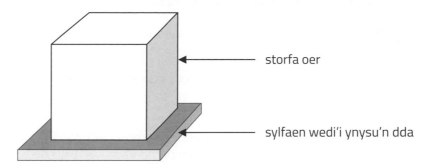

Awgrymodd myfyriwr ffiseg Safon Uwch ar brofiad gwaith y byddai rhoi haen o ewyn ynysu polywrethan (PU) â thrwch o 2.5 cm o amgylch y storfa yn caniatáu i'r uned oereiddio gynnal y tymheredd y tu mewn ar –5.0 °C.

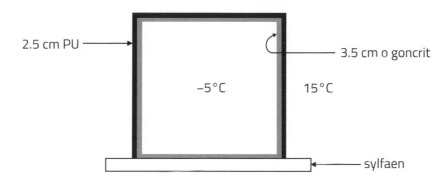

Gwerthuswch awgrym y myfyriwr.   [4]

$[K_{concrit} = 0.92 \text{ W m}^{-1}{}^{\circ}\text{C}^{-1}; K_{PU} = 0.034 \text{ W m}^{-1}{}^{\circ}\text{C}^{-1}]$

....

....

....

....

....

....

....

....

Papur Enghreifftiol Uned 4 ac Opsiynau

Atebion

Cwestiynau Ymarfer: Uned 3: Osgiliadau a Niwclysau

Adran 3.1: Mudiant cylchol

C1 Gallwn ni ddiffinio'r ongl θ, wedi'i mynegi mewn radianau, gan: $\theta = \frac{l}{r}$ (gweler y diagram). Yn yr achos hwn mae $\frac{l}{r} = 1.2$.

Mae cylchedd cylch $= 2\pi r$, felly mae $360° = 2\pi$ rad,

h.y. $(\theta / °) = \frac{360}{2\pi} (\theta / \text{rad})$

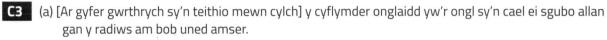

C2 Y cyfnod, T, yw'r amser mae'n ei gymryd i gwblhau un cylchdro cyfan. Yr amledd, f, yw nifer y cylchdroadau am bob uned amser [neu bob eiliad]. O'r diffiniadau hyn:

Os oes N cylchdro mewn amser t: $T = \frac{t}{N}$ a $f = \frac{N}{t}$. Felly $f = \frac{1}{T}$.

C3 (a) [Ar gyfer gwrthrych sy'n teithio mewn cylch] y cyflymder onglaidd yw'r ongl sy'n cael ei sgubo allan gan y radiws am bob uned amser.

(b) $\omega = \frac{1400 \times 2\pi \text{ rad}}{60 \text{ s}} = 150$ rad s^{-1} (2 ff.y.)

C4 (a) Tyniant yn y rhaff = grym mewngyrchol ar y gwrthrych

$= \frac{mv^2}{r} = \frac{65 \text{ kg} \times (23.2 \text{ m s}^{-1})^2}{4.5 \text{ m}}$

$= 7\,800$ N (2 ff.y.)

(b) Mae'r rhaff yn gwneud gwaith ar y gwrthrych oherwydd bod cyfeiriad y mudiant (tuag at y canol) yn yr un cyfeiriad â'r grym. Felly mae egni'n cael ei drosglwyddo i'r gwrthrych. Felly mae ei egni cinetig yn cynyddu, h.y. mae'n cyflymu.

C5 (a) Mae'r cyflymiad a'r grym cydeffaith wedi'u cyfeirio tuag at ganol y cylch. Gafael y ffordd [i'r ochr] ar deiars y car sy'n darparu'r grym.

(b) $\frac{m (v_{\text{mwyaf}})^2}{r} = mg$, felly $v_{\text{mwyaf}} = \sqrt{rg} = \sqrt{24.0 \times 9.81}$ m s^{-1} = 15.3 m s^{-1} (3 ff.y.)

(c) O ran (b) mae $v_{\text{mwyaf}} = \sqrt{rg}$, felly wrth i r gynyddu, mae v_{mwyaf} yn cynyddu hefyd ac mae'r honiad hwn yn gywir.

$mr(\omega_{\text{mwyaf}})^2 = mg$, felly $\omega_{\text{mwyaf}} = \sqrt{\frac{g}{r}}$, felly wrth i r gynyddu mae ω_{mwyaf} yn lleihau ac mae'r honiad hwn yn gywir hefyd.

C6 (a) (i) $\omega = \frac{2\pi \text{ rad}}{(29.5 \times 86\,400 \times 365.25) \text{ s}} = 6.75 \times 10^{-9}$ rad s^{-1}

(ii) $\omega = \frac{2\pi \text{ rad}}{(10.7 \times 3600) \text{ s}} = 1.63 \times 10^{-4}$ rad s^{-1}

(b) (i) Buanedd orbitol, $v = r\omega = 1.43 \times 10^9$ km $\times 6.75 \times 10^{-9}$ rad s^{-1} = 9.65 km s^{-1}

(ii) Buanedd cylchdroi, $v = r\omega = 60\,000$ km $\times 1.63 \times 10^{-4}$ rad s^{-1} = 9.78 km s^{-1}

(c) (i) Cyflymiad mewngyrchol ar y cyhydedd $= r\omega^2 = 6.51 \times 10^{-5}$ m s^{-2} [neu 6.52 – talgrynnu]

Grym mewngyrchol $= ma = 3.70 \times 10^{22}$ N sy'n cael ei ddarparu gan rym disgyrchiant yr Haul

(ii) Cyflymiad mewngyrchol $= r\omega^2$
$= 1.59$ m s^{-2}
$\therefore$ Canran y gostyngiad yn y g sydd wedi'i fesur $= \frac{1.59 \text{ m s}^{-2}}{10.4 \text{ m s}^{-2}} \times 100\%$ = 15% (2 ff.y.)

C7 (a) Mae'r grym mewngyrchol yn cael ei ddarparu gan gydran lorweddol y tyniant yn llinyn y pendil.

(b) Cydran fertigol y tyniant, T = pwysau'r bob $\therefore T \cos 20° = 0.078$ kg $\times 9.81$ N kg^{-1}
$\therefore T = 0.8143$ N = 0.81 N (2 ff.y.)

$T\sin 20° = \dfrac{mv^2}{r}$, felly $v = \sqrt{\dfrac{0.153 \text{ m} \times 0.8143 \text{ N} \times \sin 20°}{0.078 \text{ kg}}} = 0.739 \text{ m s}^{-1}$

Ateb arall:

Cydrannu'n fertigol: $T\cos\theta = mg$, felly $T = \dfrac{mg}{\cos\theta}$

Yn llorweddol: $T\sin\theta = \dfrac{mv^2}{r}$. Amnewid am $T \longrightarrow \dfrac{mg\sin\theta}{\cos\theta} = \dfrac{mv^2}{r}$

$\therefore$ Symleiddio: $v = \sqrt{rg\tan\theta} = \sqrt{0.153 \text{ cm} \times 9.81 \text{ m s}^{-2} \times \tan 20°} = 0.739 \text{ m s}^{1}$

C8 (a) Y grym disgyrchiant (mewnol) ar y gwrthrych lleiaf $= \dfrac{GMm}{r^2}$, lle m yw màs y gwrthrych llai masfawr.
Mae hwn yn rhoi'r grym mewngyrchol, $\dfrac{mv^2}{r}$

Felly $\dfrac{mv^2}{r} = \dfrac{GMm}{r^2}$. Lluosi ag r a rhannu ag $m \longrightarrow v^2 = \dfrac{GM}{r}$ QED

(b) Heb fater tywyll $v^2 \propto \dfrac{1}{r}$, felly $\left(\dfrac{v_1}{v_2}\right)^2 = \dfrac{r_2}{r_1}$ = cysonyn.

$\left(\dfrac{4700}{3400}\right)^2 = 1.9$. Mae hyn yn agos iawn at 2, felly mae'r canlyniad hwn yn gyson ag absenoldeb mater tywyll.

Dim ond un alaeth yw hon, felly mae'r data'n ddiddorol ond ddim yn derfynol.

Adran 3.2: Dirgryniadau

C1 (a) (i) 0.040 m

(ii) $\omega = \dfrac{2\pi}{T} = \dfrac{2\pi}{1.20 \text{ s}} = 5.24 \text{ rad s}^{-1}$

(iii) $-\dfrac{\pi}{2}$

(b) $v_{\text{mwyaf}} = A\omega = 0.040 \text{ m} \times 5.24 \text{ rad s}^{-1} = 0.21 \text{ m s}^{-1}$
Mae'r cyflymder cychwynnol yn uchafswm positif, felly graff cosin.

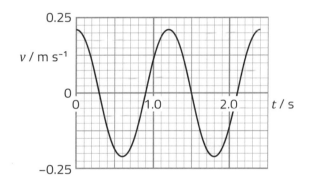

C2 (a) (i) $x = A\cos\omega t = 0.140 \times \cos\left(\dfrac{2\pi}{0.800 \text{ s}} \times 0.50 \text{ s}\right)$

$= -0.099 \text{ m}$

(ii) $0.070 \text{ m} = \frac{1}{2}A$, felly mae $\cos\omega t = 0.5$ ac mae $\omega t = \dfrac{\pi}{3}$

Felly $\dfrac{2\pi}{0.800 \text{ s}}t = \dfrac{\pi}{3}$, $\therefore t = 0.133 \text{ s}$

O'r graff, yr ail achlysur $= 0.800 - 0.133 \text{ s}$
$= 0.667 \text{ s}$

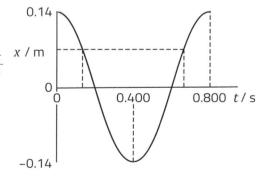

(b) (i) $v = -A\omega\sin\omega t$

$= -0.140 \times \dfrac{2\pi}{0.800 \text{ s}} \times \sin\left(\dfrac{2\pi}{0.800 \text{ s}} \times 0.50 \text{ s}\right)$

$= 0.778 \text{ m s}^{-1}$

(ii) $v_{\text{mwyaf}} = A\omega = 0.140 \times \dfrac{2\pi}{0.800 \text{ s}} = 1.10 \text{ m s}^{-1}$.

$\therefore \sin\omega t = 0.5$, $\therefore \dfrac{2\pi}{0.800}t = \dfrac{\pi}{6}$, $\therefore t = 0.067 \text{ s}$

O'r graff, yr ail achlysur $= 0.400 - 0.067 \text{ s}$
$= 0.333 \text{ s}$

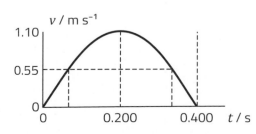

C3 (a) (Anhyblygedd) y pren mesur.

(b) $\omega = 2\pi f = \sqrt{\dfrac{k}{m}}$, $\therefore k = 4\pi^2 f^2 m = 4\pi^2 \times (0.40\ \text{Hz})^2 \times 0.20\ \text{kg} = 1.3\ \text{N m}^{-1}$ [neu kg s^{-2}]

(c) $v_{\text{mwyaf}} = A\omega = 2\pi A f$

$\quad\quad\quad = 2\pi \times 0.050\ \text{m} \times 0.40\ \text{Hz}$

$\quad\quad\quad = 0.13\ \text{m s}^{-1}$

$T = \dfrac{1}{0.4\ \text{Hz}} = 2.5\ \text{s}$

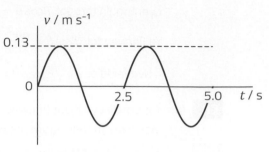

C4 **Dull algebraidd**: Mae gwahanol ffyrdd o ddangos hyn. Dyma un cryno:

$T = 2\pi\sqrt{\dfrac{l}{g}}$, felly $g_{\text{Lleuad}} = g_{\text{Daear}} \times \left(\dfrac{T_{\text{Daear}}}{T_{\text{Lleuad}}}\right)^2 = 9.81 \times \left(\dfrac{100}{240}\right)^2 = 1.70\ \text{m s}^{-2}$ (3 ff.y.)

Dull arall: Cyfrifwch hyd y pendil ar y Ddaear $\longrightarrow$ 0.248 m. Yna defnyddiwch hwn i gyfrifo g ar y Lleuad o'r cyfnod $\longrightarrow$ 1.70 m s^{-2}.

C5 (a) Amser sy'n cael ei gymryd = ½ × cyfnod = $0.5 \times 2\pi \sqrt{\dfrac{m}{k}} = 0.5 \times 2\pi\sqrt{\dfrac{0.200\ \text{kg}}{40\ \text{N m}^{-1}}} = 0.22\ \text{s}$ (2 ff.y.)

(b) Mae'n wir bod y grym cydeffaith tuag i fyny yn fwy pan fydd yr estyniad ar ei fwyaf ond mae'r pellter teithio'n fwy. Mae cyfnod gwrthrych sy'n mynd drwy MHS yn annibynnol ar yr osgled, e.e. ar gyfer màs ar sbring mae'n dibynnu ar y màs a'r anhyblygedd yn unig: $T = 2\pi\sqrt{m/k}$, ac mae'r amser sy'n cael ei gymryd yn hanner y cyfnod, felly mae casgliad Fergus yn annilys.

C6 Mae'r cysonyn sbring $k = \dfrac{mg}{l}$, lle m yw màs y gwrthrych, felly $\dfrac{m}{k} = \dfrac{l}{g}$.

Mae cyfnod osgiliadu, T, y gwrthrych ar y sbring yn cael ei roi gan $T = 2\pi\sqrt{\dfrac{m}{k}}$.

$\therefore$ Amnewid am $\dfrac{m}{k} \longrightarrow T = 2\pi\sqrt{\dfrac{l}{g}}$. Ond mae hyn yr un fath â chyfnod pendil syml â hyd l, felly dydy hi ddim yn ffliwc ac mae Davinder (y tro hwn) yn anghywir.

C7 (a) Os yw pendil â hyd l yn cael ei ddadleoli drwy ongl θ, mae pellter d y bob o dan y colyn yn cael ei roi gan:

$d = l \cos \theta$.

Felly yr uchder sy'n cael ei godi, $h = l\,(1 - \cos \theta)$

$\therefore$ mae'r cynnydd yn EPD $= mg\,l\,(1 - \cos \theta)$

$\quad\quad\quad\quad\quad\quad\quad = 0.100 \times 9.81 \times 1.00\,(1 - \cos 11.5°)$

$\quad\quad\quad\quad\quad\quad\quad = 0.0197\ \text{J} \sim 0.02\ \text{J}$

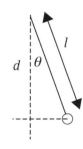

(b) (i)

(ii)

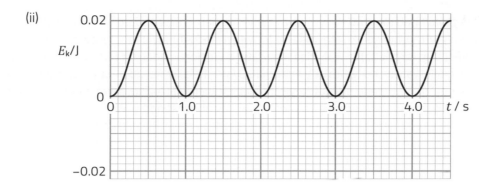

C8 (a) Bydd gwrthiant aer yn gweithredu ar y màs a'r ddisg. Mae hwn yn rym gwrthiannol sydd bob amser yn gwrthwynebu'r mudiant. Bydd egni'n cael ei golli i egni cinetig hap moleciwlau aer, h.y. bydd egni mewnol yr aer yn cynyddu ychydig.

(b) O 0.15 s i 1.95 s bydd yr osgled yn haneru (o 0.2 m s⁻¹ i 0.1 m s⁻¹), h.y. hanner oes o 1.80 s. Hefyd bydd yn haneru (0.1 i 0.05) o 1.95 i 3.75 s. Unwaith eto hanner oes o 1.80 s.
Gwiriad terfynol: hanner oes arall yw 0.75 s i 2.55 s (0.16 i 0.08). Hanner oes arall o 1.80 s.
Mae hanner oes cyson yn golygu dadfeiliad esbonyddol ac felly mae Sophie yn gywir.

(c) Mae cyflymder yn haneru felly bydd yr EC yn lleihau i chwarter, gan fod EC = $\frac{1}{2}mv^2$
Felly mae 75% o'r EC wedi'i golli neu wedi'i afradloni.

C9 (a) Mae gwanychiad critigol yn digwydd pan mae'r grymoedd gwrthiannol prin yn ddigon mawr i atal osgiliadau rhag digwydd.

(b) Hongiad car. Pe bai osgiliadau'n digwydd, gallai'r teiars adael y ffordd, gan arwain at lai o ffrithiant a phellterau brecio mwy. Byddai hyn yn cynyddu nifer y damweiniau sy'n digwydd (gall hyn gael effaith enfawr ar ffordd anwastad).

C10 (a) Mae osgiliadau gorfod yn digwydd pan fydd grym gyrru cyfnodol yn gweithredu ar system osgiladol. Yna mae'r system yn osgiladu ar amledd y grym gyrru.

(b) (i) Dyma'r grym cyfnodol (neu sinwsoidaidd) sy'n cael ei roi arno fel wrth i'r pin dirgrynol 'gwthio a thynnu' trwy'r sbring gwan.

(ii) O'r graff, yr amledd cyseiniant yw 0.8 Hz a rhaid i hyn fod yn amledd naturiol y pendil. Er bod cryn dipyn o wanychiad, bydd yr amledd yn gostwng gan ganran fach iawn o'r amledd naturiol yn unig.

Cyfnod, $T = \dfrac{1}{0.80\ \text{Hz}} = 1.25$ s.

Ad-drefnu $T = 2\pi\sqrt{\dfrac{l}{g}} \longrightarrow l = \left(\dfrac{T}{2\pi}\right)^2 g = \left(\dfrac{1.25}{2\pi}\right)^2 \times 9.81 = 0.39$ m (2 ff.y.)

Adran 3.3: Damcaniaeth ginetig

C1 Mae nwyon yn cynnwys nifer fawr o foleciwlau mewn mudiant ar hap mewn lle sydd (fel arall) yn wag.
Mae cyfaint y moleciwlau eu hunain yn ffracsiwn dibwys o gyfaint y nwy.
Mae gwrthdrawiadau rhwng moleciwlau yn gwbl elastig ac yn cymryd amser dibwys.
Mae'r moleciwlau'n rhoi grymoedd dibwys ar ei gilydd, ac eithrio yn ystod gwrthdrawiadau.

C2 Y mol yw swm sylwedd sy'n cynnwys yr un nifer o ronynnau ag sydd o atomau mewn 12 g yn union o garbon-12.
Y cysonyn Avogadro yw nifer y gronynnau mewn mol [~6.02×10^{23} mol⁻¹]

[Sylwch mai dyma'r diffiniadau o'r llyfryn Termau a Diffiniadau. Maen nhw'n hen. Ers 2019 mae'r mol wedi'i ddiffinio fel union $6.022\ 140\ 76 \times 10^{23}$ o ronynnau ac felly'r cysonyn Avogadro, N_A, yw $6.022\ 140\ 76 \times 10^{23}$ mol⁻¹. Bydd y naill bâr neu'r llall o ddiffiniadau yn ennill marciau yn arholiadau CBAC.]

C3 Mae gronynnau nwy, wrth symud yn gyflym ar hap, yn gwrthdaro yn erbyn waliau'r cynhwysydd. Mewn gwrthdrawiad o'r fath, mae moleciwl yn dioddef newid momentwm tuag i mewn ar ongl sgwâr (ar gyfartaledd) i'r wal. Mae nifer fawr o wrthdrawiadau o'r fath bob eiliad ar unrhyw ran o wal, felly mae'r wal yn rhoi grym ar y moleciwlau (sy'n hafal i'r newid momentwm bob eiliad – ail ddeddf Newton). Yn ôl trydedd ddeddf Newton, mae'r moleciwlau'n rhoi grym hafal a dirgroes ar y wal. Y gwasgedd yw maint y grym hwn wedi'i rannu ag arwynebedd y wal.

Os bydd y tymheredd yn cynyddu, mae'r buaneddau moleciwlaidd yn cynyddu, felly mae mwy o wrthdrawiadau bob eiliad yn erbyn y wal ac mae pob un ohonyn nhw'n arwain at fwy o newid momentwm. Felly, mae'r gwasgedd sy'n cael ei roi gan y moleciwlau nwy yn cynyddu gyda thymheredd.

C4 Yr hafaliad cyflwr nwy delfrydol yw $pV = nRT$, lle n yw swm y nwy, h.y. nifer y molau. Mae'n bosibl mynegi'r hafaliad hefyd fel $pV = NkT$, lle N yw nifer y moleciwlau nwy.

$N = nN_A$, felly gallwn ni ysgrifennu'r ail hafaliad fel $pV = nN_AkT$.

Wrth gymharu hyn â'r hafaliad cyntaf, $nN_Ak = nR$. Felly $k = \dfrac{R}{N_A}$.

C5 Ar gyfer un moleciwl, EC $= \frac{1}{2}mc^2$, felly mae'r egni cinetig moleciwlaidd cymedrig $= \frac{1}{2}m\overline{c^2}$ ac mae cyfanswm yr egni cinetig mewn nwy, $U = \frac{1}{2}Nm\overline{c^2}$, lle N yw nifer y moleciwlau.

Gan hafalu ochrau de'r hafaliadau sydd wedi'u rhoi: $\frac{1}{3}Nm\overline{c^2} = nRT$

Ond $\frac{1}{3}Nm\overline{c^2} = \frac{2}{3}U$, $\therefore \frac{2}{3}U = nRT$, ac felly $U = \frac{3}{2}nRT$

[Sylwch: dim ond ar gyfer egni cinetig trawsfudol moleciwlau mae'r mynegiad hwn yn ddilys – dydy e ddim yn cynnwys unrhyw gyfraniad o egni cinetig cylchdroi sy'n arwyddocaol mewn nwyon sydd â moleciwlau polyatomig.]

C6 $pV = \frac{1}{3}Nm\overline{c^2}$

felly $V \quad = \dfrac{Nm\overline{c^2}}{3p} = \dfrac{\text{màs y nwy} \times \overline{c^2}}{3p}$

$= \dfrac{3.0 \text{ mol} \times 0.028 \text{ kg mol}^{-1} \times (550 \text{ m s}^{-1})^2}{3 \times 140 \times 10^3 \text{ Pa}}$

$= 0.061 \text{ m}^3$

C7 (a) $pV = nRT$

felly $n = \dfrac{pV}{RT} = \dfrac{102 \times 10^3 \text{ Pa} \times 0.89 \text{ m}^3}{8.31 \text{ J mol}^{-1} \text{ K}^{-1} \times 298 \text{ K}} = 36.7$ mol, hynny yw 37 mol (i 2 ff.y.)

(b) $\frac{1}{2}m\overline{c^2} = \frac{3}{2}kT$

felly $c_{\text{isc}} = \sqrt{\overline{c^2}} = \sqrt{\dfrac{3kT}{m}} = \sqrt{\dfrac{3 \times 1.38 \times 10^{-23} \text{ J K}^{-1} \times 298 \text{ K}}{6.64 \times 10^{-27} \text{ kg}}} = 1\,360 \text{ m s}^{-1}$

(c) $pV = nRT$

felly $V = \dfrac{nRT}{p} = \dfrac{36.7 \text{ mol} \times 8.31 \text{ J mol}^{-1} \text{ K}^{-1} \times 232 \text{ K}}{23 \times 10^3 \text{ Pa}} = 3.1 \text{ m}^3$

Rydyn ni'n tybio (i) bod y gwasgedd tuag i mewn sy'n cael ei roi gan y croen balŵn estynedig ei hun yn ddibwys o'i gymharu â'r gwasgedd atmosfferig 23 kPa, (ii) bod yr holl heliwm wedi cyrraedd 232 K, (iii) bod yr heliwm yn ymddwyn fel nwy delfrydol. [Sylwch: byddai'r arholwr yn disgwyl un dybiaeth ac yn rhagweld y cyntaf o'r rhain.]

C8 (a) Mae cyfanswm nifer y molau yn aros yn gyson. Wrth gyfrifo o'r data cychwynnol

$n = \left(\dfrac{pV}{RT_{\text{chwith}}}\right) + \left(\dfrac{pV}{RT_{\text{de}}}\right)$

$= \dfrac{1.02 \times 10^5 \text{ Pa} \times 37.0 \times 10^{-3} \text{ m}^3}{8.31 \text{ J mol}^{-1} \times 293 \text{ K}} + \dfrac{6.50 \times 10^5 \text{ Pa} \times 22.5 \times 10^{-3} \text{ m}^3}{8.31 \text{ J mol}^{-1} \times 293 \text{ K}}$

$= 1.55 \text{ mol} + 6.00 \text{ mol} = 7.55 \text{ mol}$

Ar ôl ecwilibriwm thermol, mae'r nifer hwn o folau yn llenwi $59.5 \times 10^{-3} \text{ m}^3$ ar 293 K,

$$\text{felly } p = \frac{nRT}{V} = \frac{7.55 \, \text{mol} \times 8.31 \, \text{J mol}^{-1} \, \text{K}^{-1} \times 293 \, \text{K}}{59.5 \times 10^{-3} \, \text{m}^3}$$
$$= 3.1 \times 10^5 \, \text{Pa}$$

(b) [Gan dybio bod agor y tap yn gywerth â rhyddhau piston nwy-glos ysgafn sy'n gwahanu'r ddau gynhwysydd a bod y broses yn ddigon cyflym i lif gwres fod yn ddibwys.] Bydd nwy gwasgedd uchel ar y dde yn gwneud gwaith ar y nwy ar y chwith drwy ei gywasgu, bydd yn colli egni mewnol ac yn oeri; bydd nwy gwasgedd isel ar y chwith yn cael gwaith wedi'i wneud arno ac yn mynd yn gynhesach. Felly mae Tudor yn gywir.

C9 (a) $p = \frac{1}{3}\rho\overline{c^2}$

$$\text{felly } c_{\text{isc}} = \sqrt{\overline{c^2}} = \sqrt{\frac{3p}{\rho}} = \sqrt{\frac{3 \times 112 \times 10^3 \, \text{Pa}}{1.35 \, \text{kg m}^{-3}}} = 499 \, \text{m s}^{-1}$$

(b) Màs nwy = dwysedd × cyfaint = ρV

Ond $n = \frac{pV}{RT}$

$$\text{Felly mae'r màs am bob mol} = \frac{\rho V}{n} = \frac{\rho RT}{p} = \frac{1.35 \, \text{kg m}^{-3} \times 8.31 \, \text{J mol}^{-1} \, \text{K}^{-1} \times 293 \, \text{K}}{112 \times 10^3 \, \text{Pa}}$$

$$= 0.0293 \, \text{kg mol}^{-1}$$

(c) (i) $n = \frac{pV}{RT} = \frac{935 \times 10^3 \, \text{Pa} \times 1.5 \times 10^{-3} \, \text{m}^3}{8.31 \, \text{J mol}^{-1} \, \text{K}^{-1} \times 320 \, \text{K}} = 0.527 \, \text{mol}$

Felly màs yr aer yn y botel $= 0.527 \times 10^{-3} \, \text{mol} \times 0.0293 \, \text{kg mol}^{-1}$
$= 0.015 \, \text{kg}$
Tybiaeth: mae'r aer yn nwy delfrydol.

(ii) Mae gwaith yn cael ei wneud ar y nwy wrth iddo gael ei bwmpio i mewn. Does dim llawer o wres yn dianc, felly mae egni mewnol y nwy yn codi, felly mae ei dymheredd yn cynyddu.

Adran 3.4: Ffiseg thermol

C1 Egni mewnol system yw cyfanswm egni potensial ac egni cinetig y gronynnau yn y system.

C2 Ar sero absoliwt, egni mewnol system yw'r egni lleiaf posibl. Mae'n amhosibl echdynnu egni o'r system.

C3 (a) Yn wahanol i systemau eraill, dydy moleciwlau nwy delfrydol ddim yn rhoi grymoedd ar ei gilydd, felly does dim unrhyw gydran egni potensial i'r egni mewnol – mae'n egni cwbl ginetig.

(b) $U = \frac{3}{2}NkT$. $N = N_A \times \frac{30 \, \text{g}}{20 \, \text{g}} = 1.5N_A$, $T = (273.15 + 26.85) \, \text{K} = 300 \, \text{K}$

$\therefore U = \frac{3}{2} \times 1.5 \times 6.022 \times 1023 \times 1.38 \times 10-23 \, \text{J K}^{-1} \times 300 \, \text{K} = 5600 \, \text{J}$ (2 ff.y.)

C4 Gwres yw llif egni o un system i un arall oherwydd gwahaniaeth tymheredd. Mae'r llif i mewn i'r system gyda thymheredd is.

C5 Mae ecwilibriwm thermol yn golygu nad oes llif gwres rhwng y systemau – mae eu tymheredd yr un fath.

C6 (a) ΔU = y cynnydd yn egni mewnol y system
Q = llif gwres i mewn i'r system
W = y gwaith sy'n cael ei wneud gan y system
Mae Q yn arwain at gynnydd yn egni mewnol y system a W at golled. Mae'r cynnydd net mewn egni mewnol (ΔU) yn hafal i'r egni mewnbwn oherwydd gwres minws y golled egni oherwydd gwaith.

(b) $W = p\Delta V$ lle p yw'r gwasgedd a ΔV yw'r newid yng nghyfaint y system. Mae cyfaint solid neu hylif bron yn gyson, felly $\Delta V \sim 0$. Felly $W = 0$.

C7 Cynhwysedd gwres sbesiffig sylwedd yw'r gwres sydd ei angen i godi tymheredd y sylwedd, am bob uned màs am bob uned mae'r tymheredd yn codi.

C8 Mae'r cyfarpar yn cael ei gydosod heb y llosgydd Bunsen ac mae dŵr oer ac iâ (ar 0 °C) yn y bicer. Mae thermomedr yn cael ei ddefnyddio i fesur y tymheredd ac mae medrydd gwasgedd yn mesur gwasgedd yr aer yn y fflasg. Mae tymheredd y dŵr yn cael ei godi gan ddefnyddio'r Bunsen mewn cyfres o gamau o tua 10 °C hyd at 100 °C. Ar bob cam, mae'r Bunsen yn cael ei symud, y dŵr yn cael ei droi, ac amser yn cael ei ganiatáu i'r system ddod i ecwilibriwm (bydd troi yn helpu); mae gwasgedd y golofn aer a'r tymheredd yn cael eu mesur.

Mae gwasgedd yr aer yn cael ei blotio yn erbyn y tymheredd (mewn °C) a llinell syth ffit orau yn cael ei thynnu. Rhyngdoriad y llinell hon ar yr echelin tymheredd yw'r amcangyfrif o sero absoliwt.

C9 Deddf gyntaf thermodynameg: $\Delta U = Q - W$.
$Q = 0$ felly $\Delta U = -W$. Mae'r nwy'n ehangu, felly $W > 0$. Felly mae $\Delta U < 0$.
$U = \frac{3}{2}NkT$. Mae N a k yn gysonion felly, os yw $\Delta U < 0$, mae $\Delta T < 0$.

C10 (a) $W = p\Delta V = 1.42 \times 10^5$ Pa $\times 2.7 \times 10^{-3}$ m³
$= 380$ J (2 ff.y.)

(b) $W = p\Delta V = -380$ J $+ 1.42 \times 10^5$ Pa $\times (-1.5 \times 10^{-3}$ m³$)$
$= -590$ J (2 ff.y.)

C11 Tybiaethau: Mae cyfnewid gwres gyda'r amgylchedd yn ddibwys; mae cynhwysedd gwres y cynhwysydd yn ddibwys. Yn yr achos hwn:

Egni mewnol mae'r dŵr yn ei golli = Egni mewnol mae'r moron yn ei ennill

Gadewch i θ = tymheredd ecwilibriwm:

∴ 1.2 kg $\times 4210$ J kg⁻¹°C⁻¹ $\times (100$ °C $- \theta) = 0.700$ kg $\times 1880$ J kg⁻¹°C⁻¹ $\times (\theta - 20$ °C$)$
[Gan hepgor yr unedau er mwyn eglurder]

∴ $505\,200 - 5052\theta = 1316\theta - 26\,320$

∴ $6368\theta = 531\,520$

∴ $\theta = \dfrac{531\,520}{6368}$ °C $= 83$ °C (2 ff.y.)

C12 (a) (i) 0 [gan fod y cyfaint yn gyson]

(ii) $W = p\Delta V = 0.85 \times 10^5$ Pa $\times (7.1 - 16.7) \times 10^{-3}$ m
$= -816$ J

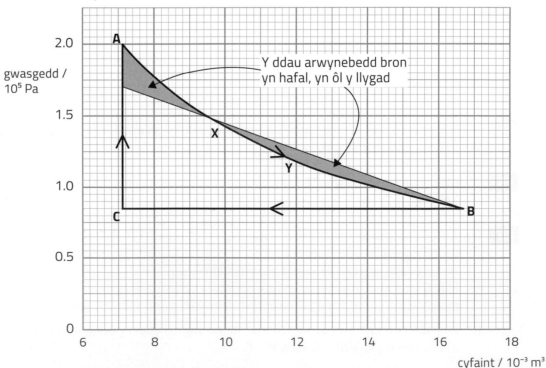

(iii) W = Arwynebedd o dan graff A⟶C = Arwynebedd o dan linell syth amcangyfrifol (gweler y diagram)

= arwynebedd trapesiwm

$= \frac{1}{2} \times (1.70 + 0.85) \times 10^5 \times (16.7 - 7.1) \times 10^{-3}$

= 1224 J

(b) Os yw T yn gyson, mae pV yn gysonyn:

[Gan hepgor y ffactor $10^5 \times 10^{-3} = 100$ gan mai dim ond cymhariaeth yw hon]

Gwirio gwerthoedd: $(pV)_A = 2.0 \times 7.1 = 14.2$; $(pV)_B = 0.85 \times 16.7 = 14.2$

$(pV)_X = 1.42 \times 10 = 14.2$; $(pV)_Y = 1.18 \times 12 = 14.2$

Felly mae gwerthoedd pV yr un fath ar y pedwar pwynt hwn sy'n awgrymu bod y tymheredd yn gyson ar hyd AB.

(c)

	AB	BC	CA	ABCA
ΔU / J	0	−1225	1225	0
Q / J	1200	−2045	1225	380
W / J	(a)(iii) 1200	(a)(ii) −820	(a)(i) 0	380

Rhai cyfrifiadau: Gan ddefnyddio $U = \frac{3}{2} pV$, $U_A = U_B = \frac{3}{2} \times 14.2 \times 10^2$ J = 2130 J;

$U_C = \frac{3}{2} \times 0.85 \times 10^5$ Pa $\times 7.1 \times 10^{-3}$ m^3 = 905 J

∴ BC: $\Delta U = 905 - 2130 = -1225$ J, ∴ $Q = \Delta U + W = -1225 - 820 = -2045$ J

a CA: $(\Delta U)_{CA} = - (\Delta U)_{BC} = 1225$ J, ∴ $Q = \Delta U + W = 1225 + 0 = 1225$ J

C13 Cyfrifiadau: Gwres sy'n cael ei gyflenwi bob munud = 12.00 V × 4.20 A × 60 s = 3024 J

∴ Cynnydd yn y tymheredd bob munud $= \frac{Q}{mc} = \frac{3024 \text{ J}}{1.00 \text{ kg} \times 900 \text{ J kg}^{-1}{}^{\circ}\text{C}^{-1}} = 3.36\,^{\circ}\text{C}$

Tybiwch mai dim ond ar ôl tua 1 munud mae gwres yn dechrau cyrraedd y thermomedr drwy ddargludiad [Sylwch: fyddech chi ddim yn cael eich cosbi am dybio bod y graff wedi dechrau codi ar unwaith]

⟶ Cynnydd posibl yn y tymheredd mewn 20 munud = 3.36 × 19 = 63.8°C ⟶ tymheredd uchaf = 84°C

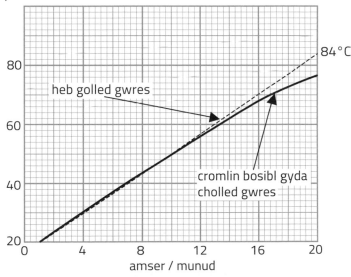

C14 (a) $[p \, \Delta V] = [p][\Delta V] = (\text{N m}^{-2}) \text{ m}^3 = \text{N m} = \text{J} = [W]$ QED

(b) (i) **Dull 1**: (cyfrifo n)

Ar y cychwyn, $n = \frac{pV}{RT} = \frac{100 \times 10^3 \text{ Pa} \times 110 \times 10^{-6} \text{ m}^3}{8.31 \text{ J mol}^{-1} \text{ K}^{-1} \times 293 \text{ K}} = 4.52$ mmol (i 3 ff.y)

Yn derfynol, $n = \frac{pV}{RT} = \frac{100 \times 10^3 \text{ Pa} \times 140 \times 10^{-6} \text{ m}^3}{8.31 \text{ J mol}^{-1} \text{ K}^{-1} \times 373 \text{ K}} = 4.52$ mmol (i 3 ff.y.)

Mae swm terfynol y nwy'r un fath â'r swm cychwynnol i 3 ff.y., felly mae swm dibwys wedi dianc.

Atebion Uned 3

Dull 2: (heb gyfrifo n)

Os yw swm y nwy a'r gwasgedd yn gyson, $V \propto T$:

$$\left(\frac{V}{T}\right)_{\text{cychwynnol}} = \frac{110 \times 10^{-6} \, m^3}{293 \, K} = 3.75 \times 10^{-7} \, m^3 \, K^{-1} \text{ (i 3 ff.y.)}$$

$$\left(\frac{V}{T}\right)_{\text{terfynol}} = \frac{140 \times 10^{-6} \, m^3}{373 \, K} = 3.75 \times 10^{-7} \, m^3 \, K^{-1} \text{ (i 3 ff.y.)}$$

Mae'r rhain yr un fath i 3 ff.y., felly mae'r swm sy'n dianc yn ddibwys.

(ii) Mae'r gwaith sy'n cael ei wneud gan y nwy, $W = p\Delta V = 100 \times 10^3 \, Pa \times (140 - 110) \times 10^{-6} \, m^3 = 3.0 \, J$

$\Delta U = \frac{3}{2} \times nR\Delta T = \frac{3}{2} \times 4.52 \times 10^{-3} \, mol \times 8.31 \, J \, mol^{-1} \, K^{-1} \times (100 - 20) \, K$

$= 4.50 \, J$

[Neu: $\Delta U = \frac{3}{2} \times nR\Delta T = \Delta U = \frac{3}{2} \times p\Delta V$ (oherwydd mae p yn gyson) $= \frac{3}{2} W = 4.5 \, J$]

O ddeddf gyntaf thermodynameg: $Q = \Delta U + W = 3.0 \, J + 4.5 \, J = 7.5 \, J$

(iii) O'r rhifau uchod:

Gwres sydd ei angen i godi'r tymheredd / mol a / gradd $= \dfrac{7.5 \, J}{4.52 \times 10^{-3} \, mol \times 80 \, K}$

$= 21 \, J \, mol^1 \, K^{-1}$

Mae hyn yn cyd-fynd â gosodiad Lucia. Fodd bynnag, pe bai'r nwy'n cael ei gadw ar gyfaint sefydlog, ni fyddai unrhyw waith yn cael ei wneud gan y nwy, felly byddai'r gwres sydd ei angen i godi'r egni mewnol o'r un swm yn llai (oherwydd bod egni mewnol nwy delfrydol yn dibynnu ar ei dymheredd yn unig). Felly dydy'r gwres sydd ei angen ddim bob amser yn 21 J.

Adran 3.5: Dadfeiliad niwclear

C1 Gallai'r gronynnau β fod yn bositronau (pelydriad β^+). Mae'r gronynnau ag egni uchel ac yn tarddu yn niwclysau ansefydlog rhai atomau.

C2 (a) Actifedd, niwclid ymbelydrol yw nifer y dadfeiliadau ymbelydrol am bob uned amser.
Uned: becquerel (Bq) sy'n gywerth ag s^{-1}.

(b) 1 flwyddyn $= 60 \times 60 \times 24 \times 365 \, s = 3.15 \times 10^7 \, s$
Os oes N atom, mae nifer y dadfeiliadau mewn 1 flwyddyn $= 9.11 \times 10^{-13} \times 3.15 \times 10^7 \, N$

$= 2.87 \times 10^{-5} \, N$

$\therefore$ Mae'r tebygolrwydd y bydd atom penodol yn dadfeilio $= 2.87 \times 10^{-5} = \dfrac{1}{34\,800}$

$\therefore$ Y gwir debygolrwydd yw 1 mewn 34 700 sydd, yn wir, yn llai nag 1 mewn 30 000.

C3 (a) Mae'r holl ddarlleniadau'r un fath o fewn amrywioldeb disgwyliedig yr allyriadau ar hap. Ni fyddai unrhyw ymbelydredd α o'r sampl yn treiddio 10 cm o aer, felly dydy'r arbrawf ddim yn rhoi unrhyw wybodaeth am α. Mae'r diffyg lleihad gyda'r alwminiwm tenau yn awgrymu bod y sampl yn allyrrydd γ.

(b) Dylid cymryd darlleniad cefndir i sefydlu'r darlleniadau o'r ffynhonnell yn unig. Dylid ailadrodd y darlleniadau ar bellter o 2 cm er mwyn caniatáu i unrhyw allyriadau α gael eu canfod.

C4 (a) $^{235}_{92}U \rightarrow \, ^{231}_{90}Th + \, ^4_2He$ [neu $^4_2\alpha$]

(b) (i) Rhaid i'r rhif màs (rhif niwcleon), A, fod yn $235 - 4n$ lle mae n yn gyfanrif oherwydd bod gan yr ^4_2He $A = 4$. $207 = 235 - 4 \times 7$, felly $^{207}_{82}Pb$ yw diwedd y gyfres ddadfeiliad.

(ii) $206 = 238 - 4 \times 8$, felly mae 8 dadfeiliad alffa. Heb β^- byddai hyn yn cynhyrchu niwclid gyda $Z = 92 - 2 \times 8 = 76$. Felly mae angen 6 dadfeiliad β^{-1} i roi $Z = 82$.

$$^{238}_{92}U \rightarrow \, ^{206}_{82}Th + 8\,^4_2He + 6\,^0_{-1}e$$

(iii) Does dim rhif cyfan n lle mae $233 - 4n$ yn hafal i 206, 207 neu 208, felly byddai unrhyw isotop o blwm sy'n cael ei gynhyrchu, e.e. 205, yn ansefydlog a ddim yn gallu bod yn gynnyrch terfynol.

C5

Dull 1: amserau hafal → cymarebau hafal

(a) (i) Ar ôl 1 flwyddyn $A \to \dfrac{9.76}{11.50} A = 0.849A$.

∴ Mewn blwyddyn arall, y gyfradd cyfrif fydd $0.849 \times 9.76 = 8.28$

(ii) Cyfradd cyfrif $= (0.849)^{10} \times 9.76 = 1.90$ cyfrif yr eiliad.

(b) Mewn n blwyddyn, cyfradd cyfrif $= 9.76(0.849)^n$.

Os yw $9.76(0.849)^n = 0.42$, gan gymryd logiau: $\ln 9.76 + n \ln 0.849 = \ln 0.42$

∴ $n = \dfrac{\ln 0.42 - \ln 9.76}{\ln 0.849} = 19.2$ blwyddyn (3 ff.y.)

Dull 2: cyfrifo'r cysonyn dadfeiliad

(a) (i) Ar ôl 1.00 flwyddyn, $9.76 = 11.50e^{-1.00\lambda}$, felly mae $\ln 9.76 = \ln 11.50 - \lambda \to \lambda = 0.164$ blwyddyn^{-1}

∴ Mewn blwyddyn arall mae $C = 9.76e^{-0.164 \times 1.00} = 8.28$

(ii) $C = 9.76e^{-0.164 \times 10.00} = 1.89$ cyfrif yr eiliad

(b) Mewn n blwyddyn $C = 9.76e^{-0.164n}$.

Os yw $9.76e^{-0.164n} = 0.42$, gan gymryd logiau: $\ln 9.76 - 0.164n = \ln 0.42$

∴ $n = \dfrac{\ln 9.76 - \ln 0.42}{0.164} = 19.2$ blwyddyn (3 ff.y.)

Dull 3: Gan ddefnyddio hanner oesau $C = C_0 \, 2^{-n}$ [wedi'i adael i chi]

C6 (a) $^{1}_{0}n + ^{14}_{7}N \to ^{14}_{6}C + ^{1}_{1}H$

(b) $^{14}_{6}C \to ^{14}_{7}N + ^{0}_{-1}e + ^{0}_{0}\overline{v}_e$

(c) (i) $\lambda = \dfrac{\ln 2}{5730 \text{ blwydd}} = 1.210 \times 10^{-4}$ blwyddyn^{-1} [$= 3.83 \times 10^{-12}$ s^{-1}]

(ii) Oed lleiaf: $e^{-\lambda t} = \dfrac{0.853}{1.250} = 0.6824$, ∴ $-1.210 \times 10^{-4} t = \ln 0.6824$

∴ $t_{\text{lleiaf}} = 3158$ blwyddyn.

Oed mwyaf: $e^{-\lambda t} = \dfrac{0.849}{1.250} = 0.6792$, ∴ $-1.210 \times 10^{-4} t = \ln 0.6792$

∴ $t_{\text{mwyaf}} = 3197$ blwyddyn. ∴ Oed $= 3180 \pm 20$ blwyddyn

(iii) **Ateb ansoddol:** Mae ffracsiwn y ^{14}C mewn gwrthrychau modern yn llai na fyddai heb ychwanegu'r tanwyddau ffosil. Mae gan wrthrychau sy'n hen hefyd ffracsiwn is o ^{14}C, sydd â'r un effaith, felly mae Sioned yn gywir.

Ateb meintiol: Os yw oed ymddangosol gwrthrych modern $= t$, mae $e^{-\lambda t} = 0.97$

∴ $t = \dfrac{\ln 0.97}{-1.21 \times 10^{-4}} = 250$ blwyddyn. Felly mae gwrthrychau modern yn ymddangos yn 250 mlwydd oed ac mae Sioned yn gywir.

C7 (a) Gydag 8 wyneb, mae'r tebygolrwydd o fod ar ôl wedi 1 tafliad $= \dfrac{7}{8} = 0.875$.

∴ Nifer ar ôl $= 800 \times 0.875$ ∴ Wedi n tafliad $800 \times (0.875)^n$

(b) Er mwyn i hanner fod ar ôl, $(0.875)^n = 0.5$,

∴ $n = \dfrac{\ln 0.5}{\ln 0.875} = 5.19$ tafliad. Mae'r pwyntiau'n cytuno â'r gromlin ddamcaniaethol a'r hanner oes.

(c) Nifer damcaniaethol ar ôl = $800 \times (0.75)^n \rightarrow$ Mewn camau 2-dafliad: 450, 253, 142, 80, 45, 25

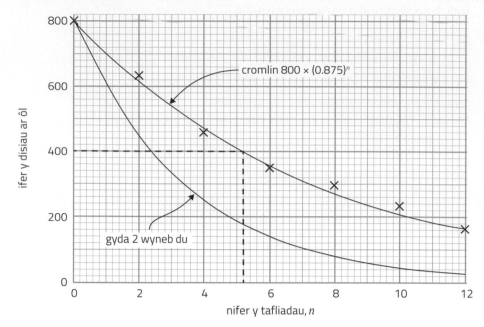

C8 (a) Cyrhaeddiad gronynnau β 1.0 MeV = 0.41 cm

∴ Cyrhaeddiad mewn gwydr = $\dfrac{1.0 \times 10^3 \text{ kg m}^{-3}}{2.5 \times 10^3 \text{ kg m}^{-3}} \times 4.1$ cm = 1.6(4) cm

(b) Cyrhaeddiad gronynnau β 2.0 MeV yw 0.97 cm, sy'n dangos eu bod yn colli'r MeV cyntaf mewn 0.56 cm (h.y. 0.97 cm − 0.41 cm) a'r MeV olaf mewn 0.41 cm, felly mae Dylan yn gywir.

(c) (i) $^6_3\text{Li} + ^1_0\text{n} \rightarrow ^3_1\text{H} + ^4_2\text{He}$

(ii) $^3_1\text{H} \rightarrow ^3_2\text{He} + ^0_{-1}\text{e} + ^0_0\overline{\nu}_\text{e}$

(iii) Mae cyrhaeddiad gronynnau β 0.1 MeV tua 0.01 cm mewn dŵr ac felly tua 0.04 mm mewn gwydr. Felly, dydy'r gronynnau β ddim yn gallu treiddio waliau'r tiwbiau.

C9 (a)

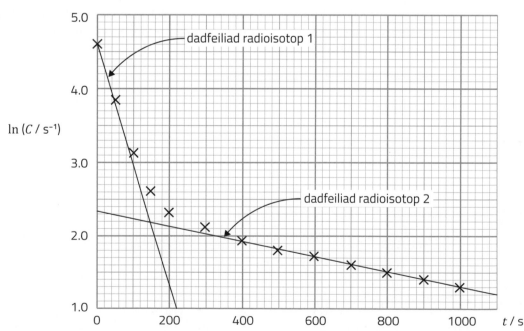

Mae'r graff ln C yn erbyn t yn cynnwys dwy ran llinell syth â graddiannau negatif gwahanol. [Sylwch: Mae'r rhan grom yn cynrychioli'r cyfnod lle mae'r ddau isotop yn cyfrannu yn yr un modd i'r cyfrifon.]

(b) (i) Cysonyn dadfeiliad = − graddiant = − $\dfrac{1.19 - 2.33}{1100 \text{ s}}$

∴ λ = 1.04×10^{-3} s^{-1}

(ii) Ar gyfer isotop 2, ar $t = 0$, $\ln(C/\text{s}^{-1}) = 2.33$, lle C yw'r gyfradd cyfrif

∴ $C / \text{s}^{-1} = e^{2.33} = 10.3$

h.y. $C = 10.3 \text{ s}^{1}$

(c) Cyfanswm y gyfradd cyfrif gychwynnol = $e^{4.6} = 99.5 \text{ s}^{-1}$

∴ Cyfradd cyfrif o isotop 1 = 99.5 - 10.3 = 89.2 s^{-1}

C10 (a) $^{238}_{92}\text{U} \rightarrow {}^{234}_{90}\text{Th} + {}^{4}_{2}\text{He}$

$^{234}_{90}\text{Th} \rightarrow {}^{234}_{91}\text{Pa} + {}^{0}_{-1}\text{e} + {}^{0}_{0}\overline{\nu}_{e}$

(b) Ar ôl n hanner oes $C = C_0 \times 2^{-n}$, ∴ $n = \dfrac{\ln(C_0/C)}{\ln 2}$

Y dadfeiliad mwyaf yw 492 → 77 a'r dadfeiliad lleiaf yw 448 → 95 cyfrif

Mewn 3 munud: $n_{\text{mwyaf}} = \dfrac{\ln(492/77)}{\ln 2} = 2.68$,

∴ $t_{1/2 \text{ lleiaf}} = \dfrac{3.0 \text{ munud}}{2.68} = 1.12 \text{ munud}$

a $n_{\text{lleiaf}} = \dfrac{\ln(448/95)}{\ln 2} = 2.23$,

∴ $t_{1/2 \text{ mwyaf}} = \dfrac{3.0 \text{ munud}}{2.23} = 1.34 \text{ munud}$

Mae'r ffigur o 1.17 munud o fewn yr amrediad arbrofol, felly mae canlyniadau'r myfyriwr yn gyson ag ef.

(c) Ailadroddwch yr arbrawf sawl gwaith a mesurwch y cyfraddau cyfrif 10 eiliad C, yn amlach, e.e. bob 20 s. Adiwch y canlyniadau ar gyfer pob amser gyda'i gilydd a phlotiwch graff o ln C yn erbyn t. Mae gan y graff llinell syth raddiant o $-\lambda$ y gallwn ni gyfrifo'r hanner oes ohono gan ddefnyddio $t_{1/2} = (\ln 2) / \lambda$.

C11 (a) Mae gronyn wedi'i wefru, q, sy'n symud gyda chyflymder, v, ar draws maes magnetig, B, yn profi grym, F, ar ongl sgwâr i B a v i'r cyfeiriad sy'n cael ei roi gan reol Modur Llaw Chwith Fleming. Os yw q yn negatif, mae cyfeiriad F yn ddirgroes. Yn yr achos hwn, mae'r gwefrau'n cael eu cyflymu tuag i lawr yn y maes sy'n dangos eu bod nhw'n negatif (β^-).

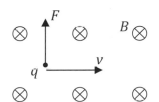

(b) Does dim gwefr gan ffotonau ac felly fyddan nhw ddim yn cael eu hallwyro, h.y. maen nhw'n pasio drwodd mewn llinell syth. Mae gronynnau α â gwefr bositif, ac felly'n profi grym tuag i fyny; fodd bynnag, mae ganddyn nhw lawer mwy o fàs na gronynnau β felly mae'r allwyriad yn fach iawn ac ni fyddai'n cael ei arsylwi gyda'r trefniant syml hwn.

Adran 3.6: Egni niwclear

C1 (a) Byddai'r 'egni i ddal y gronynnau gyda'i gilydd' â màs, sy'n cael ei roi gan $E = mc^2$. Felly, cyfanswm y màs fyddai màs y protonau + màs y niwtronau + màs yr egni hwn.

(b) Egni clymu yw'r egni sydd ei angen i wahanu'r niwcleonau cydrannol.

C2 13.6 eV = 2.18×10^{-18} J.

Mae gan yr egni hwn fàs = $\dfrac{2.18 \times 10^{-18} \text{ J}}{(3.00 \times 10^8 \text{ m s}^{-1})^2} = 2.42 \times 10^{-35}$ kg = 1.46×10^{-8} u.

Felly mae màs yr atom yn 0.000 000 015 u yn llai na swm masau'r proton a'r electron. Felly maen nhw'n wahanol i'r nifer hwn o ffigurau ystyrlon.

C3 (a) Diffyg màs = 2 × (1.007 276 + 1.008 665 + 0.000 549) − 4.002 604 u

= 0.030 376 u

∴ Egni clymu = 0.030 376 × 931 MeV = 28.3 MeV

(b) Egni clymu fesul niwcleon = $\dfrac{28.3}{4}$ = 7.07 MeV niwc^{-1}

C4 (a) Pŵer = $4\pi (1.50 \times 10^{11} \text{ m})^2 \times 1370$ W m^{-2}

= 3.87×10^{26} W

(b) Cyfradd colli màs = $\dfrac{3.87 \times 10^{26} \text{ W}}{(3.00 \times 10^8 \text{ m s}^{-1})^2} = 4.30 \times 10^9$ kg s^{-1} = 4.3 miliwn tunnell fetrig bob eiliad

C5 (a) Cysonyn dadfeiliad $^{235}_{92}U = \dfrac{\ln 2}{7.1 \times 10^8} = 9.76 \times 10^{-10}$ blwyddyn$^{-1} = 3.09 \times 10^{-17}$ s^{-1}.

Nifer o atomau $^{235}_{92}U = \dfrac{1}{0.235} \times 6.02 \times 10^{23} = 2.56 \times 10^{24}$

∴ Actifedd = $N\lambda = 7.92 \times 10^7$ Bq

(b) (i) Caiff egni ei ryddhau gan bob dadfeiliad. Mae bron pob un o'r gronynnau alffa yn cael eu hamsugno yn y lwmp. Mae hyn yn cynyddu egni dirgrynol yr atomau $^{235}_{92}U$, gan gynyddu'r tymheredd.

(ii) Colled màs am bob dadfeiliad = 235.043 930 – (231.036 304 + 4.002 604) u
$$= 0.005\ 022\ u$$
∴ Egni am bob dadfeiliad $= 4.68$ MeV $= 7.48 \times 10^{-13}$ J
∴ Cyfanswm pŵer $= 7.48 \times 10^{-13}$ J $\times 7.92 \times 10^7$ Bq
$$= 5.9 \times 10^{-5}\ W$$

Mae hyn yn rhy fach i'w ganfod, felly mae Michael yn gywir.

C6 (a) $^{6}_{3}Li + ^{1}_{0}n \rightarrow ^{3}_{1}H + ^{4}_{2}He$

(b) $^{3}_{1}H \rightarrow ^{3}_{2}He + ^{0}_{-1}e + ^{0}_{0}\overline{\nu_e}$

(c) Yr adwaith yw $^{3}_{1}H + ^{2}_{1}H \rightarrow ^{4}_{2}He + ^{1}_{0}n$
Egni clymu $^{4}_{2}He = 4 \times 7.1$ MeV $= 28.4$ MeV
Egni clymu $^{3}_{1}H + ^{2}_{1}H = 3 \times 2.8 + 2 \times 1.1 = 10.6$ MeV
∴ Egni sy'n cael ei ryddhau am bob adwaith = 28.4 MeV - 10.6 MeV = 17.8 MeV
Cymysgedd priodol = 600 g $^{3}_{1}H$ + 400 g $^{2}_{1}H$, h.y. 200 mol o adweithyddion
∴ Egni sy'n cael ei ryddhau $= 6.02 \times 10^{23} \times 200 \times 17.8$ MeV $\times 1.60 \times 10^{-13}$ J MeV^{-1}
$$= 3.4 \times 10^{14}\ J$$

C7 (a) Colled màs $= 4 \times 1.007\ 825 - 4.002\ 604 - 2 \times 0.000549 = 0.027\ 598$ u
∴ Egni sy'n cael ei ryddhau = 0.027 598 u $\times$ 931 MeV u^{-1}
$$= 25.694\ MeV = 25.7\ MeV\ (3\ ff.y.)$$

(b) Colled màs $= 3 \times 4.002\ 604$ u $- 12$ u (yn union) $= 0.007\ 812$ u
∴ Egni sy'n cael ei ryddhau = 7.27 MeV

(c) (i) Goleuedd = pŵer sy'n cael ei allyrru $\propto r^2 T^4$.
∴ $L = 10^2 \times 0.9^4 = 65.6 \times$ gwerth cyfredol.

(ii) Egni sy'n cael ei ryddhau am bob adwaith α triphlyg$= \dfrac{7.27}{25.7} = 0.283$ o beth sydd yn ymasiad hydrogen.

Mae angen tri ymasiad hydrogen ar gyfer pob adwaith alffa triphlyg felly dim ond traean o'r adweithiau all ddigwydd.
∴ Egni sy'n cael ei ryddhau yn y cyfnod alffa triphlyg $= \dfrac{7.27}{3 \times 25.7} = 0.094 \times$ cyfnod ymasiad H.
∴ Hyd oes $\sim \dfrac{0.094}{65.6} \times 9 \times 10^9$ blwyddyn = 13 miliwn o flynyddoedd.

C8 $^{56}_{26}Fe + 179^{1}_{0}n \longrightarrow ^{235}_{92}U + 66^{0}_{-1}e + 66^{0}_{0}\overline{\nu_e}$
Mae angen 179 niwtron i gydbwyso'r rhifau màs: 56 + 179 = 235
Mae angen 66 electron i gydbwyso'r rhifau atomig: 26 = 92 + (–66)
Mae'r rhif lepton yn cael ei gadw, felly ar gyfer pob electron mae yna un gwrthniwtrino.

C9 (a) Màs dau atom $^{4}_{2}He = 8.005\ 208$ u. Mae hyn yn llai na màs atom $^{8}_{4}Be$. Mae'r holl ddeddfau cadwraeth niwclear yn cael eu cadw felly dydy e ddim yn cynnwys y rhyngweithiad gwan.

(b) (i) Mae momentwm yn cael ei gadw felly mae'n rhaid i fomenta'r ddau epil niwclews $^{4}_{2}He$ adio i sero, hynny yw rhaid iddyn nhw fod yn hafal a dirgroes.

(ii) Colled màs = 8.005 305 – 8.005 208 u = 0.000 097 u
∴ EC sy'n cael ei ryddhau = 0.000 097 $\times$ 931 = 0.090 307 MeV = 1.44×10^{-14} J
∴ Egni pob niwclews = 0.72×10^{-14} J
∴ $7.2 \times 10^{-15} = \dfrac{1}{2} \times 4.0 \times 1.66 \times 10^{-27} v^2$
∴ $v = 1.5 \times 10^6$ m s^{-1}

Cwestiynau Ymarfer: Uned 4: Meysydd ac Opsiynau

Adran 4.1: Cynhwysiant

C1 $Q = CV = 22$ mF $\times$ 12 V $= 260$ mC (2 ff.y.)
Felly'r gwefrau ar y platiau yw $+260$ mC a -260 mC.

C2 (a) $C = \dfrac{\varepsilon_0 A}{d}$, felly $d = \dfrac{\varepsilon_0 A}{C} = \dfrac{8.85 \times 10^{-12}\ \text{F m}^{-1} \times (0.10\ \text{m})^2}{500 \times 10^{-12}\ \text{F}} = 1.8 \times 10^{-4}$ m (0.18 mm)

(b) Mae rhoi polymer rhwng platiau cynhwysydd yn cynyddu ei gynhwysiant. Mae'r cynhwysiant mewn cyfranedd gwrthdro â gwahaniad y platiau. Felly, er mwyn cael yr un cynhwysiant, mae angen i wahaniad y platiau fod yn fwy.

C3 (a) $C = \dfrac{\varepsilon_0 A}{d} = \dfrac{8.85 \times 10^{-12}\ \text{F m}^{-1} \times 64 \times 10^{-4}\ \text{m}^2}{0.40 \times 10^{-3}\ \text{m}} = 1.42 \times 10^{-10}$ F

$Q = CV = 1.42 \times 10^{-10}$ F $\times$ 30 V $= 4.2 \times 10^{-9}$ C (2 ff.y.)

(b) $U = \dfrac{1}{2} CV^2 = 0.5 \times 1.42 \times 10^{-10}$ F $\times (30\ \text{V})^2 = 6.4 \times 10^{-8}$ J

(c) $E = \dfrac{V}{d} = \dfrac{30\ V}{0.40 \times 10^{-3}\ \text{m}} = 75\ 000$ V m^{-1}

C4 (a) $U = \dfrac{1}{2} \dfrac{Q^2}{C}$. Gan fod Q yn gyson, mae'r $U \propto C^{-1}$.

Ond $C = \dfrac{\varepsilon_0 A}{d}$, felly $C \propto d^{-1}$ ac felly $U \propto d$. Felly mae'r egni yn dyblu.

(b) Mae'r gwefrau dirgroes yn atynnu, felly rhaid gwneud gwaith i'w gwahanu. Mae'r egni wedi dod o'r cyfrwng a oedd yn gwahanu'r platiau.

C5 $U = \dfrac{1}{2} CV^2 = \dfrac{1}{2} \dfrac{\varepsilon_0 A}{d} V^2$

Ond $E = \dfrac{V}{d}$, felly $V = Ed$ ac mae amnewid am V yn rhoi:

$U = \dfrac{1}{2} \dfrac{\varepsilon_0 A}{d} (Ed)^2$ sy'n symleiddio i $U = \dfrac{1}{2} \varepsilon_0 E^2 \times (Ad) = \dfrac{1}{2} \varepsilon_0 E^2 \times$ cyfaint

C6 Cyfanswm y cynhwysiant, $C = \dfrac{C_1 C_2}{C_1 + C_2} = \dfrac{7.0 \times 3.0}{7.0 + 3.0}$ µF $= 2.1$ µF

Felly llif y wefr wrth wefru, $Q = CV = 2.1$ µF $\times$ 20 V $= 42$ µC

Felly'r gwefrau ar y platiau (o'r chwith i'r dde) yw: -42 µC, $+42$ µC, -42 µC, $+42$ µC

C7 (a) Cynhwysiant y cyfuniad cyfres $= \dfrac{120 \times 40}{120 + 40} = 30$ µF

Felly cyfanswm y cynhwysiant $= 30$ µF $+ 30$ µF $= 60$ µF

(b) (i) $Q = CV = 60$ µF $\times$ 12 V $= 720$ µC

(ii) **Naill ai**: Mae'r cynwysyddion mewn cymhareb o 3 : 1
Felly mae'r gpau mewn cymhareb o 1 : 3, h.y. $\dfrac{1}{4}$ ar y 120 µF
Felly mae'r gp ar draws y 120 µF $= 3$ V
Neu: Mae'r wefr ar y cyfuniad cyfres $= \dfrac{1}{2} \times 720$ µC $= 360$ µC
Felly mae'r wefr ar y 120 µF $= 360$ µC

Felly mae'r gp ar y 120 µF $= \dfrac{Q}{C} = \dfrac{360\ \text{µC}}{120\ \text{µF}} = 3$ V

C8 (a) Dydy cyfanswm y wefr sydd ar y cynwysyddion pan maen nhw wedi'u gwahanu ddim wedi newid ond mae nawr yn cael ei rannu rhyngddyn nhw. Oherwydd bod gan y cynwysyddion werthoedd hafal a bod yn rhaid i'r gpau fod yn hafal, maen nhw'n rhannu'r wefr yn hafal. Felly roedd gan bob un hanner y wefr ac mae'r gp yn hanner, h.y. 4.5 V.

(b) Egni cychwynnol ar $C_1 = \dfrac{1}{2} CV^2 = 0.5 \times 50$ mF $\times (9.0\ \text{V})^2 = 2.025$ J [2.0 J to 2 ff.y.]
Egni terfynol $= 2 \times (0.5 \times 50$ mF $\times (4.5\ \text{V})^2) = 1.0125$ J [1.0 J to 2 ff.y.]
Felly mae'r newid egni $= 1.0$ J $- 2.0$ J $= -1.0$ J [h.y. 'colled' o 1.0 J]

C9 (a) Y wefr derfynol (fwyaf). [Byddai CV_0 yn ateb derbyniol.]

(b) (i) $Q = CV$. Mae amnewid yn $Q = Q_0(1 - e^{-t}/RC)$ ar gyfer Q a Q_0
-r $CV_C = CV_0(1 - e^{-t}/RC)$ a rhannu ag C yn rhoi'r hafaliad sydd ei angen.

(ii) $V_R = V_0 - V_C = V_0 - V_0\left(1 - e^{-t/RC}\right) = V_0 e^{-t/RC}$

(iii) $V_R = V_0 e^{-t/RC}$. Rhannu ag $R \longrightarrow \dfrac{V_R}{R} = \dfrac{V_0}{R} e^{-t/RC}$

$I = \dfrac{V_R}{R}$. Pan nad yw'r cynhwysydd wedi'i wefru, mae $V_R = V_0$, felly $I_0 = \dfrac{V_0}{R}$

Felly $I = I_0 e^{-t/RC}$

(c) (i) Mae cynhwysiant, C, yn cael ei ddiffinio gan yr hafaliad $C = \dfrac{Q}{V}$, $[C] = $ A s V^{-1}

Mae gwrthiant, R, yn cael ei ddiffinio gan yr hafaliad $R = \dfrac{V}{I}$, $\therefore [R] = $ V A^{-1}

$\therefore [RC] = $ V $A^{-1} \times$ A s $V^{-1} = $ s. $\therefore \left[\dfrac{Q_0}{RC}\right] = $ C $s^1 = $ ampère

(ii) $I_0 = $ graddiant y tangiad ar $t = 0$.
$\therefore$ Graddiant $= \dfrac{V_0}{R} = V_0 \times \dfrac{1}{R} = \dfrac{Q_0}{C} \times \dfrac{1}{R} = \dfrac{Q_0}{RC}$

C10 (a)

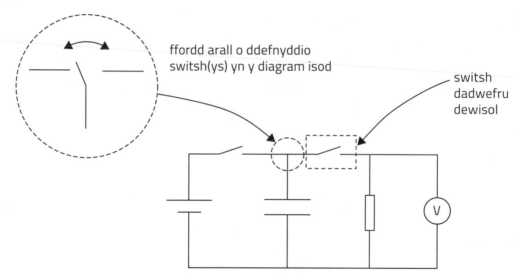

ffordd arall o ddefnyddio switsh(ys) yn y diagram isod

switsh dadwefru dewisol

(b) (i) Amser i V_C haneru o 4.0 V i 2.0 V = 24.0 s – 8.5 s = 15.5 s
Amser i V_C haneru o 2.0 V to 1.0 V = 39.5 s – 24.0 s = 15.5 s
Felly mae'r hanner oes yn gyson, sy'n dangos dadfeiliad esbonyddol.

(ii) [Dull hawdd]: Ar ôl un cysonyn amser, mae gwerth V_C yn gostwng i $1/e = 0.37$ o'r gwerth gwreiddiol. 0.37×5.9 V = 2.2 V $\longrightarrow$ amser = 22 s.

[Yn fwy anodd, ond yr un mor ddilys]: $V_C = V_0 e^{-t/RC}$, felly $\ln\left(\dfrac{V_0}{V_C}\right) = \dfrac{t}{RC}$

Dewiswch, e.e. $t = 39$ s $\longrightarrow V_C = 1.0$ V, felly mae $\ln\left(\dfrac{5.9}{1.0}\right) = \dfrac{39}{RC}$ $\longrightarrow RC$ (cysonyn amser) = 22 s

(c) $V_C = V_0 e^{-t}/RC$: cymryd logiau -r $\ln(V_0/\text{folt}) = \ln(V_C/\text{folt}) - \dfrac{t}{RC}$

$\therefore$ Rhyngdoriad $= \ln(V_C / \text{folt}) = \ln(5.9$ V $/ V) = \ln 5.9 = 1.8$ (2 ff.y.)
a graddiant $= -(RC)^{-1} = -1/22 = -0.045$ (2 ff.y.)

Adran 4.2: Meysydd grym electrostatig a meysydd grym disgyrchiant

C1

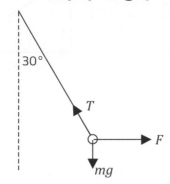

diagram fector

(a) O'r diagram fector, mae $\tan 30° = \dfrac{F}{mg} = \dfrac{F}{2.00 \times 10^{-7} \times 9.81}$ ∴ $F = 1.13 \times 10^{-6}$ N $\sim 1.1 \times 10^{-6}$ N

(b) Gwahaniad y gwefrau = 0.20 m $\dfrac{Q^2}{(0.2)^2}$. Gan ddefnyddio $F = \dfrac{1}{4\pi\varepsilon_0}\dfrac{Q_1 Q_2}{r^2}$

∴ $1.13 \times 10^{-6} = 9.0 \times 109 \times$

∴ $Q = 2.2 \times 10^{-9}$ C (2 ff.y.)

C2 (a) Gan dybio bod y Lleuad yn sfferig gymesur, mae cryfder y maes ar ei arwyneb yn cael ei roi gan:

$g = \dfrac{GM}{r^2}$, felly $M = \dfrac{gr^2}{G} = \dfrac{1.62\,\text{N kg}^{-1} \times (1737 \times 10^3\,\text{m})^2}{6.67 \times 10^{-11}\,\text{N m}^2\,\text{kg}^{-2}} = 7.33 \times 10^{22}$ kg

(b) $F = \dfrac{GM_1 M_2}{r^2} = \dfrac{6.67 \times 10^{-11} \times 5.97 \times 10^{24} \times 7.33 \times 10^{22}}{(3.84 \times 10^8)^2}$ N $= 1.98 \times 10^{20}$ N

C3 (a) $F_D = \dfrac{GM^2}{r^2}$; $F_E = \dfrac{1}{4\pi\varepsilon_0}\dfrac{Q^2}{r^2}$,

felly $\dfrac{F_E}{F_D} = \dfrac{1}{4\pi\varepsilon_0}\dfrac{Q^2}{GM^2} - 9.0 \times 10^9 \dfrac{(1.60 \times 10^{-19})^2}{6.67 \times 10^{-11} \times (1.67 \times 10^{-27})^2} = 1.24 \times 10^{36}$ (3 ff.y.)

(b) Mae bron yn union yr un nifer o brotonau ac electronau ar y Ddaear ac ar yr Haul, felly mae'r cyrff hyn bron â bod yn niwtral yn drydanol. Felly, mae'r grym electrostatig rhyngddyn nhw'n ddibwys. Mae masau'r protonau a'r electronau yn bositif (does dim masau negatif) felly mae'r ddau yn cyfrannu'n bositif at y grym disgyrchiant.

C4 (a)

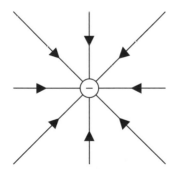

(b) Mae P yn gytbell o'r ddwy wefr, felly mae maint y meysydd oherwydd y gwefrau yn hafal. Mae'r meysydd wedi'u cyfeirio'n rheiddiol tuag at y wefr– ac i ffwrdd o'r wefr+, felly o'r cymesuredd, mae'r cydrannau fertigol yn canslo, mae'r cydrannau llorweddol yn adio ac mae'r maes cydeffaith yn llorweddol i'r dde.

C5 (a) (i) $E = \dfrac{1}{4\pi\varepsilon_0}\dfrac{Q}{r^2} = 9.0 \times 10^9 \times \dfrac{(-3.0 \times 10^{-12})}{(0.12 \cos 35°)^2}$ i'r De = −2.79 (N C^{-1}) neu (V m^{-1})

h.y. 2.8 N C^{-1} (2 ff.y.) i'r Gogledd.

(ii) $E = 9.0 \times 10^9 \times \dfrac{3.0 \times 10^{-12}}{(0.12 \sin 35°)^2}$ i'r Gorllewin = 5.7 N C^{-1} i'r Gorllewin.

(iii) $E_R = \sqrt{(2.8)^2 + (5.7)^2} = 6.4$ N C^{-1}

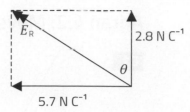

$\theta = \tan^{-1}\left(\dfrac{5.7}{2.8}\right) = 64°$. ∴ Cyfeiriant $= 360° - 64°$

∴ 6.4 N C^{-1} ar $296°$

(b) (i) $V = \dfrac{1}{4\pi\varepsilon_0}\dfrac{Q}{r}$, ∴ $V_{cyf} = 9.0 \times 10^9 \times 3.0 \times 10^{-12} \times \left(-\dfrac{1}{0.12 \cos 35c} + \dfrac{1}{0.12 \sin 35c}\right)$

$= 0.118$ V

(ii) Egni potensial cychwynnol y proton $= eV = 1.60 \times 10^{-19}$ C $\times 0.118$ V $= 1.89 \times 10^{-20}$ J

∴ Mae'r egni cinetig mwyaf $= 1.89 \times 10^{-20}$ J (pan fydd yr holl EP wedi'i golli)

∴ $v = \sqrt{\dfrac{2E_k}{m_p}} = \sqrt{\dfrac{2 \times 1.89 \times 10^{-20}\,J}{1.67 \times 10^{-27}\,kg}} = 4760$ m s^{-1} (3 ff.y.)

C6 (a) **Naill ai** Mae'r arwynebau unbotensial ar ongl sgwâr i'r llinellau maes, sy'n rheiddiol.

Neu Mae'r potensial yn cael ei roi gan: $V = \dfrac{1}{4\pi\varepsilon_0}\dfrac{Q}{r}$, mae gan bob pwynt ar yr un radiws, r, yr un potensial.

(b) Mae'r potensial mewn cyfrannedd gwrthdro â'r pellter: $V = \dfrac{1}{4\pi\varepsilon_0}\dfrac{Q}{r}$, felly mae $r \propto \dfrac{1}{V}$.

$\dfrac{1}{2} - \dfrac{1}{3} = \dfrac{1}{6}$ ond mae $\dfrac{1}{3} - \dfrac{1}{4} = \dfrac{1}{12}$, sydd dim ond hanner cymaint.

C7 (a) Sero diffiniedig egni potensial disgyrchiant yw anfeidredd. Mae disgyrchiant bob amser yn rym atynnol, felly mae'n rhaid gwneud gwaith i wahanu gwrthrychau i anfeidredd. Mae gwneud gwaith ar system yn trosglwyddo egni i'r system; felly ar gyfer gwahaniadau sy'n llai nag anfeidredd (!) rhaid i'r egni potensial (ac felly'r potensial ar bwynt nad yw'n anfeidrol) fod yn negatif.
[Sylwch: Mewn arholiad, mae'n debyg y byddai'r ddwy frawddeg gyntaf yn yr ateb hwn yn ennill dau farc i chi (a does dim digon o le i ysgrifennu mwy) ond mae angen y frawddeg olaf am esboniad llawn.]

(b) (i) Mae'r hafaliad Δ(EP) $= mgh$ dim ond yn gymwys i sefyllfaoedd lle mae'n bosibl cymryd bod g yn gysonyn. Mewn gwirionedd mae, g yn amrywio fel r^{-2} felly, ar gyfer cynnydd mawr yn r, rhaid cymryd hyn i ystyriaeth.

(ii) Gadewch i fàs y roced fod yn m. Yna, gan gymhwyso cadwraeth egni:
EC cychwynnol + EP cychwynnol = EP ar yr uchder mwyaf [oherwydd EC = 0 ar yr uchder mwyaf].

$\dfrac{1}{2}m \times (3000)^2 - \dfrac{6.67 \times 10^{-11} \times 6.42 \times 10^{23}\,m}{3390 \times 10^3} = -\dfrac{6.67 \times 10^{-11} \times 6.42 \times 10^{23}\,m}{r}$

∴ $-8.13 \times 10^6 = -\dfrac{4.28 \times 10^{13}}{r}$, ∴ $r = \dfrac{4.28 \times 10^{13}}{8.13 \times 10^6}$ m $= 5267$ km

∴ Mae'r uchder $= 5267 - 3390 = 1900$ km (2 ff.y.)

C8 (a) (i)

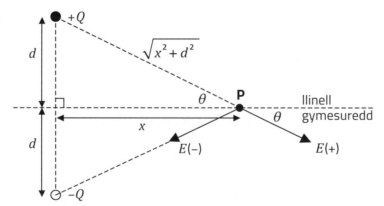

Meintiau: $E(+) = E(-) = \dfrac{1}{4\pi\varepsilon_0}\dfrac{Q}{x^2 + d^2}$. Mae cydrannau llorweddol $E(+)$ ac $E(-)$ yn hafal

a dirgroes, i ganslo. Mae'r cydrannau fertigol yn adio.

∴ $E = \dfrac{1}{4\pi\varepsilon_0}\dfrac{2Q}{x^2 + d^2}\sin\theta = \dfrac{1}{4\pi\varepsilon_0}\dfrac{2Q}{x^2 + d^2}\dfrac{d}{\sqrt{x^2 + d^2}} = \dfrac{1}{2\pi\varepsilon_0}\dfrac{Qd}{(x^2 + d^2)^{3/2}}$

Mae cyfeiriad E yn fertigol tuag i lawr yn y diagram.

(ii) Mae cryfder y maes trydanol <u>cydeffaith</u> bob amser ar ongl sgwâr i'r llinell gymesuredd, felly does dim unrhyw gydran o'r grym trydanol ar wefr brawf i gyfeiriad y mudiant (ar hyd y llinell gymesuredd) ac felly mae'r gwaith sy'n cael ei wneud yn sero. Felly, mae Adam yn gywir ac mae Bethan yn anghywir.

Ateb arall: Rhaid gwneud gwaith yn erbyn gwrthyriad $+Q$ wrth ddod â gwefr brawf (bositif) o anfeidredd. Fodd bynnag, mae hyn yn cael ei gydbwyso gan y gwaith negatif hafal sydd ei angen i ddod â'r wefr brawf yn erbyn atyniad $-Q$ ac felly mae'r gwaith net yn sero. Mae Adam yn gywir ac mae Bethan yn anghywir.

(b) Ar gyfer y cyfuniad gwefr $+/-$, mae cryfder y maes trydanol, E, bob amser ar ongl sgwâr i'r llinell gymesuredd; mae ei werth mwyaf pan fydd $x = 0$ ac mae'n gostwng tuag at sero wrth i $x \longrightarrow \infty$.

Ar gyfer dwy wefr bositif hafal, mae cyfeiriad E bob amser ar hyd y llinell gymesuredd, yn y cyfeiriad $+x$. Mae E yn sero pan fydd $x = 0$ (oherwydd bod y meysydd o'r ddwy wefr yn hafal a dirgroes), ac mae'n codi i uchafswm wrth i x gynyddu cyn gostwng tuag at sero wrth i $x \longrightarrow \infty$ (sgwâr gwrthdro ar bellteroedd mawr).

Adran 4.3: Orbitau a'r bydysawd ehangach

C1

Cyfnod orbitol = 1 flwyddyn = $60 \times 60 \times 24 \times 365.25$ s = 3.156×10^7 s

Radiws orbitol = 150×10^6 km = 1.50×10^{11} m

$$T = 2\pi\sqrt{\frac{r^3}{GM_\odot}}, \therefore M_\odot = \frac{4\pi^2}{T^2} \times \frac{r^3}{G} = \frac{4\pi^2}{(3.156 \times 10^7)^2} \times \frac{(1.50 \times 10^{11})^3}{6.67 \times 10^{-11}} = 2.0 \times 10^{30} \text{ kg}$$

C2 (a) $g = \dfrac{GM}{r^2}, \therefore M = \dfrac{gr^2}{G} = \dfrac{9.81 \times (6.37 \times 10^6)^2}{6.67 \times 10^{-11}} = 5.97 \times 10^{24}$ kg

(b) Mae dosbarthiad y màs yn sfferig gymesur.

(c) $\rho = \dfrac{M}{V} = \dfrac{5.97 \times 10^{24} \text{ kg}}{\frac{4}{3}\pi \times (6.37 \times 10^6 \text{ m})^3} = 5510$ kg m^{-3}

C3

Mae safle'r seren yn ymddangos yn rhesymol. Dylai fod ar un o ffocysau'r elips.
O ystyried bod S yn gywir, yna mae X yn amlwg yn anghywir. Dyma'r pellter nesáu agosaf rhwng y blaned a'r seren. Felly, dyma'r pwynt lle mae'r blaned yn symud yn fwyaf cyflym. Dylai fod ar ben arall yr echelin hwyaf [neu dylai S fod ar y ffocws ar y dde].

C4 Ar gyfer y ddwy ran: 1 flwyddyn = $60 \times 60 \times 24 \times 365.25$ s = 31 557 600 s [31 536 000 o ddefnyddio 365 diwrnod]

(a) $T = 2\pi\sqrt{\dfrac{d^3}{GM}}$, felly $d^3 = \dfrac{GMT^2}{4\pi^2} = \dfrac{6.67 \times 10^{-11} \times 1.99 \times 10^{30} \times (3.156 \times 10^7)^2}{4\pi^2}$

$\therefore d = 1$ AU = 1.496×10^{11} m = 150 miliwn km (3 ff.y) [149 miliwn km o ddefnyddio 365 diwrnod]

(b) Pellter = vt = 3.00×10^5 km s^{-1} $\times 3.156 \times 10^7$ s = 9.47×10^{12} km

[9.46×10^{12} km o ddefnyddio 365 diwrnod]

C5 (a) Cyfnod = 27.3 diwrnod = $60 \times 60 \times 24 \times 27.3$ s = 2.36×10^6 s

$a = r\omega^2 = r\left(\dfrac{2\pi}{T}\right)^2 = 3.83 \times 10^8$ m $\times \left(\dfrac{2\pi}{2.36 \times 10^6 \text{s}}\right)^2 = 2.72 \times 10^{-3}$ m s^{-2}

(b) (i) cymhareb = $\dfrac{9.81}{2.72 \times 10^{-3}} = 3610$

(ii) cymhareb = $\left(\dfrac{3.83 \times 10^8 \text{ m}}{6.37 \times 10^6 \text{ m}}\right)^2 = 3620$

(c) Ar radiws r_1: $g_1 = \dfrac{GM}{r_1^2}$. Ar r_2: $g_2 = \dfrac{GM}{r_2^2}$

$\therefore \dfrac{g_2}{g_1} = \left(\dfrac{r_1}{r_2}\right)^2$. Fel mae'r data'n dangos, mae'r cymarebau hyn yn hafal i 2 ff.y. Felly maen nhw'n rhoi cefnogaeth dda i ddeddf Newton.

[Mae'r anghysondeb oherwydd defnyddio data i 3 ff.y. ac i dalgrynnu.]

C6 (a) $mr\left(\dfrac{2\pi}{T}\right)^2 = \dfrac{GMm}{r^2}$ neu $T = 2\pi\sqrt{\dfrac{r^3}{GM}}$: 1 diwrnod = 60 × 60 × 24 s = 86 400 s

$\therefore r^3 = \dfrac{GMT^2}{4\pi^2} = \dfrac{6.67 \times 10^{-11} \times 5.97 \times 10^{24} \times 86\,400^2}{4\pi^2}$

$\therefore r = 42\,200\,000$ m

$\therefore$ Uchder uwchben y ddaear = 42 200 000 – 6 370 000 m = 35 800 km

(b) Rhaid i'r orbit fod ym mhlân y cyhydedd.

C7 Mae 3edd ddeddf Kepler (ar gyfer orbit crwn) yn mynegi bod radiws³ $\propto$ cyfnod²

(gan ddefnyddio'r unedau sy'n cael eu rhoi) Ar gyfer Phobos: $\dfrac{\text{radiws}^3}{\text{cyfnod}^2} = \dfrac{9.39^3}{0.319^2} = 8140$ (3 ff.y.)

Ar gyfer Deimos: $\dfrac{\text{radiws}^3}{\text{cyfnod}^2} = \dfrac{23.46^3}{1.263^2} = 8090$ (3 ff.y.)

Mae'r gwerthoedd hyn yn agos iawn. Dydyn nhw ddim yr un fath i 3 ff.y. ond mae'r data 3 ff.y yn cael eu codi i bwerau uwch, sy'n mwyhau gwallau ac yn lleihau nifer y ff.y. dibynadwy. Felly, mae'n ymddangos bod K3 yn cael ei ddilyn yn weddol dda.

C8 (a) Y dwysedd lle bydd y bydysawd yn arafu'n asymptotig i sero ar ehangiad anfeidraidd.

(b) $[G]$ = N m² kg⁻² = kg m s⁻² m² kg⁻² = kg⁻¹ m³ s⁻² ; $[H_0]$ = s⁻¹

$\therefore \left[\dfrac{3H_0^2}{8\pi G}\right] = \dfrac{\text{s}^{-2}}{\text{kg}^{-1}\ \text{m}^3\ \text{s}^{-2}}$ = kg m⁻³ = $[\rho]$, felly'n gywir yn ddimensiynol.

C9 (a) $\dfrac{\Delta\lambda}{\lambda} = \dfrac{v}{c}$, felly mae $v_{\text{mwyaf}} = \dfrac{3.00 \times 10^8 \times (393.82 - 393.36)}{393.36} = 3.51 \times 10^5$ m s⁻¹ (350 km s⁻¹)

$v_{\text{lleiaf}} = \dfrac{3.00 \times 10^8 \times (393.14 - 393.36)}{393.36} = -1.68 \times 10^5$ m s⁻¹ (–170 km s⁻¹)

(b) Mae'r seren yn troi o gwmpas cyd-deithiwr. Mae'r cyflymder rheiddiol cymedrig yn bositif, felly mae'r system yn symud i ffwrdd o'r Ddaear. Pan fydd y cyflymder rheiddiol yn 350 km s⁻¹ mae'r seren ar y rhan o'i horbit lle mae'n symud i ffwrdd o'r Ddaear. Pan fydd y cyflymder rheiddiol yn –170 km s⁻¹ mae'r seren ar y rhan o'i horbit lle mae'n symud tuag atom, gan ddangos bod y buanedd orbitol yn fwy na buanedd enciliol y system.

C10 (a) $T = 2\pi\sqrt{\dfrac{d^3}{GM}} = 2\pi\sqrt{\dfrac{(3.0 \times 10^{12})^3}{6.67 \times 10^{-11} \times 4.0 \times 10^{30}}} = 2.0(0) \times 10^9$ s

(b) Mae'r masau mewn cymhareb o 3 : 5, felly mae radiysau'r orbit mewn cymhareb o 5 : 3

Felly mae gan orbit Seren 1 radiws $\dfrac{5}{8} \times 3.0 \times 10^{12}$ m = 1.9 × 10¹² m, ac mae gan orbit Seren 2 radiws 1.1 × 10¹² m.

C11 (a) Yr amrediad cyflymderau o frig i frig yw +350 i –590 m s⁻¹: amrediad o 940 m s⁻¹

Felly cyflymder orbitol = $\dfrac{1}{2} \times 940 = 470$ m s⁻¹.

(b) Cyfnod = 3.3 diwrnod = 285 000 s

$\therefore$ Cylchedd yr orbit = 470 × 285 000 = 1.34 × 10⁸ m

$\therefore$ Radiws = $\dfrac{1.34 \times 10^8}{2\pi} = 2.13 \times 10^7$ m

(c) Cyfnod orbit y blaned = 285 000 s

$T = 2\pi\sqrt{\dfrac{r^3}{GM}}$, $\therefore r^3 = \dfrac{T^2 GM}{4\pi^2} = \dfrac{(2.85 \times 10^5)^2 \times 6.67 \times 10^{-11} \times 2.6 \times 10^{30}}{4\pi^2}$

$\therefore$ radiws orbitol, $r = 7.1 \times 10^9$ m

(ch) Màs y blaned = $\dfrac{2.13 \times 10^7}{(2.13 \times 10^7 + 7.1 \times 10^9)} \times 2.6 \times 10^{30}$ kg = 7.8 × 10²⁷ kg

C12 (a) Cyfnod yr orbit, T = 160 diwrnod = 1.38 × 10⁷ s

Buanedd yr orbit, v = 60 km s⁻¹

$\therefore v = \dfrac{2\pi r}{T}$, $\therefore r_{\text{gwel}} = \dfrac{vT}{2\pi} = \dfrac{60 \times 1.38 \times 10^7}{2\pi} = 1.32 \times 10^8$ km

(b) Grym mewngyrchol ar TD = Grym disgyrchiant ar TD

$$\therefore m_{TD}\left(\frac{2\pi}{T}\right)^2 r_{TD} = \frac{Gm_{TD}m_{gwel}}{(r_{gwel}+r_{TD})^2}$$

Mae rhannu'r ddwy ochr ag m_{TD} yn rhoi'r hafaliad gofynnol.

(c) Gyda 8.4 × 1010 m:

$$\text{OCHR CHWITH} = \left(\frac{2\pi}{1.38 \times 10^7}\right)^2 \times 8.4 \times 10^{10} = 0.0174 \text{ m s}^{-1}$$

$$\text{OCHR DDE} = \frac{6.67 \times 10^{-11} \times 12 \times 10^{30}}{(2.2 \times 10^{11})^2} = 0.0165 \text{ m s}^{-1} \text{ sydd yr un fath â'r OCHR CHWITH i 2 ff.y.}$$

(ch) Gan ddefnyddio 8.4 × 10^{10} m. m_{TD} × 8.4 × 10^{10} = 12 × 10^{30} × 1.32 × 10^{11}

$\therefore m_{TD}$ = 1.9 × 10^{31} kg [~ 10 màs solar]

C13 (a) H_0 = graddiant = $\dfrac{30\,000 \text{ km s}^{-1}}{480 \text{ Mpc}}$ = $\dfrac{3.00 \times 10^7 \text{m s}^{-1}}{480 \times 3.09 \times 10^{22} \text{m}}$ = 2.02 × 10^{-18} s^{-1}

(b) Mudiant galaethau o fewn clystyrau

C14 Os M yw cyfanswm y màs a d yw'r gwahaniad: $T = 2\pi\sqrt{\dfrac{d^3}{GM}}$

$$\therefore M = \frac{4\pi^2 d^3}{GT^2} = \frac{4\pi^2(30 \times 1.50 \times 10^{11})^3}{6.67 \times 10^{-11} \times (82.2 \times 3.16 \times 10^7)^2} = 8.0 \times 10^{30} \text{ kg} = 4M_\odot$$

Radiws orbit y seren fwy masfawr = $\frac{1}{4}$ y gwahaniad.

$\therefore$ Màs y seren lai masfawr = $\frac{1}{4}$ × $4M_\odot$ = $M_\odot$; màs y seren fwy masfawr = $3M_\odot$

Adran 4.4: Meysydd magnetig

C1 (a) I = cerrynt; ℓ = hyd y wifren; θ = ongl rhwng y wifren a'r maes

(b) $[F]$ = kg m s^{-2}, $[I]$ = A ac $[\ell]$ = m. Does gan sin θ ddim uned.
$\therefore$ T = (kg m s^{-2}) A^{-1} m^{-1} = kg s^{-2} A^{-1}

(c) Rheol Modur Llaw Chwith Fleming

C2 (a)

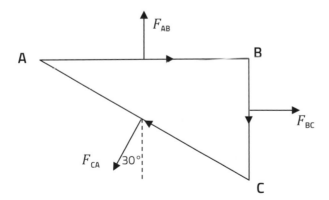

(b) (i) ℓ = 0.40 cos30° = 0.346 m
     $\therefore F_{AB}$ = $BI\ell$ = 0.030 × 2.5 × 0.346 = 0.026 N

   (ii) ℓ = 0.40 sin30° = 0.20 m, $\therefore F_{BC}$ = 0.015 N

   (iii) F_{CA} = $BI\ell$ = 0.030 × 2.5 × 0.40 = 0.030 N

(c) Cydran fertigol F_{CA} = 0.030 × 2.5 × 0.4 cos30° = 0.026 N = F_{AB}
   $\therefore$ Cydran fertigol cydeffaith = 0
   Cydran lorweddol F_{CA} = 0.030 × 2.5 × 0.4 sin30° = 0.015 N = F_{BC}
   $\therefore$ Cydran lorweddol cydeffaith = 0

C3 (a) Grym effaith modur: $F = BI\ell\sin\theta$, lle θ = ongl rhwng y wifren a'r maes.
Mae AB yn baralel â'r maes felly mae $\sin\theta = 0$. Felly $F_{AB} = 0$
BC = $\ell\sin\phi$ a $\theta = 90°$, $\therefore F_{BC} = BI\ell\sin\phi$
Ar gyfer CA, mae $F_{CA} = BI\ell\sin\phi = F_{BC}$
Yn ôl rheol Modur Llaw Chwith Fleming mae F_{BC} allan o'r papur ac mae F_{CA} i mewn i'r papur, y ddau ar ongl sgwâr. Felly mae'r grymoedd yn hafal a dirgroes, felly mae grym cydeffaith = 0 ac mae Ella yn gywir.

(b) Dydy llinellau gweithredu F_{CA} a F_{BC} ddim yr un fath ac felly mae yna foment cydeffaith (h.y. cwpl) a byddai'r triongl yn cylchdroi – BC allan o'r papur ac AB i mewn i'r papur. Felly mae Ella yn gywir (eto!).

C4 (a) (i) Sylwch fod B_Q yn baralel â PR, fod B_R yn baralel â PQ a bod B_P yn baralel â QR

(ii) Mae'r maes magnetig cydeffaith yn sero oherwydd bod y tri maes yn hafal o ran maint ac ar 120° i'w gilydd.

Mae'r diagram fector yn driongl caeedig.

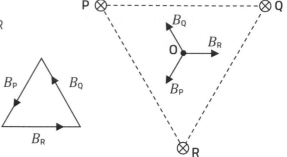

(b) (i) Maes oherwydd P ar R = $\dfrac{\mu_0 I}{2\pi a} = \dfrac{4\pi \times 10^{-7} \times 7.5}{2\pi \times 0.060} = 2.5 \times 10^{-5}$ T.

$\therefore$ Grym ar 2.0 m o R = $BI\ell\sin\theta = 2.5 \times 10^{-5} \times 7.5 \times \sin 90° = 3.75 \times 10^{-4}$ N
Mae'r cyfeiriad tuag at P

(ii) Grym oherwydd Q = 3.75×10^{-4} N tuag at R.
$\therefore$ Grym cydeffaith = $2 \times 3.75 \times 10^{-4} \cos 30°$ N = 6.5×10^{-4} N yn fertigol tuag i fyny.

C5 (a) (i) Mae'r maes yn unffurf ac yn gryfaf yn rhan ganolog y solenoid a thua hanner y cryfder hwn ar ddau ben y solenoid.

(ii) Rhowch chwiliedydd Hall i mewn i'r solenoid, wedi'i gyfeiriadu ar ongl sgwâr i'r echelin. Gan gadw'r cerrynt yn gyson, mesurwch y foltedd Hall (sydd mewn cyfrannedd â'r maes magnetig) ar gyfres o safleoedd ar hyd y solenoid.

(b) B – rheol gafael â'r llaw dde neu'r rheol corcsgriw.

(c) $B = \mu_0 nI = \dfrac{4\pi \times 10^{-7} \times 300 \times 4.0}{0.60} = 2.5 \times 10^{-3}$ T

(ch) Drwy fewnosod craidd haearn (neu ddefnydd fferomagnetig arall).

C6 (a) Yn ôl cadwraeth egni, mae $eV = \frac{1}{2}mv^2$,

$\therefore V = \dfrac{mv^2}{2e} = \dfrac{9.11 \times 10^{-31} \times (3.0 \times 10^7)^2}{2 \times 1.6 \times 10^{-19}} = 2560$ V

(b) $\dfrac{mv^2}{r} = Bev$, $\therefore B = \dfrac{mv}{er} = \dfrac{9.11 \times 10^{-31} \times 3.0 \times 10^7}{1.6 \times 10^{-19} \times 0.040} = 4.27 \times 10^{-3}$ T

Mae'r maes ar ongl sgwâr i mewn i'r diagram.

(c) Os yw'r grymoedd yn cydbwyso, $Ee = Bev$, $\therefore E = 4.27 \times 10^{-3} \times 3.0 \times 10^7$ V m^{-1} = 128 kV m^{-1}
Cyfeiriad = yn fertigol tuag i lawr yn y diagram.

C7 (a) Grym sy'n cael ei brofi = $Bqv\sin\theta$, ar ongl sgwâr i'r cyflymder a'r maes, i'r cyfeiriad sy'n cael ei roi gan y rheol Modur Llaw Chwith, lle θ yw'r ongl rhwng y cyflymder a'r maes (90° yma) a v yw maint y cyflymder.
Gan fod y grym hwn bob amser ar ongl sgwâr i gyfeiriad y mudiant, mae hyn yn rhoi'r grym mewngyrchol.

Felly $\dfrac{mv^2}{r} = Bqv$, felly $\dfrac{v}{r} = \dfrac{Bq}{m}$. Ond $\dfrac{v}{r} = \omega = \dfrac{2\pi}{T}$

$\therefore \dfrac{2\pi}{T} = \dfrac{Bq}{m}$ ac felly $T = \dfrac{2\pi m}{Bq}$

(b) Amledd = $\dfrac{1}{\text{cyfnod orbitol}} = \dfrac{0.30 \times 1.60 \times 10^{-19}}{2\pi \times 1.67 \times 10^{-27}} = 4.6 \times 10^6$ Hz

(c) Mae llwybr y protonau [neu ronynnau eraill] yn gyson; mae'r maes magnetig yn cynyddu wrth i egni / momentwm y protonau gynyddu.

Mae'r syncrotron yn cynhyrchu gronynnau egni uchel iawn (perthnaseddol), sy'n cael eu defnyddio i brofi adeiledd gronynnau isatomig.

C8 (a) Mae cyfanswm y gp sy'n cyflymu = 4×120 kV = 4.8×10^5 V

∴ Mae'r cynnydd yn yr egni cinetig = 4.8×10^5 eV = 7.68×10^{-14} J

$$\frac{1}{2} \times 1.67 \times 10^{-27} \left(v^2 - (4.0 \times 10^6)^2\right) = 7.68 \times 10^{-14}$$

∴ $v = 1.04 \times 10^7$ m s^{-1}

(b) (i) Bob tro y bydd proton yn dod allan o diwb, rhaid i'r tiwb nesaf fod ar botensial is (fel y bydd yn bosibl cyflymu'r proton). Dim ond os yw'r gp yn gwrthdroi polaredd bob tro mae'r proton tu mewn i diwb y gall hyn ddigwydd.

(ii) Wrth i'r proton ennill egni mae'n cyflymu, felly mae'n teithio yn bellach yn yr amser sy'n cael ei gymryd i'r polaredd wrthdroi.

(c) Mae'n ymestyn dros bellter hir iawn.

Adran 4.5: Anwythiad electromagnetig

C1 (a) (i) $\Phi = \pi (0.04$ m$)^2 \times 0.050$ T = 2.5×10^{-4} Wb

(ii) $|\mathcal{E}| = \dfrac{\Delta \Phi}{\Delta t} = \dfrac{2.5 \times 10^{-4} \text{ Wb}}{0.16 \text{ s}} = 1.56$ mV = 1.6 mV (2 ff.y.)

(iii) Mae'r g.e.m. yn glocwedd. Rydyn ni'n gwybod hyn oherwydd bod g.e.m. clocwedd yn cynhyrchu cerrynt clocwedd yn y cylch, ac felly (gan ddefnyddio'r rheol gafael â'r llaw dde) maes magnetig y tu mewn i'r ddolen wedi'i gyfeirio i mewn i'r papur, sy'n gwrthwynebu – yn ôl deddf Lenz – y gostyngiad yn y maes sy'n cael ei weithredu.

(iv) Egni = pŵer × amser = $\dfrac{\mathcal{E}^2}{R}\Delta t = \dfrac{(1.56 \times 10^{-3} \text{ V})^2}{2.75 \times 10^{-3} \text{ } \Omega} \times 0.16$ s = 1.4×10^{-4} J

(b) Bydd dyblu diamedr, d, y cylch yn cynyddu ei arwynebedd bedair gwaith (fel $A = \pi \dfrac{d^2}{4}$). Felly bydd y fflwcs cychwynnol yn cynyddu pedair gwaith, ac felly hefyd y g.e.m. anwythol, $\mathcal{E}$. Mae'r egni sy'n cael ei afradloni mewn cyfrannedd â $\mathcal{E}^2/R$. Ond mae R mewn cyfrannedd â'r diamedr, felly mae'r egni sy'n cael ei afradloni yn 8 gwaith cymaint.

C2 (a) (i) $|\mathcal{E}| = \dfrac{\Delta \phi}{\Delta t} = \dfrac{B \Delta A}{\Delta t} = \dfrac{Blv}{\Delta t} = Blv$

= 0.35 T × 0.15 m × 0.20 m s^{-1} = 11 mV

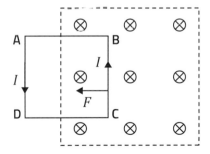

(ii) $I = \dfrac{0.0105 \text{ V}}{0.020 \text{ } \Omega} = 0.53$ A (gweler y diagram)

(iii) $F = BIl \sin \theta$

= 0.35 T × 0.525 A × 0.15 m × $\sin 90°$

= 27.5 N = 28 mN (2 ff.y.) (gweler y diagram)

(b) Cyn belled â bod y ddolen yn aros yn gyfan gwbl yn y maes, dydy'r fflwcs sy'n cysylltu â'r ddolen ddim yn newid wrth iddi symud, felly does dim g.e.m. anwythol (deddf Faraday).

(c) Saeth yn pwyntio i'r chwith yn cael ei nodi <u>ar ochr DA</u>.

C3 (a) Mae cyfeiriad g.e.m. sy'n cael ei anwytho gan newid fflwcs yn golygu bod effeithiau unrhyw gerrynt mae'n ei gynhyrchu yn gwrthwynebu'r newid fflwcs.

(b) Wrth i ni wthio'r ddolen sgwâr i mewn i'r maes, mae yna gerrynt anwythol, ac mae egni'n cael ei afradloni gan wresogi gwrtheddol. Ond, fel mae cyfraith Lenz yn dangos, mae'r grym effaith modur ar y ddolen i'r chwith, ac mae'n rhaid i beth bynnag sy'n gwthio'r ddolen ddefnyddio egni yn gwneud gwaith yn erbyn y grym hwn. Felly mae egni'n cael ei gadw.

(c) (i) Pŵer sy'n cael ei afradloni, $\dfrac{\mathcal{E}^2}{R} = \dfrac{(0.0105 \text{ V})^2}{0.020 \ \Omega} = 5.5$ mW, gan ddefnyddio'r g.e.m. sydd wedi'i gyfrifo yn 2(a)(i).

   (ii) Gwaith sy'n cael ei wneud bob eiliad = Fv = 0.0275 N × 0.20 m s^1 = 5.5 mW gan ddefnyddio'r grym sydd wedi'i gyfrifo yn 2(a)(iii).

C4 (a) (i) $\Phi = BA \cos \theta = 48 \times 10^{-6}$ T × (0.12 m)^2 × cos 30° = 6.0×10^{-7} Wb

      (ii) $N\Phi = 150 \times 6.0 \times 10^{-7}$ Wb = 9.0×10^{-5} Wb (troad)

   (b) $|\mathcal{E}| = \dfrac{\Delta \Phi}{\Delta t} = \dfrac{(9.0 \times 10^{-5} - 0) \text{ Wb-troad}}{1.2 \text{ s}} = 7.5 \times 10^{-5}$ V

C5 (a) Pan fydd y fflwcs magnetig sy'n cysylltu â chylched yn newid, mae g.e.m. yn cael ei anwytho yn y gylched. Mae'r g.e.m. mewn cyfrannedd â chyfradd newid cysylltedd fflwcs.

   (b) (i) Mae'r cysylltedd fflwcs mewn cyfrannedd â cos θ. Felly, mae'r gyfradd newid cysylltedd fflwcs, ac felly (yn ôl deddf Faraday), y g.e.m., mewn cyfrannedd â sin θ. Er enghraifft, pan mae $\theta = \frac{\pi}{2}$ mae'r cysylltedd fflwcs yn sero, ond mae ei gyfradd newid ar ei fwyaf, ac felly hefyd y g.e.m. Mae'r g.e.m. hefyd mewn cyfrannedd ag arwynebedd, PQ × QR, y coil, nifer y troadau a chryfder y maes (oherwydd bod y rhain, yn ogystal â'r ongl, yn penderfynu beth yw'r cysylltedd fflwcs). Yn ôl deddf Faraday, mae'r g.e.m. hefyd mewn cyfrannedd â'r gyfradd y mae ongl y coil yn newid, sef ei gyflymder onglaidd. Felly, mae'r cerrynt mewn cyfrannedd â'r holl ffactorau hyn, ond mae hefyd mewn cyfrannedd gwrthdro â swm gwrthiannau'r coil a'r gwrthydd.

      (ii) Sylwch: o'r wybodaeth sy'n cael ei roi, mae'r naill graff neu'r llall yn bosibl.

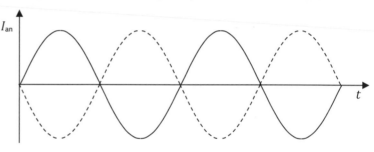

C6 (a) Wrth i'r magnet ddisgyn, mae'r fflwcs sy'n gysylltiedig â'r wal sy'n amgylchynu'r tiwb yn newid, felly mae g.e.m. yn cael ei anwytho ynddo, ynghyd â cherrynt, gan fod y wal yn darludo. Mae'r cerrynt crwn yn gwneud maes magnetig y tu mewn i'r tiwb, yn baralel ag echelin y coil yn fras. Mae'r magnet yn profi grym o'r maes hwn. Yn ôl deddf Lenz, mae'r grym yn gwrthwynebu mudiant y magnet.

   (b) Oherwydd y toriad does dim ceryntau crwn mwyach, felly does dim maes magnetig oherwydd y g.e.m. anwythol na grym magnetig yn gwrthwynebu cwymp y magnet.

   (c) Mae Nabila yn gywir. Ni fydd y glud ynysu yn ymyrryd â llwybrau crwn y ceryntau oherwydd y g.e.m.au anwythol, a bydd grym yn gwrthwynebu mudiant y magnet o hyd, fel sy'n cael ei esbonio yn (a).

C7 (a) Mae'r arwynebedd sydd wedi'i sgubo allan mewn amser $\Delta t = l \ v \Delta t$, felly mewn amser Δt mae'r newid yn y fflwcs sy'n cysylltu â'r gylched = $\Delta \Phi = Bl \ v \Delta t$

    $\therefore \mathcal{E} = \dfrac{\Delta \Phi}{\Delta t} = \dfrac{Blv \Delta t}{\Delta t} = Blv$

   (b) (i) G.e.m. cychwynnol = 0.25 T × 0.30 m × 0.50 m s^{-1}
             = 0.0375 (37.5 mV) ~ 40 mV

      (ii) mae'r g.e.m $\propto l$, ac felly mae'n cynyddu'n llinol hyd at 75 mV.
         Felly (gweler y graff):

      (iii) hyd ar 3 s = 0.525 m
         $\therefore$ g.e.m. = 66 mV
         $\therefore I = \dfrac{\mathcal{E}}{R} = \dfrac{66 \text{ mV}}{1.50 \ \Omega} = 44$ mA

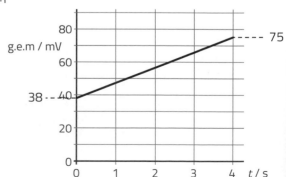

Opsiwn A: Ceryntau eiledol

C1 (a) (i) 0.0000 s [neu 0.0250 s, 0.0500 s, 0.0750 s.....]

(ii) $N\Phi = NBA$ = 50 troad × 0.150 T × (0.040 m)^2
= 0.0120 Wb troad

(b) (i) 0.0125 s [0.0375 s, 0.0625 s, 0.0875 s....]

(ii) $\mathcal{E}_{mwyaf} = BAN\omega$ = 0.0120 × 40.0π = 1.51 V [3 ff.y.]

(c) (i) Cyfwng amser = 0.0020 s. Ongl sydd wedi'i throi = $\dfrac{0.0020}{0.050}$ × 360° = 14.4°

∴ o -7.2° i 7.2°
Cysylltedd ar 0.0115 s = 0.012 sin (-7.2°) = -1.50 × 10^{-3} Wb troad
Cysylltedd ar 0.0135 s = 1.50 × 10^{-3} Wb troad
∴ $\Delta(N\Phi)$ = 3.00 × 10^{-3} Wb troad

(ii) $\langle\mathcal{E}\rangle = \dfrac{\Delta(N\Phi)}{t} = \dfrac{3.00 \times 10^{-3}}{0.0020}$ = 1.5 V

(iii) Bron yr un peth, llai nag 1% o wahaniaeth. Mae'r gyfradd newid cysylltedd fflwcs bron yn gyson ar gyfer onglau bach ac felly i'w disgwyl.

C2 (a) (i) $P = \dfrac{V_{isc}^{2}}{R}$, ∴ $V_{isc} = \sqrt{0.30 \times 5.6}$ = 1.30 V

(ii) Mae'r gp ar draws y gwrthiant mewnol = $\dfrac{2.4}{5.6}$ × 1.30 V = 0.56 V
∴ g.e.m. = 1.30 V + 0.56 V = 1.86 V

(b) $\mathcal{E}_{isc} = \dfrac{BAN\omega}{\sqrt{2}} = \sqrt{2}\pi BANf$

∴ $f = \dfrac{1.86}{\sqrt{2}\pi \times 0.30 \times (0.05)^{2} \times 120}$

= 4.7 Hz

C3 (a) $V = \sqrt{V_R^{2} + (V_C - V_L)^{2}}$

$= \sqrt{20^{2} + (25 - 15)^{2}}$

= 22.4 V (3 ff.y.)

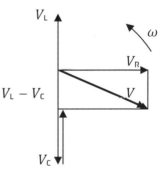

(b) Mae adweithedd y cynhwysydd yn fwy nag adweithedd yr anwythydd. Mewn cyseiniant, rhaid i'r ddau fod yn hafal.

Mae adweithedd yr anwythydd yn cynyddu gyda'r amledd (yn gostwng ar gyfer y cynhwysydd) felly mae'r amledd cyseiniant yn fwy na 500 Hz ac mae Ciaran yn gywir.

C4 (a) Cyfnod = 4 × 2.0 ms = 8.0 ms ∴ Amledd = 125 Hz

(b) (i) Gan dybio bod yr ansicrwydd wrth ddarllen yr echelin-y = 0.1 rhaniad
gp brig = (1.8 ± 0.2) rhaniad × 200 mV / rhaniad = 360 ± 40 mV
∴ gp isc = 250 ± 30 mV

(ii) Byddai defnyddio 100 mV yn dyblu osgled yr olin a fyddai'n haneru'r ansicrwydd oherwydd byddai'r ansicrwydd yn 0.1 mewn 3.6 yn hytrach na 0.1 mewn 1.8. Felly byddai 100 mV / rhaniad yn well.

C5 (a) gpau brig: V_R = 1.8 V; V_C = 3.0 V
∴ gpau isc: V_R = 1.3 V; VC = 2.1 V (2 ff.y.)

(b) Dim ond yn y gwrthydd mae pŵer yn cael ei afradloni.

$\langle P\rangle = \dfrac{I_0^{2}R}{2} = \dfrac{(0.15\,A)^{2} \times 12\,\Omega}{2}$ = 0.14 W (2 ff.y.)

C6 (a) [Gwerthoedd brig]: $V = I \times \dfrac{1}{2\pi fC}$ ac $f = \dfrac{1}{T}$, felly mae

$$I = \frac{2\pi CV}{T} = \frac{2\pi \times 0.60 \times 10^{-6} \times 10}{0.020} \text{ A} = 1.9 \text{ mA}$$

(b)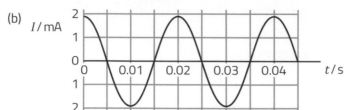

(c) O ddiffiniad cynhwysiant, $Q = CV$. Y cerrynt gwefru, I, yw cyfradd newid Q, felly mae mewn cyfrannedd â chyfradd newid y gp, V. Felly, bydd uchafsymiau'r cerrynt yn digwydd ar yr amserau pan fydd cyfradd y newid yn y gp ar ei mwyaf, h.y. 0 s, 0.02 s, a 0.04 s. [**Neu**: mae'r cerrynt dadwefru ar ei fwyaf pan fydd cyfradd newid y gp fwyaf negatif, h.y. ar 0.01 s a 0.03 s.]

C7 gp allbwn ISC, $V = \dfrac{BAN\omega}{\sqrt{2}}$

$$= \frac{1}{\sqrt{2}} \, 45 \times 10^{-3} \text{ T} \times 20 \times 10^{-4} \text{ m}^2 \times 240 \times \frac{1500 \times 2\pi}{60} \text{ s}^{-1}$$

$$= 2.40 \text{ V}$$

$\therefore$ Pŵer cymedrig, $\langle P \rangle = \dfrac{V_{\text{isc}}^2}{R} = \dfrac{(2.40 \text{ V})^2}{120 \, \Omega} = 0.048 \text{ W}$

C8 (a) Mae gan y ddau'r uned ohm neu mae'r ddau yn hafal i $\dfrac{V_{\text{isc}}}{I_{\text{isc}}}$.

(b) Mae'r adweithedd (X) yn dibynnu ar yr amledd; ond nid felly'r gwrthiant (R) neu $R = \dfrac{V(t)}{I(t)}$ ond fel arfer $X \neq \dfrac{V(t)}{I(t)}$

C9 (a)

(b) (i) $X_C = \dfrac{1}{2\pi fC}$, felly mae $C = \dfrac{1}{2\pi f X_C} = \dfrac{1}{2\pi \times 50 \times 80} = 4.0 \times 10^{-5}$ F

(ii) $X_L = 2\pi fL$, felly mae $L = \dfrac{X_L}{2\pi f} = \dfrac{20}{2\pi \times 50} = 0.064$ H

C10 (a) Graff **A** yw amrywiad adweithedd, X_L, yr anwythydd gydag amledd.

(b) Ar $f = 0$, $Z = 10 \, \Omega$.
Ar $f = 0.5$ kHz, $Z = \sqrt{10^2 + 15^2} = 18.0 \, \Omega$
Ar $f = 1.0$ kHz, $Z = \sqrt{10^2 + 30^2} = 31.6 \, \Omega$

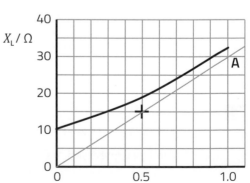

C11 (a) (i)

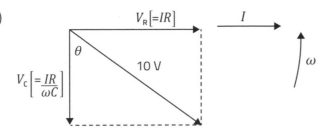

(ii) Gan gymhwyso theorem Pythagoras: $10\,V = \sqrt{V_R^2 + V_C^2} = I\sqrt{R^2 + X_C^2}$

$$X_C = \frac{1}{2\pi \times 750 \times 0.47 \times 10^{-6}}\,\Omega = 450\,\Omega$$

$$\therefore I = \frac{10.0}{\sqrt{330^2 + 450^2}}\,A = 0.018\,A \sim 20\,mA$$

(b) (i) $V_C = IX_C = 0.018 \times 450 = 8.1\,V$

(ii) Mae ongl θ yn y diagram ffasor $= \tan^{-1}\left(\dfrac{V_R}{V_C}\right) = \tan^{-1}\left(\dfrac{R}{X_C}\right) = \tan^{-1}\left(\dfrac{330}{450}\right) = 36°$

(iii) Dydy hyn ddim yn wir: $V_R = \sqrt{10.0^2 - V_C^2} = 5.9\,V$ sydd ddim yr un fath â $(10.0 - 8.1)\,V$.

(c) (i) Dim ond y gwrthydd sy'n afradloni egni.
Pŵer sy'n cael ei afradloni $= I^2R = 0.105\,W$

$\because$ Mae'r egni dros un gylchred $= \dfrac{0.105\,W}{750\,Hz} = 1.4 \times 10^{-4}\,J$ (2 ff.y.)

(ii) Mae'r gp brig ar draws y cynhwysydd $= 11.5\,V$
$\therefore$ Egni mwyaf sy'n cael ei storio $= \dfrac{1}{2}CV^2 = 3.1 \times 10^{-5}\,J$
$\therefore$ Egni cymedrig $= 1.5 \times 10^{-5}\,J$

C12 (a) Gosodwch y generadur signalau ar 100 Hz. Cymerwch ddarlleniadau cydamserol o'r cerrynt a'r gp gan ddefnyddio'r amedr a'r foltmedr yn ôl eu trefn. Rhannwch y gp â'r cerrynt i roi'r rhwystriant.

(b)

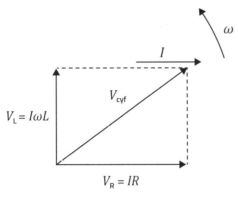

O'r diagram ffasor, mae: $V_{cyf} = \sqrt{V_L^2 + V_R^2} = I\sqrt{X_L^2 + R^2}$
Drwy ddiffiniad mae $V_{cyf} = IZ$ $\therefore$ $Z^2 = X_L^2 + R^2 = (2\pi f L)^2 + R^2$

(c) (i) Rhyngdoriad $= 25\,\Omega^2$
$\therefore R = 5.0\,\Omega$

(ii) Graddiant $= \dfrac{231 - 25}{10 \times 10^5} = 2.06 \times 10^{-4}\,\Omega^2\,s^2$
Graddiant $= 4\pi^2 L^2$, $\therefore L^2 = 5.22 \times 10^{-6}\,H^2$
$\therefore L = 2.3\,mH$

C13 (a) Mewn cyseiniant, mae'r gp ar draws $R = 5.00\,V$
$\therefore R = \dfrac{5.00}{1.00}\,\Omega = 5.00\,\Omega$
Amledd cyseiniant $f_{cys} = \dfrac{1}{2\pi\sqrt{LC}}$. $\therefore L = \dfrac{1}{4\pi^2 f_{cys}^2 C} = 2.25 \times 10^{-3}\,H$

(b) (i) $V_C = \dfrac{I}{2\pi fC} = \dfrac{1.00}{2\pi \times 10.6 \times 10^3 \times 0.100 \times 10^{-6}} = 150\,V$

(ii) $Q = \dfrac{150}{5} = 30$

C14

$$L = 4\pi \times 10^{-7} \text{ Hm}^{-1} \times \frac{25^2 \times \pi \times (3.0 \times 10^{-3} \text{ m})^2}{15 \times 10^{-3} \text{ m}} = 1.48 \times 10^{-6} \text{ H}$$

$$f_{cys} = \frac{1}{2\pi\sqrt{LC}}, \text{ felly} = C = \frac{1}{4\pi^2 f_{cys}^2 L} = \frac{1}{4\pi^2 + (1.6 + 10^6 \text{ Hz})^2 + 1.48 + 10^{-6}\text{H}} = 6.7 \text{ nF}$$

C15 (a)

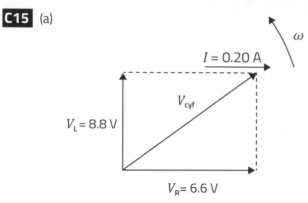

$V_R = 0.20$ A $\times$ 33 Ω = 6.6 V
$X_L = 2\pi \times 100$ Hz $\times 0.070$ H = 44.0 Ω
$\therefore V_L = 0.20$ A $\times$ 44 W = 8.8 V
$\therefore V_{cyf} = \sqrt{6.6^2 + 8.8^2} = 11$ V

(b) (i) $f_{cys} = \dfrac{1}{2\pi\sqrt{LC}}$

$$\therefore C = \frac{1}{4\pi^2 f_{cys}^2 L} = \frac{1}{4\pi^2 \times (100 \text{ Hz})^2 \times 0.070\text{H}}$$

$$= 3.6 \times 10^{-5} \text{ F} = 36 \text{ μF}$$

(ii) $I = \dfrac{V}{R} = 0.30$ A

(c) Bydd e'n gywir o ran y cerrynt brig oherwydd bod y gp a'r gwrthiant wedi'u dyblu. Fodd bynnag, bydd y gromlin gyseiniant yn llai llym (bydd y ffactor Q yn llai) oherwydd bydd cymhareb y gpau ar draws yr anwythydd (neu'r cynhwysydd) a'r gwrthydd yn llai.

Opsiwn B: Ffiseg feddygol

C1 Mae gwanhad pelydr X mewn meinweoedd yn cynyddu wrth i'r dwysedd gynyddu, felly mae esgyrn (dwysedd uchel) yn achosi mwy o wanhad na meinweoedd meddal, gan wneud delweddau cyferbyniad da. Mae gan belydrau X donfedd isel iawn felly mae diffreithiant yn ddibwys, felly maen nhw'n cynhyrchu delweddau clir. [Gall dyfeisiau CCD, ffilm ffotograffig neu ddyfeisiau MOSFET eu canfod hefyd.]

C2 (a) Mae'r electronau'n cael eu cyflymu i egni uchel gan y gp. Mae'r electronau egni uchel hyn (70 keV) yn arafu'n gyflym yn y targed twngsten. Mae gronynnau wedi'u gwefru sy'n cyflymu yn cynhyrchu pelydriad [trwy'r broses *Bremmstrahlung*] gan roi'r sbectrwm di-dor.

(b) Mae'r electronau weithiau'n bwrw electron mewnol allan o atom twngsten. Mae electronau egni uwch o fewn yr atomau yn disgyn i'r lefel egni wag gan allyrru ffotonau gydag egni sy'n hafal i'r gwahaniaeth yn y ddwy lefel egni.

(c) [Mae angen gwactod] i ganiatáu i'r electronau basio i lawr y tiwb heb wrthdaro â moleciwlau aer a cholli egni.

(ch) $\frac{1}{2} mv^2 = eV$, felly $v = \sqrt{\dfrac{2eV}{m}} = \sqrt{\dfrac{2 \times 1.60 \times 10^{-19} \text{ C} \times 70 \times 10^3 \text{ V}}{9.11 \times 10^{-31}\text{kg}}} = 1.6 \times 10^8 \text{ m s}^{-1}$

Mae'r buanedd sydd wedi'i gyfrifo yn rhy agos at fuanedd golau (mewn gwactod) i'r hafaliadau uchod fod yn ddilys.

(d) $eV = \dfrac{hc}{\lambda_{lleiaf}}$, felly $\lambda_{lleiaf} = \dfrac{hc}{eV} = \dfrac{6.63 \times 10^{-34} \text{ Js} \times 3.00 \times 10^8 \text{ m s}^1}{1.60 \times 10^{-19} \text{ C} \times 70 \times 10^3 \text{ V}} = 1.8 \times 10^{-11} \text{ m}$

(dd)(i) Pŵer mewnbwn = 14.5 mA × 70 kV = 1015 W

∴ Effeithlonrwydd = $\dfrac{5.1\ W}{1015\ W}$ = 5.0 × 10⁻³ [= 0.5%]

(ii) Mae angen dargludo gwres i ffwrdd ar gyfradd o 1015 W - 5.1 W, h.y. tua 1 kW. Yn absenoldeb dŵr oeri, byddai tymheredd y cathod twngsten yn mynd yn rhy uchel a byddai'r tiwb pelydr X yn cael ei ddinistrio (byddai'r gwydr yn ymdoddi).

(iii) % effeithlonrwydd sydd wedi'i ragfynegi = 70 × 74 × 10⁻⁴ = 0.52 (2 ff.y.)
Felly mae hwn yn frasamcan da.

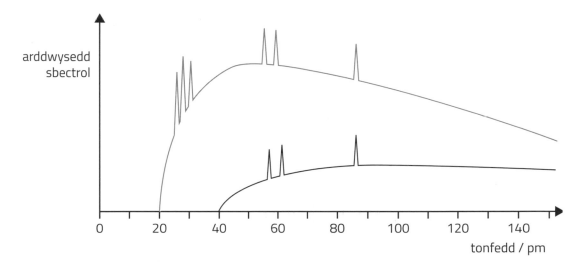

arddwysedd sbectrol

tonfedd / pm

C4 (a) (i) Yn yr effaith piesodrydanol, mae anffurfio grisial yn cynhyrchu gp. Os bydd gp yn cael ei roi ar risial piesodrydanol, mae'n cynhyrchu anffurfiad – yr effaith piesodrydanol o chwith.

(ii) Mae foltedd amledd uchel (MHz) byr sy'n cael ei roi ar y grisial yn y trawsddygiadur yn achosi dirgryniadau cyflym (o'r un amledd) sy'n cynhyrchu'r don uwchsain.

(b) Sganiau osgled yw sganiau-A. Mae'r don sy'n dychwelyd yn cael ei harddangos ar CRO ac mae'r oediad amser yn dangos dyfnder yr adeiledd.
Sganiau disgleirdeb yw sganiau-B. Mae'r tonnau sy'n dychwelyd yn creu delwedd o'r adeileddau ar sgrin. [Mae hyn yn cael ei gyflawni drwy ddefnyddio arae fawr o ganfodyddion uwchsain. Mae delweddau 2D yn cael eu creu wrth i'r allyrrydd a'r canfodyddion gael eu cylchdroi/sganio.]

(c) (i)

Meinwe'r corff	Dwysedd / kg m⁻³	Buanedd sain / m s⁻¹	Rhwystriant acwstig / kg m⁻² s⁻¹
Meinwe feddal	1070	1590	1.70 × 10⁶
Asgwrn	1650	4080	6.73 × 10⁶

(ii) $R = \dfrac{(6.73 - 1.70)^2}{(6.73 + 1.70)^2}$ =0.356 = 36% (2 ff.y.)
[Sylwch – mae ffactorau 10⁶ yn canslo felly does dim angen eu cynnwys yn y cyfrifiad.]

(iii) Mae pedwar trosiad rhwng meinwe feddal ac asgwrn: croen/asgwrn; asgwrn/ymennydd; ymennydd/asgwrn; asgwrn/croen. Mae'r ffracsiwn sy'n cael ei drawsyrru ar bob ffin = 0.644, felly ar gyfer pedair ffin, y trawsyriad yw (0.644)⁴ = 0.172 = 17%. Felly dydy'r signal ddim yn 13% o signal y babi. Felly, mae'r ffigur terfynol bron yn gywir, ond mae hwn yn ffliwc gan nad yw'n codi o 1.00 – 0.36².

C5 (a) Mae μ yn cael ei ddiffinio gan: $I = I_0 e^{-\mu x}$ lle I yw'r arddwysedd.

Os yw $I = \tfrac{1}{2} I_0$, yna mae $e^{-\mu x_{1/2}} = \tfrac{1}{2}$
Gan gymryd logiau naturiol $\rightarrow -\mu x_{1/2} = \ln\tfrac{1}{2} = -\ln 2$
∴ $\mu x_{1/2} = \ln 2$

(b) $\mu = \dfrac{\ln 2}{3.7\ cm} = 0.1873\ cm^{-1}$

∴ $\dfrac{I}{I_0} = e^{-0.1873 \times 5.0} = 0.39$
∴ Lleihad ffracsiynol = 1.00 – 0.39 = 0.61 = 61%

C6 (a) Mae pen y sganiwr yn cynhyrchu pylsiau uwchsain sy'n treiddio'r corff ac sy'n cael eu hadlewyrchu o'r ffoetws. Mae'r tonnau adlewyrchol yn cael eu canfod gan ben y sganiwr, sy'n anfon signalau foltedd i ddadansoddydd sy'n creu delwedd wrth i'r sganiwr gael ei symud ar draws yr abdomen. Mae angen y gel fel bod y cyfernod adlewyrchu rhwng y pen a'r abdomen yn isel – fel arall byddai'r bwlch aer yn cynhyrchu adlewyrchiadau mawr ac ychydig iawn o signal fyddai'n mynd drwodd i'r ffoetws.

(b) (i) Mae'r pelydrau uwchsain yn cael ei adlewyrchu o gelloedd coch y gwaed yn ôl i ben y sganiwr. Os yw'r celloedd gwaed yn symud tuag at y sganiwr, mae'r tonnau'n dioddef dadleoliad Doppler i amledd uwch: mae'r celloedd gwaed yn 'gweld' tonnau ag amledd uwch y maen nhw'n eu hadlewyrchu; gan fod y celloedd yn ffynhonnell symudol, mae'r tonnau sy'n cael eu derbyn gan y sganiwr yn dioddef dadleoliad Doppler pellach. Mae'r newid amledd mewn cyfrannedd â buanedd y celloedd gwaed.

(ii) $\dfrac{\Delta f}{f_0} =- \dfrac{2 \times 1.058 \text{ m s}^{-1}}{1580 \text{ m s}^{-1}} \cos 5° = 1.334 \times 10^{-3}$

$\therefore \Delta f = 1.334 \times 10^{-3} \times 5.50 \text{ MHz} = 7.34 \text{ kHz (3 ff.y.)}$

C7 (a) Mae'r grid gwrth-wasgariad yn torri allan pelydrau X sy'n cael eu dargyfeirio ar ongl gan ddefnydd y gwrthrych – sy'n ymyrryd â'r ddelwedd.

Mae'r sgrin fflachennu yn fflachio ar bwynt lle mae ffoton pelydr X yn taro i gynhyrchu'r ddelwedd.

(b) Maen nhw'n cael eu cynllunio fel bod pob ffoton pelydr X yn cynhyrchu nifer fawr o ffotonau gweladwy, sy'n lleihau'r dos o belydrau X sydd ei angen. Mae'r sgrin yn cael ei rhoi mewn cynhwysydd tywyll fel y bydd hyd yn oed delwedd wan iawn yn cael ei chodi gan y camera – a hefyd yn lleihau'r dos pelydr X sydd ei angen.

C8 (a) Mewn therapi, mae angen i'r ffotonau drosglwyddo egni mawr i'r celloedd targed. Mae gan ffotonau pelydr X egni uwch fwy o dreiddiad. Mae hyn yn golygu bod arddwysedd y paladr yn gostwng yn arafach, gan roi dos mwy unffurf i'r ardal ddewisol.

(b) Mewn therapi, mae angen i'r pelydrau X achosi niwed i'r celloedd targed (tyfiant). Mae paladrau ag arddwysedd uwch yn trosglwyddo mwy o ffotonau bob eiliad, gan gynyddu'r niwed i'r celloedd targed.

C9 (a) **Esboniad ffoton:**
Mae gan y niwclysau hydrogen ddau sbin (i fyny ac i lawr yn y maes magnetig) gyda gwahaniaeth egni, a mwy o niwclysau yn y lefel egni is. Mae gan y ffotonau radio egni sy'n hafal i'r gwahaniaeth hwn ac maen nhw'n codi nifer uwch o niwclysau i'r lefel egni uwch. Pan fydd y paladr radio yn cael ei ddiffodd, mae'n bosibl canfod yr egni sy'n cael ei ryddhau wrth i'r niwclysau ddychwelyd i'r lefel egni is.
Esboniad clasurol:
Mae'r niwclysau hydrogen sy'n sbinio yn presesu ar amledd sydd mewn cyfrannedd â chryfder y maes magnetig. Os yw tonnau radio gyda'r amledd presesu hwn yn drawol, maen nhw'n cael eu hamsugno'n gryf a'u hail-allyrru pan fydd y tonnau radio allanol yn cael eu diffodd.

(b) $f = 62.4\ B$
$f_1 = 62.4 \times 1.53 = 95.5$ MHz; $f_2 = 62.4 \times 1.92$ MHz $= 120$ MHz

(c) Mae **sganiau MRI** yn cynhyrchu delweddau 3D cydraniad uchel (tua 1 mm) lle mae'r gwahanol feinweoedd yn y cymal yn cael eu gwahaniaethu. Maen nhw'n gofyn am ddefnyddio cyfarpar drud iawn ac maen nhw'n gallu achosi clawstroffobia. Does ganddyn nhw ddim unrhyw risg hysbys ond ni ellir eu rhoi i bobl sydd â mewnblaniadau metel, e.e. rheoliadur y galon.
Mae **pelydrau X traddodiadol** dim ond yn delweddu esgyrn yn glir, gyda chydraniad delwedd ardderchog (~0.1 mm) ac maen nhw'n 2D. Felly dydy'r meinweoedd meddal (cartilag a gewynnau) yn y cymal ddim yn cael eu delweddu'n dda. Mae ganddyn nhw hefyd risg fach oherwydd y pelydriad ïoneiddio sy'n gysylltiedig. [Mae'n bosibl defnyddio sganiau pelydr X CT i gynhyrchu delweddau 3D a meinwe feddal, ond gyda pheryglon dos pelydriad uwch. Mae cydraniad delweddau tua 0.5 mm.]
Mae **sganiau-B uwchsain** yn rhad ac yn ddiniwed ond mae ganddyn nhw gydraniad gwael (tua 2–5 mm fel arfer) a gallan nhw ddelweddu'r meinweoedd meddal ac arwyneb esgyrn (felly maen nhw'n dda ar gyfer archwilio cartilag a gewyn).

C10 (a) Mae'r pellter ychwanegol o **X** i'r canfodydd **B** = 3.00×10^8 m s^{-1} $\times$ 237 ps = 7.11 cm
$\therefore$ mae **X** 3.6 cm yn nes at **A** na'r pwynt hanner ffordd.

(b) Mae allyrrydd positronau yn cael ei osod ynghlwm wrth foleciwlau glwcos lle mae'n cael ei amsugno'n ffafriol gan gelloedd sydd wrthi'n rhannu, fel celloedd tyfiant. Mae gan y positronau sy'n cael eu hallyrru gyrhaeddiad byr ac maen nhw ac electron yn y corff yn difodi gyda'i gilydd i gynhyrchu 2 ffoton γ sy'n dod allan i gyfeiriadau dirgroes. Mae'r gwahaniaeth amser rhwng canfod y ffotonau hyn yn ein galluogi i ddarganfod safle'r allyriadau. Mae delwedd (3D) yn cael ei chreu'n raddol sy'n dangos lleoliad mannau poeth lle mae difodi'n digwydd.

C11 Mae'r pen sy'n allyrru pelydrau X a'r canfodydd yn cylchdroi o amgylch y corff ac yn symud yn raddol ar hyd echelin y corff. Fel hyn mae'r sganiwr yn cynhyrchu delweddau o'r corff mewn sleisiau sy'n gallu cael eu cyfuno mewn cyfrifiadur i gynhyrchu delweddau 3D. Dydy pelydrau X traddodiadol ddim yn gwahaniaethu meinweoedd meddal yn dda ond mae'n bosibl chwistrellu cyflyrau cyferbynnu i mewn i bibellau gwaed neu eu llyncu i mewn i'r llwybr ymborth i wella gwelededd gwahanol feinweoedd meddal.

C12 (a) (i) Dos effeithiol = dos cyfatebol × ffactor pwysoli meinwe
Dos effeithiol (cyfraniad i'r afu/iau) = 550 mSv × 0.04 = 22 mSv

    (ii) Dos cyfatebol = dos sy'n cael ei amsugno × ffactor pwysoli'r ymbelydredd
Ffactor pwysoli ar gyfer y niwtronau hyn = 20

$$\text{Dos sy'n cael ei amsugno} = \frac{550}{20} = 27.5 \text{ mGy}$$

$$\text{Dos sy'n cael ei amsugno} = \frac{\text{egni'r pelydriad sy'n cael ei amsugno}}{\text{màs}}$$

∴ Egni'r pelydriad sy'n cael ei amsugno = dos sy'n cael ei amsugno × màs
= 27.5 mGy × 94 kg = 2.6 J

(b) Mae ffactor pwysoli ymbelydredd pelydriad yn 20, sef yr uchaf, ac mae'n adlewyrchu'r ffaith ei fod yn ïoneiddio'n gryf ac felly mae'n trosglwyddo ei egni mewn pellter byr iawn. Bydd y defnydd a gaiff ei amlyncu yn dod i gysylltiad agos â'r oesoffagws, y stumog a'r colon (hyd yn oed gan dybio nad oes dim yn cael ei amsugno i'r llif gwaed) sy'n peri risg uchel o ganserau i leinin yr organau hyn. Gyda'i gilydd, mae'r organau hyn yn ffurfio tua 30% o sensitifrwydd y corff i ymbelydredd.

C13 (a) Mae'r cyflinydd yno i gyfyngu'r pelydrau γ i'r rhai sydd i'r cyfeiriad fertigol, er mwyn caniatáu i ddelwedd gael ei gwneud (oherwydd does dim modd ffocysu pelydrau γ).

Mae'r fflachiwr yn cynhyrchu fflach gyda sawl ffoton gweladwy pan fydd un ffoton γ yn ei daro gan ganiatáu i ddelwedd gael ei chreu. Mae'r ffotoluosydd yn sensitif iawn ac yn sicrhau bod pob un o'r fflachiadau hyn yn cael eu canfod er mwyn caniatáu i ddos isel o ⁹⁹ᵐTc gael ei ddefnyddio.

(b) Mae angen iddo beidio â bod yn wenwynig, bod â hanner oes fer ac i gynhyrchu pelydriad nad yw'n cael ei amsugno yn y corff, ac sydd felly'n gallu dod allan i gael ei ganfod, h.y. allyrrydd gama.

Opsiwn C: Ffiseg chwaraeon

C1 Mae pêl-droed yn gamp gyswllt lle mae chwaraewyr yn derbyn grymoedd o'r ochr. Y byrraf yw'r uchder, *h*, (gweler y diagram) y lleiaf yw moment *F* a'r lletaf yw'r sail *w*, y mwyaf yw'r moment sy'n gwrthwynebu rhag dymchwel. Felly'r mwyaf yw'r sefydlogrwydd.

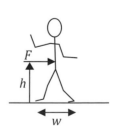

C2 Moment clocwedd y goes + troed = 118 × 43 + 11 × 91 N cm
= 6075 N cm
∴ Yn ôl egwyddor momentau, F × 4.5 cm = 6075 N cm

$$\therefore F = \frac{6075 \text{ N cm}}{4.5 \text{ cm}} = 1350 \text{ N}$$

C3 (a) (i) Cyfanswm $E_k = \sum \frac{1}{2}(\Delta m) v^2$, lle Δm yw'r masau bach sy'n ffurfio'r silindr.

Mae pob rhan o'r silindr yn symud gyda'r un buanedd, $v = rw$.

$$\therefore E_k = \frac{1}{2}v^2 \sum \Delta m = \frac{1}{2}(r\omega)^2 \sum \Delta m$$

Ond $\sum \Delta m$ = cyfanswm y màs, m. $\therefore E_k = \frac{1}{2}mr^2\omega^2$

(ii) Ar gyfer silindr sy'n rholio ac yn symud gyda buanedd v, mae'r cyflymder onglaidd, $\omega = \frac{v}{r}$, fel bod y pwynt cyswllt yn sefydlog.

egni cinetig $E_k = \frac{1}{2}mv^2 + \frac{1}{2}I\omega^2$

Ond $I = \frac{1}{2}mr^2 \therefore \frac{1}{2}I\omega^2 = \frac{1}{2}mr^2\omega^2 = \frac{1}{2}m(r\omega)^2 = \frac{1}{2}mv^2$

Felly mae'r EC cylchdroi a'r EC llinol yn hafal, h.y. maen nhw'n cyfrannu hanner yr un.

(iii) Colled egni potensial disgyrchiant $= mg\Delta h$

Cyfanswm EC $= 2 \times 0.45$ J $= 0.90$ J

$\therefore$ Drwy gadwraeth egni, $m = \dfrac{0.90 \text{ J}}{9.81 \text{ N kg}^{-1} \times 0.30\text{m}} = 0.31$ kg (2 ff.y.)

(b) Ar gyfer màs a radiws penodol, mae moment inertia'r bêl snwcer yn llai na moment inertia'r silindr, felly mae egni cinetig cylchdroi pêl snwcer sy'n rholio yn llai na'i egni cinetig trawsfudol. Felly, ar gyfer colled egni potensial penodol, mae egni cinetig trawsfudol y bêl snwcer yn fwy nag egni cinetig trawsfudol y silindr, felly mae ganddi fwy o fuanedd ac felly mae'n cyrraedd yn gyntaf.

C4 (a) Cyflymiad llinol, $a = \dfrac{[48 \text{ m s}^{-1} - (-32\text{m s}^{-1})]}{0.0068 \text{ s}} = 11\,800$ m s^{-2} Tua'r gorllewin

$\Delta\omega = \dfrac{2550 - 1200}{60}$ rad s^{-1} $= 22.5$ rad s^{-1}

$\therefore$ Cyflymiad onglaidd, $a = \dfrac{22.5 \text{ rad s}^{-1}}{0.0068 \text{ s}} = 3310$ rad s^{-2}

(b) Grym cymedrig, $\langle F \rangle = ma = 0.0582$ kg $\times 11\,800$ m s$^{-2} = 687$ N

Trorym cymedrig, $\langle \tau \rangle = I\alpha = \frac{2}{3} \times 0.0582$ kg $\times \left(\dfrac{66.9 \times 10^{-3} \text{ m}}{2}\right)^2 \times 3310$ rad s$^{-2} = 0.144$ N m

(c) Egni cinetig cylchdroi,

$E_{k \text{ cylch}} = \frac{1}{2}I\omega^2 = \frac{1}{2} \times \frac{2}{3} \times 0.0582$ kg $\times \left(\dfrac{66.9 \times 10^{-3} \text{ m}}{2}\right)^2 \times \left(\dfrac{2550 \text{ rad}}{60 \text{ s}}\right)^2 = 0.039$ J

Egni cinetig trawsfudol,

$E_{k \text{ traws}} = \frac{1}{2}mv^2 = \frac{1}{2} \times 0.0582$ kg $\times (48 \text{ m s}^{-1})^2 = 67$ J

Felly mae Charles yn gywir o bell ffordd!

(ch) Ystyriwch y mudiant fertigol gyda thuag i fyny'n bositif

I gyfrifo'r amser i daro'r ddaear: $y = u_y t - \frac{1}{2}gt^2$, gyda $y = -0.95$ m

$\therefore 4.905t^2 - 48t\sin 6.5° - 0.95 = 0$, $\therefore t = \dfrac{5.43 \pm \sqrt{29.5 + 4 \times 4.905 \times 0.95}}{9.81} = 1.26$ s

[gan anwybyddu'r israd negatif]. $\therefore$ Cyrhaeddiad $= (48 \cos 6.5° \times 1.26)$ m $= 60$ m (2 ff.y.)

Felly mae hi wedi'i tharo'n rhy bell.

(d) (i) $F_D = \frac{1}{2}\rho v^2 A C_D$

$= \frac{1}{2} \times 1.25$ kg m$^{-3} \times (48 \text{ m s}^{-1})^2 \times \pi \left(\dfrac{66.9 \times 10^{-3} \text{ m}}{2}\right)^2 \times 0.60 = 3.0$ N (2 ff.y.)

Gan weithredu dros bellter o 10 m byddai hyn yn lleihau'r EC o 30 J sydd bron yn hanner felly does dim modd ei anwybyddu.

(ii) Grym disgyrchiant $= mg = 0.57$ N, felly mae'r 'grym codi' bron 4$\times$ mor fawr a bydd y cyrhaeddiad lawer yn llai na'r 60 m a gafodd ei gyfrifo.

C5 Mae chwistrell y gawod yn achosi i'r aer tu mewn i guddygl y gawod i symud. Mae hyn yn achosi i'r gwasgedd tu mewn i'r cuddygl ostwng yn unol â hafaliad Bernoulli, $p = p_0 - \frac{1}{2}\rho v^2$. Mae'r gwahaniaeth gwasgedd rhwng y tu mewn a'r tu allan yn cynhyrchu grym net tuag i mewn ar len y gawod.

C6 Mae moment gwrthglocwedd pwysau'r syrffiwr gwynt (y person a'i gyfarpar) o gwmpas y cyswllt â'r dŵr (y trobwynt, **T**) yn cael ei gydbwyso gan foment grym y gwynt ar yr hwyl.

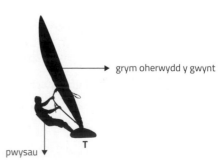

grym oherwydd y gwynt

pwysau

T

C7 Buanedd nesáu = 11.8 m s^{-1}
Buanedd gwahanu = (11.4 – 0.4) m s^{-1} = 11.0 m s^{-1}
∴ Cyfernod adfer, $e = \dfrac{11.0 \text{ m s}^{-1}}{11.8 \text{ m s}^{-1}} = 0.93$

C8 Yn absenoldeb trorymoedd allanol, mae momentwm onglaidd, L, y gymnastwr yn gyson.
$L = I\omega$, lle $I = \sum mr^2$ yw ei moment inertia.
Yn ei chwrcwd, mae'r pellter r o'r canol i nifer o bwyntiau ar y corff yn llai. Felly, mae I yn llai ac mae ω, y cyflymder onglaidd, yn cynyddu.

C9 (a) Newid momentwm,
Δp = 0.058 kg × [49 m s^{-1} – (–63 m s^{-1})] m s^{-1} = 6.50 N s tua'r de.
∴ Grym cymedrig ar y bêl, $\langle F \rangle = \dfrac{\Delta p}{t} = \dfrac{6.5 \text{ N s}}{6.5 \times 10^{-3} \text{ s}} = 1.0 \times 10^3$ N

(b) (i) $e = \dfrac{49 \text{ m s}^{-1}}{63 \text{ m s}^{-1}} = 0.78$

(ii) $e = \sqrt{\dfrac{\text{uchder bownsio}}{\text{uchder gollwng}}}$, ∴ $\dfrac{\text{uchder bownsio}}{\text{uchder gollwng}} = 0.78^2 = 0.60$

C10 (a) $\langle F \rangle = \dfrac{m\Delta v}{t} = \dfrac{0.04593 \text{ kg} \times 85 \text{ m s}^{-1}}{257 \times 10^{-6} \text{ s}} = 15\,200$ N

(b) $\Delta\omega = \dfrac{2700}{60} \times 2\pi$ rad s^{-1} = 283 rad s^{-1}

∴ $\langle \alpha \rangle = \dfrac{\Delta\omega}{t} = \dfrac{283}{257 \times 10^{-6}}$ rad s^{-2} = 1.10 × 10^6 rad s^{-2}

(c) Trorym cymedrig, $\langle \tau \rangle = I\alpha$

∴ $\langle F_{tan} \rangle r = \frac{2}{5}mr^2 \langle \alpha \rangle$,

felly $\langle F_{tan} \rangle = \dfrac{2mr}{5}\langle \alpha \rangle = \dfrac{2 \times 0.04593 \text{ kg} \times 21.34 \times 10^{-3}\text{m}}{5} \times 1.10 \times 10^6$ rads^{-2}

  = 431 N

(ch)

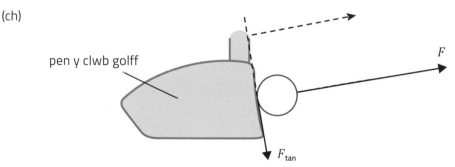

pen y clwb golff

F

F_{tan}

(d) $E_{\text{k cylch}} = \frac{1}{2}I\omega^2 = \frac{1}{2} \times \frac{2}{5} \times 0.04593 \text{ kg} \times (21.34 \times 10^{-3} \text{ m})^2 \times (283 \text{ rad s}^{-1})^2 = 0.34$ J

$E_{\text{k traws}} = \frac{1}{2}mv^2 = \frac{1}{2} \times 0.04593 \text{ kg} \times (85 \text{ m s}^{-1})^2 = 166$ J

∴ $\dfrac{E_{\text{k cylch}}}{E_{\text{k traws}}} = \dfrac{0.34 \text{ J}}{166 \text{ J}} = 2.0 \times 10^{-3}$

C11 (a) Cyflymder fertigol cychwynnol = 18.1 sin 21.2° m s^{-1} = 6.545 m s^{-1}

Cyfrifo'r amser yn yr awyr: $t = \dfrac{v-u}{a} = \dfrac{6.545 \text{ m s}^{-1} - (-6.545\text{ m s}^{-1})}{9.81 \text{ m s}^{-1}} = 1.334$ s

Cyflymder llorweddol = 18.1 cos 21.2° = 16.88 m s^{-1}
∴ Cyrhaeddiad = 22.5 m

(b) $F_D = \frac{1}{2}\rho v^2 A C_D$

  $= \frac{1}{2} \times 1.25 \text{ kg m}^{-3} \times (18.1\text{m s}^{-1})^2 \times \pi (0.110 \text{ m})^2 \times 0.195 = 1.52$ N

(c) Oherwydd y sbin, mae'r aer sy'n pasio o amgylch y bêl yn cael ei allwyro i lawr fel sydd i'w weld yn y diagram, gan ennill momentwm tuag i lawr. Felly mae'r bêl yn rhoi grym tuag i lawr ar yr aer (N2) ac mae'r aer yn rhoi grym hafal tuag i fyny ar y bêl (N3) felly mae amser hediad y bêl yn fwy.

(ch)

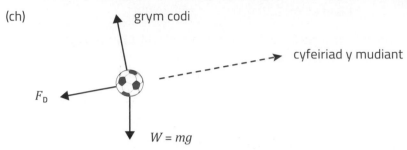

(d) Mae'r llusgiad yn gweithredu yn y cyfeiriad dirgroes i fudiant y bêl trwy'r aer. Yn absenoldeb sbin, mae'n cynhyrchu arafiad yn llorweddol ac yn fertigol. Mae'r arafiad fertigol yn cael effaith fach iawn ar amser yr hediad oherwydd, er bod y cyflymder cymedrig tuag i fyny yn llai, mae'r cyflymder cymedrig tuag i lawr yn cael ei leihau ymhellach. Fodd bynnag, mae'r cyrhaeddiad yn cael ei leihau oherwydd bod yr arafiad llorweddol yn cynhyrchu buanedd cymedrig is.

Mae ôl-sbin yn cynhyrchu grym codi sy'n fertigol i fyny yn bennaf, mae hyn yn cynyddu'r amser y mae'r bêl yn ei dreulio yn yr awyr ac felly'n cynyddu'r cyrhaeddiad llorweddol.

(dd) Mae momentwm onglaidd yn cael ei gadw os nad oes trorym [cwpl] allanol yn gweithredu. Yn yr achos hwn, mae cwpl yn cael ei roi ar y bêl gan yr aer, felly dydy'r egwyddor ddim yn berthnasol i'r bêl ar ei phen ei hun.

(e)

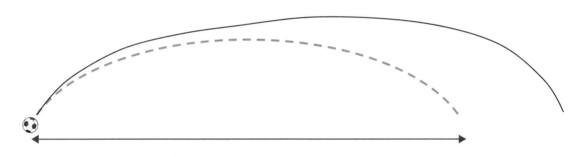

Opsiwn CH: Egni a'r amgylchedd

C1 (a) (i) Arwynebedd trawstoriadol yr asteroid $= \pi r^2 = \pi \times (150m)^2$
∴ Cyfradd amsugno pelydriad $= 0.9 \times \pi \times (150 \text{ m})^2 \times 1361 \text{ W m}^{-2}$
$= 86.6$ MW

(ii) Os yw'r asteroid yn cylchdroi, bydd tymheredd yr arwyneb tua'r un fath ar y ddau wyneb. Os yw'n pelydru fel pelydrydd cyflawn, mae deddf Stefan yn ddilys.
h.y. $P = A\sigma T^4$, gydag $A = 4\pi r^2$
$\therefore T^4 = \dfrac{86.6 \times 10^6 \text{ W}}{4\pi \times (150 \text{ m})^2 \times 5.67 \times 10^{-8} \text{ W m}^{-2} \text{ K}^{-4}}$
$\therefore T = 271$ K

Fel arall:
$0.9 \times \pi \times 150^2 \times 1361 = 4\pi \times 150^2 \times 5.67 \times 10^{-8} T^4$
sy'n arwain at yr un ateb

(iii) $\lambda_{\text{brig}} = \dfrac{W}{T} = \dfrac{2.90 \times 10^{-3} \text{ m K}}{271 \text{ K}} = 10.7$ μm
Is-goch.

(b) (i) Mae'r pelydriad o'r arwyneb yn pasio trwy'r atmosffer. Mae'r pelydriad hwn yn yr is-goch thermol ac mae'n cael ei amsugno'n rhannol gan nwyon tŷ gwydr yn yr atmosffer. Mae'r egni hwn sy'n cael ei amsugno yn cael ei ailbelydru, i bob cyfeiriad, gyda 50% tuag i lawr lle mae'n cael ei amsugno gan y Ddaear, gan arwain at dymheredd sefydlog uwch.

(ii) Mae crynodiadau uwch yn arwain at ffracsiwn mwy o'r pelydriad o'r ddaear yn cael ei amsugno a'i ailbelydru tuag i lawr. Felly mae tymheredd y ddaear yn codi.

C2 (a) Mae gwrthrych sydd wedi'i drochi'n llwyr neu'n rhannol mewn llifydd, yn profi brigwth sy'n hafal i bwysau'r llifydd sy'n cael ei ddadleoli gan y gwrthrych.

(b) (i) Màs yr iâ $= 920 \text{ kg m}^{-3} \times 1.00 \times 10^{-4} \text{ m}^3$
$\qquad = 0.092 \text{ kg}$

$\therefore$ Màs y dŵr sy'n cael ei ddadleoli $= 0.092 \text{ kg}$

$\therefore$ Cyfaint y dŵr sy'n cael ei ddadleoli $= \dfrac{0.092 \text{ kg}}{1000 \text{ kg m}^{-3}} = 92 \text{ cm}^3$

(ii) Pan fydd yr iâ'n ymdoddi, mae gan y dŵr tawdd yr un dwysedd â'r dŵr yn y can felly mae'n llenwi cyfaint o 92 cm^3. Felly mae lefel y dŵr yn aros yr un fath. Mae'r egwyddor yr un fath ar gyfer mynydd iâ neu silff iâ sy'n arnofio. Felly prin fod iâ'r môr yn newid lefel y môr wrth ymdoddi.

(c) Mae arwyneb y cefnfor yn dywyllach nag iâ, felly hefyd y graig sy'n cael ei hamlygu gan fynyddoedd iâ yn encilio. Felly mae'r ffracsiwn o belydriad yr Haul sy'n cael ei amsugno gan y Ddaear yn cynyddu, gan godi'r tymheredd ymhellach.

C3 Mae rhai ffynonellau adnewyddadwy, e.e. gwynt, yn ysbeidiol. Mae gan egni solar amrywiad dyddiol a thymhorol dibynadwy ond ym Mhrydain mae ganddo elfen ysbeidiol fawr. Mae egni'r llanw yn adnewyddadwy ond bron yn gwbl ddibynadwy. Nid yr ysbeidioldeb yw'r broblem ond yr anallu i storio'r egni sy'n cael ei gynhyrchu, a gellid goresgyn hyn drwy ei ddefnyddio i gynhyrchu tanwydd, e.e. hydrogen drwy electrolysis dŵr.

C4 (a) Mae cell danwydd yn ddyfais lle mae'r egni cemegol sydd yn y tanwydd yn cael ei ddefnyddio'n uniongyrchol i gynhyrchu trydan mewn proses nad yw'n thermol.

(b) Mae'n bosibl defnyddio hydrogen i redeg celloedd tanwydd, gydag ocsigen o'r atmosffer fel yr ocsidydd, ac felly cynhyrchu dim ond anwedd dŵr fel nwy gwacáu. Mae hyn yn fantais os yw'r hydrogen yn cael ei gynhyrchu drwy ddefnyddio trydan o ffynhonnell adnewyddadwy (neu os caiff unrhyw CO_2 ei atafaelu). Ar y cyd â modur trydan, mae celloedd tanwydd yn llawer mwy effeithlon na pheiriannau hylosgi mewnol.

C5 (a) Mae cyfoethogi'r wraniwm yn cynyddu canran y ^{235}U mewn sampl o wraniwm o'r lefel naturiol o 0.7%. Mae'n angenrheidiol oherwydd nad yw'r isotop mwyafrifol, ^{238}U, yn ymholltog ond yn hytrach mae'n amsugno niwtronau heb ymholltiad. Mae adweithyddion ymholltiad angen tua 3% o ^{235}U er mwyn gweithio'n normal.

(b) (i) Rhaid bod y niwclid thoriwm yn $^{232}_{91}\text{Th}$.
$$^{232}_{91}\text{Th} + {}^{1}_{0}\text{n} \rightarrow {}^{233}_{91}\text{Th} \rightarrow {}^{233}_{92}\text{U} + {}^{0}_{-1}\text{e} + {}^{0}_{0}\overline{\nu}_e$$

(ii) Mae niwclews ^{238}U yn amsugno niwtron, gan gynhyrchu ^{239}U. Mae hwn yn dadfeilio mewn dau gam drwy allyriad β^- gan gynhyrchu ^{239}Np ac yna ^{239}Pu. Dyma'r adweithiau:

$$^{238}_{92}\text{U} + {}^{1}_{0}\text{n} \rightarrow {}^{239}_{92}\text{U}$$

$$^{239}_{92}\text{U} \rightarrow {}^{239}_{93}\text{Np} + {}^{0}_{-1}\text{e} + {}^{0}_{0}\overline{\nu}_e$$

$$^{239}_{93}\text{Np} \rightarrow {}^{239}_{93}\text{Pu} + {}^{0}_{-1}\text{e} + {}^{0}_{0}\overline{\nu}_e$$

C6 (a)

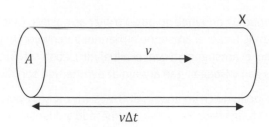

Mae màs yr aer sy'n pasio'r trawstoriad ym mhwynt **X** mewn amser $\Delta t = Av\Delta t \times \rho$

∴ Egni cinetig yr aer hwn $= \frac{1}{2}(A\rho v\Delta t)v^2 = \frac{1}{2}A\rho v^3\Delta t$

∴ Drwy rannu â Δt, mae'r EC/eiliad $= \frac{1}{2}A\rho v^3$

(b) Effeithlonrwydd $= \dfrac{P_{ALLAN}}{P_{MEWN}} \times 100\%$

$= \dfrac{7.9 \times 10^6 \text{ W}}{\frac{1}{2}\pi(80\text{ m})^2 \times 1.25 \text{ kg m}^{-3} \times (12 \text{ m s}^{-1})^3} \times 100\%$

$= 36\%$

C7 (a) $\dfrac{\Delta Q}{\Delta t}$ = y llif gwres am bob uned amser (h.y. y trosglwyddiad pŵer).

Uned: W

$\dfrac{\Delta\theta}{\Delta x}$ = y graddiant tymheredd, h.y. y gwahaniaeth tymheredd am bob uned hyd:

Uned: K m⁻¹ neu °C⁻¹ m⁻¹

(b) $\left[\dfrac{\Delta Q}{\Delta t}\right] = [A][K]\left[\dfrac{\Delta\theta}{\Delta x}\right]$,

∴ W = m² $[K]$ K m⁻¹

∴ $[K] = \dfrac{\text{W}}{\text{m}^2 \text{ K m}^{-1}}$ = W m⁻¹ K⁻¹

(c) Mae gwres yn llifo yn erbyn y graddiant tymheredd, h.y. o dymheredd uchel i dymheredd isel.

(ch) $\Delta\theta = 25°\text{C} = 25$ K

$\dfrac{\Delta Q}{\Delta t} = 0.5 \text{ m}^2 \times 0.14 \text{ W m}^{-1}\text{ K}^{-1} \times \left(\dfrac{25\text{ K}}{12.0 \times 10^{-3}\text{ m}}\right)$

$= 146$ W $= 8750$ J / munud

C8 (a) Mae arddwysedd y pelydriad solar ar y ddaear yn llawer llai na 1361 W m⁻² oherwydd amsugniad a gwasgariad gan yr atmosffer.

(b) Ar 15 V, mewn unedau A ac W m⁻²: $\dfrac{9.2}{400} = 0.023$; $\dfrac{14.2}{600} = 0.024$; $\dfrac{19.2}{800} = 0.024$; $\dfrac{23.8}{1000} = 0.024$.

Felly, mewn cyfrannedd, o fewn goddefiant y graffio.

(c) $P = VI$. Ym mhwynt **X** $V = 0$, ∴ $P = 0$

Ym mhwynt **Y** $I = 0$, ∴ $P = 0$.

(ch)

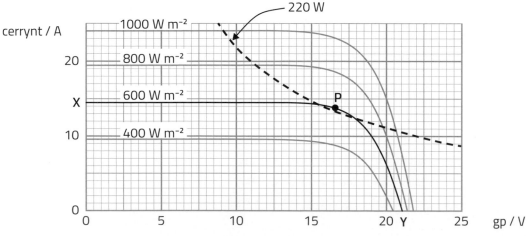

Mae'r llinell doredig ar y grid ar gyfer 220 W. Mae'r pwynt **P** (15.5 V, 11.9 A) ar y gromlin nodweddiadol 600 W m⁻² ychydig yn uwch na'r llinell 220 W, felly mae honiad y gwneuthurwr yn gywir.

Mae'r pŵer ym mhwynt **P** yn 16.5 V × 11.9 A = 229 W.

C9 (a) (i) Egni cinetig y dŵr sy'n llifo bob eiliad = $\frac{1}{2}A\rho v^3$

Ond $v = \dfrac{\text{cyfaint bob eiliad}}{\text{arwynebedd trawstoriadol}} = \dfrac{2.75 \text{ m}^3 \text{ s}^{-1}}{\pi \times (0.50 \text{ m})^2} = 3.50 \text{ m s}^{-1}$

∴ Mae'r EC sy'n cael ei ennill bob eiliad = $\frac{1}{2}\pi(0.5 \text{ m})^2 \times 1000 \text{ kg m}^{-3} \times (3.50 \text{ m s}^{-1})^3$

$= 16\,850 \text{ W}$

(ii) Llif màs = 2750 kg s^{-1}

∴ Mae'r golled EPD bob eiliad = 2750 kg s^{-1} × 9.81 N kg^{-1} × 6.0 m

$= 162\,000 \text{ W}$

(b) Pŵer sydd ar gael = 162 kW – 17 kW

$= 145 \text{ kW}$

∴ Pŵer allbwn = 80% × 145 kW = 116 kW

(c) Mae'r EC sy'n cael ei ennill bob eiliad = 16.85 kW × (1.10)^3 = 22.43 kW

Mae'r golled EPD bob eiliad = 162 kW × 1.10 = 178 kW

∴ Pŵer allbwn = 80% × (178 – 22) kW = 125 kW

110% o 116 kW = 128 kW,

∴ mae'r allbwn ychydig yn llai na 10% yn fwy

Effeithlonrwydd gwreiddiol = $\dfrac{116 \text{ kW}}{162 \text{ kW}} \times 100 = 72\%$ (2 ff.y.)

Gyda 10% yn fwy o lif: Effeithlonrwydd = $\dfrac{125 \text{ kW}}{178 \text{ kW}} \times 100\% = 70\%$ (2 ff.y.)

∴ Mae'r effeithlonrwydd cyfan yn is ond yn llai na 10% yn is.

C10 Mae'r cam cyntaf yn rhyngweithiad gwan, sy'n cael ei ddangos gan allyriad y niwtrino, sydd felly'n llawer llai tebygol o ddigwydd mewn unrhyw wrthdrawiad addas na'r ail gam sef [rhyngweithiad cryf ac yna] rhyngweithiad electromagnetig.

C11 (a) Cyfradd colli gwres drwy bob m^2 o'r wal yw 0.18 W am bob °C o wahaniaeth yn y tymheredd rhwng y tu mewn a'r tu allan.

(b) Cyfradd colli gwres trwy'r wal = (7.0 × 2.2 – 3.0) m^2 × 0.18 W m^{-2} K^{-1}

$= 2.23 \text{ W K}^{-1}$

Cyfradd colli gwres drwy unedau gwydr dwbl = 4.5 W K^{-1}

Cyfradd colli gwres drwy unedau gwydr triphlyg = 2.4 W K^{-1}

∴ % y lleihad = $\dfrac{4.5 - 2.4}{4.5 + 2.2} \times 100 = 31\%$

(c) Mae'r tymheredd cymedrig yn yr awyr agored yn llawer is yn Norwy, felly mae'r gwres sy'n cael ei golli yn llawer mwy. Felly, mae'r amser talu yn ôl ar gyfer gosod ffenestri gwydr triphlyg yn llawer byrrach.

C12 (a) Cyfradd colli gwres = 8.0 m^2 × 0.62 W m^{-1} K^{-1} × $\dfrac{0.35 \text{ K}}{0.10 \text{ m}}$ = 17 W

(b) Gwahaniaeth tymheredd ar draws yr ynysiad = $\dfrac{0.62}{0.039} \times 0.35\,°\text{C} = 5.56\,°\text{C}$

∴ Cyfanswm y gwahaniaeth tymheredd = 0.35 + 5.56 + 0.35 = 6.3 °C (2 ff.y.)

(c) (i) 17 W = 8.0 m^2 × (22 – 8)°C × U

∴ $U = \dfrac{17 \text{ W}}{8.0 \text{ m}^2 \times 16\,°\text{C}} = 0.13 \text{ W m}^{-2} \text{ K}^{-1}$

(ii)

16°C

wal

aer llonydd

aer llonydd

6.3°C

Ar y naill ochr a'r llall i'r wal mae haen o aer llonydd sydd â dargludedd thermol isel iawn ac felly mae gwahaniaeth tymheredd mawr ar ei draws.

(iii) Byddai'r haen o aer llonydd ar wyneb allanol y wal yn cael ei chwythu i ffwrdd, felly byddai tymheredd yr wyneb allanol yn llawer agosach at dymheredd yr aer amgylchynol.

C13 (a) Allyriad brig $\lambda \sim 0.5$ µm.

Gan ddefnyddio deddf Wien: $= T = \dfrac{W}{\lambda_{\text{brig}}} = \dfrac{2.90 \times 10^{-3}\ \text{m K}}{0.5 \times 10^{-6}\ \text{m}} = 5800\ \text{K} = 6000\ \text{K}$ (1 ff.y.)

(b) $\lambda_{\text{brig}} = \dfrac{W}{T} = \dfrac{2.90 \times 10^{-3}\ \text{m K}}{290\ \text{K}} = 1.0 \times 10^{-5}\ \text{m} = 10$ µm

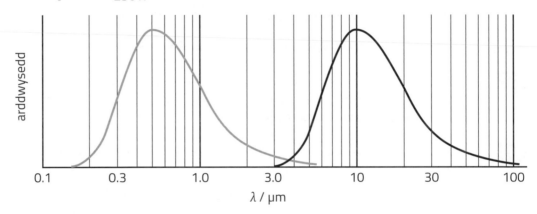

(c) Mae'r rhan fwyaf o'r pelydriad solar rhwng 0.4 a 0.9 µm, felly mae'n cyrraedd wyneb y Ddaear ac yn ei gynhesu. Mae'r pelydriad sy'n cael ei allyrru gan y Ddaear rhwng 3 a 10 µm yn cael ei amsugno'n rhannol gan yr atmosffer ac yn cael ei ail-allyrru, ac mae 50% ohono tuag i lawr ac yn cynhesu'r Ddaear fwy byth. Y mwyaf yw crynodiad y 'nwyon tŷ gwydr', y mwyaf yw'r ffracsiwn o belydriad y Ddaear sy'n cael ei amsugno a'r uchaf yw'r tymheredd ecwilibriwm sy'n cael ei sefydlu – cynhesu byd-eang yw hyn.

C14 (a) Uchder y tanc = $\dfrac{\text{cyfaint}}{\text{arwynebedd trawstoriadol}} = \dfrac{400 \times 10^{-3}\ \text{m}}{\pi \times (0.30\ \text{m})^2} = 1.415$ m

Arwynebedd = arwynebedd y top + arwynebedd yr ochrau

$\qquad = \pi \times (0.30\ \text{m})^2 + 2\pi \times 0.30\ \text{m} \times 1.415\ \text{m}$

$\qquad = 2.95\ \text{m}^2$

(b) Dargludedd thermol y dur yw 1800× dargludedd thermol y PU ac mae trwch y dur yn llawer llai (mae arwynebeddau arwyneb y dur a'r PU bron yr un fath).

(c) (i) $\dfrac{\Delta Q}{\Delta t} = 2.95\ \text{m}^2 \times 0.025\ \text{W m}^{-1}\ \text{K}^{-1} \times \dfrac{45°\text{C}}{0.025\ \text{m}} = 133$ W

(ii) $133\ \text{W} = 2.95\ \text{m}^2 \times 45\ \text{W m}^{-1}\ \text{K}^{-1} \times \dfrac{\Delta\theta}{0.003\ \text{m}}$

$\rightarrow \Delta\theta = 3 \times 10^{-3}\ °\text{C}$ ∴ wedi'i gyfiawnhau.

[Fel arall: $45°\text{C} \times \dfrac{0.025}{45} \times \dfrac{0.3}{2.5} = 0.003°\text{C}$, ∴ wedi'i gyfiawnhau.]

(ch) Mae'r trosglwyddiad gwres o'r storfa thermol, er yn fach, yn codi tymheredd y cwpwrdd, gan leihau'r graddiant tymheredd ac felly'r pŵer sy'n cael ei golli.

Papur Enghreifftiol Uned 3

1.   (a) (i)   Cyflymiad gwrthrych yw ei gyfradd newid cyflymder.

(ii)   Car sy'n teithio ar fuanedd cyson ar ffordd syth wastad. [Mae llawer o atebion posibl.]

(b) (i) $\omega = \dfrac{2\pi \text{ rad}}{24 \text{ s}} = 0.26 \text{ rad s}^{-1}$

(ii) $v = rw = 60 \text{ m} \times 0.262 \text{ rad s}^{-1} = 16 \text{ m s}^{-1}$

(iii) $a = rw^2 = 60 \text{ m} \times (0.262 \text{ rad s}^{-1})^2 = 4.1 \text{ m s}^{-2}$

(c)

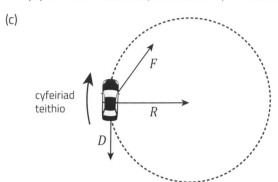

2.   (a) (i) $2T = 3.15 \text{ s} - 0.35 \text{ s}$ felly $T = 1.40 \text{ s}$

$$T = 2\pi\sqrt{\dfrac{m}{k}} \;\therefore\; k = \dfrac{4\pi^2 m}{T^2} = \dfrac{4\pi^2 \times 0.20 \text{ kg}}{(1.40 \text{ s})^2} = 4.0 \text{ N m}^{-1}$$

(ii) $E_{k \text{ mwyaf}} = \tfrac{1}{2}m(A\omega)^2 = \tfrac{1}{2}0.20 \text{ kg} \times \left(0.080\text{m} \times \dfrac{2\pi}{1.40 \text{ s}}\right) = 0.013 \text{ J}$

(iii) **Nodweddion cywir:** E_k bob amser yn bositif. Uchafsymiau wedi'u gwahanu oddi wrth isafsymiau gan y cyfnod amser cywir (0.35 s).
Nodweddion anghywir: Ni ddylai'r isafsymiau fod yn bwyntiog; dylai'r graff fod yn sinwsoid â chyfnod o 0.7 s, wedi'i symud i fyny. Mae'r uchafsymiau ar yr amserau pan ddylai'r isafsymiau fod, ac i'r gwrthwyneb.

(b) (i)   Clampio pren mesur yn fertigol, yn agos at lwybr y sffêr wrth iddo osgiliadu. Nodi darlleniad gwaelod y sffêr yn erbyn y pren mesur ar y pwynt isaf, gan edrych o'r un lefel i leihau cyfeiliornad paralacs. Tynnu'r darlleniad ecwilibriwm o waelod y sffêr. Ailadrodd (rhyddhau'r sffêr wedi'i dynnu i lawr 0.080 m ar $t = 0$) ddwy neu dair gwaith a chymryd gwerth cymedrig o A.

(ii)   Mae llawer o ddulliau ond maen nhw i gyd yn dechrau o dynnu'r gromlin ffit orau a sylwi bod $A_0 = 60.0$ mm.
Yna, ymhlith y dulliau hyn mae (o'r gromlin sydd wedi'i thynnu):
Dull 1
$A(20 \text{ s}) = 15.6 \text{ mm}, \therefore 15.6 = 60.0e^{-20/\tau}, \therefore e^{-20/\tau} = 0.26$

Cymryd logiau $\rightarrow -\dfrac{20 \text{ s}}{\tau} = \ln 0.26 = -1.347$
$\therefore \tau = 14.8 \text{ s}$
Dull 2
60 mm i lawr i 15 mm yw 2 Hanner oes = 20.6 s
$\therefore$ Hanner oes = 10.3 s
$\therefore \tau = \dfrac{10.3 \text{ s}}{\ln 2} = 14.9 \text{ s}$
Dull 3
τ yw'r amser i gwympo i $1/e$ o'r gwerth gwreiddiol = 0.368
$0.368 \times 60.0 \text{ mm} = 22.1 \text{ mm}$
$\therefore$ (o'r graff) $\tau = 15.0 \text{ s}$
Sylwch y bydd arholwr yn defnyddio eich graff i gyfrifo gwerth ar gyfer τ ac yn marcio eich ateb yn unol â hynny.

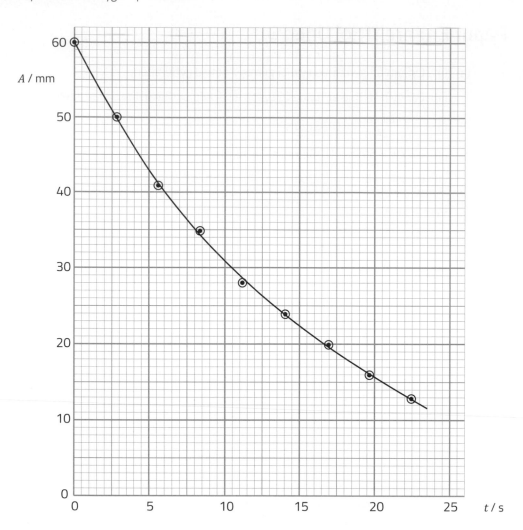

(iii) Plotio ln A yn erbyn t a thynnu llinell syth ffit orau. Mae ganddi raddiant negatif = $-1/\tau$.
Felly mae $\tau = -1/\text{graddiant}$.

3. (a) Mae gwres yn llifo o aer yn yr ystafell gynhesach, drwy groen y balŵn i mewn i'r aer yn y balŵn. Mae hyn yn digwydd wrth i'r moleciwlau yn yr ystafell basio eu EC cymedrig uwch i foleciwlau yn y croen ac oddi yno i'r aer yn y balŵn, mewn gwrthdrawiadau rhwng y moleciwlau. Felly, mae EC cymedrig y moleciwlau aer yn y balŵn yn cynyddu ac mae'r moleciwlau hyn yn taro'r tu mewn i groen y balŵn yn amlach a chyda mwy o newid momentwm nag o'r blaen, felly mae'r gwasgedd mewnol yn cynyddu. Mae croen y balŵn yn ymestyn (drwy gylchdroi bondiau yn y moleciwlau rwber) fel bod y gwasgedd y tu mewn yn cael ei gydbwyso gan wasgedd cyfunol croen y balŵn a'r aer tu allan.

(b) (i) Dwysedd heliwm, $\rho = \dfrac{6.0 \times 0.0040 \text{ kg}}{0.025 \text{ m}^3} = 0.96 \text{ kg m}^{-3}$

$p = \frac{1}{3}\rho \overline{c^2}$, $\therefore$ $c_{\text{isc}} = \sqrt{\dfrac{3p}{\rho}} = \sqrt{\dfrac{3 \times 6.0 \times 10^5 \text{ Pa}}{0.96 \text{ kg m}^{-3}}} = 1.37 \text{ km s}^{-1}$

(ii) Tymheredd, T, y nwy yn y silindr $= \dfrac{pV}{nR} = \dfrac{6.0 \times 10^5 \text{ Pa} \times 0.025 \text{ m}^3}{6.0 \text{ mol} \times 8.31 \text{ J mol}^{-1} \text{ K}^{-1}} = 300 \text{ K (2 ff.y.)}$

Mae tymheredd y nwy yn gostwng pan mae'r silindr wedi'i symud i'r storfa, felly mae buanedd isc y moleciwlau'n gostwng.

4. (a) Q yw'r egni sy'n llifo i mewn i'r system oherwydd gwahaniaeth tymheredd rhwng y system a'i hamgylchoedd.

(b) (i) Gan ddefnyddio $pV = nRT$ ym mhwynt A,

$n = \dfrac{pV}{RT} = \dfrac{9.0 \times 10^4 \text{ Pa} \times 4.0 \times 10^{-3} \text{ m}^3}{8.31 \text{ J mol}^{-1} \text{ K}^{-1} \times 280 \text{ K}} = 0.155 \text{ mol}$

(ii) Gan fod y gwasgedd yn gyson, $\dfrac{T_B}{T_A} = \dfrac{V_B}{V_A} = \dfrac{6.5}{4.0} = 1.625$

Felly $T_B = 1.625 \times 280 \text{ K} = 455 \text{ K}$. Felly $T_B - T_A = 455 \text{ K} - 280 \text{ K} = 175 \text{ K}$

(iii) $U = \frac{3}{2}nRT = \frac{3}{2}pV$, felly ar wasgedd cyson, mae

$\Delta U = \frac{3}{2}p\Delta V = \frac{3}{2}9.0 \times 10^4 \text{ Pa} \times 2.5 \times 10^{-3} \text{ m}^3 = 338 \text{ J}$

$W = p\Delta V = 225 \text{ J}$

$\therefore Q = \Delta U + W = 338 \text{ J} + 225 \text{ J} = 563 \text{ J}$

(iv) Gan fod y cyflyrau cychwynnol a therfynol yr un fath ag yn (iii), mae ΔU yr un fath. Ond mae'r nwy yn gwneud mwy o waith, gan fod yr arwynebedd o dan y llinell graff yn fwy, felly mae'n rhaid i fwy o wres lifo i mewn.

5. (a) A yw nifer y niwclysau sy'n dadfeilio am bob uned amser.

(b) Pan mae $t = T_{1/2}$, $A = \frac{1}{2}A_0$.

$\therefore \frac{1}{2}A_0 = A_0 e^{-\lambda/T_{1/2}}$

$\therefore e^{-\lambda/T_{1/2}} = \frac{1}{2}$

$\therefore -\lambda/T_{1/2} = \ln\frac{1}{2} = -\ln 2$

$\therefore \lambda = \frac{\ln 2}{T_{1/2}}$

(c) (i) $^{32}_{15}\text{P} \rightarrow {}^{32}_{16}\text{S} + {}^{0}_{-1}\text{e} + {}^{0}_{0}\bar{\nu}$

(ii) (I) $A = \lambda N$, $N = \frac{A}{\lambda} = \frac{AT_{1/2}}{\ln 2} = \frac{240 \times 10^9 \text{ Bq} \times (14.2 \times 24 \times 3600) \text{ s}}{\ln 2}$, $= 4.25 \times 10^{17}$

Màs yr atom $^{32}_{15}\text{P} = 32 \text{ u} = 32 \times 1.66 \times 10^{-27} \text{ kg}$

$\therefore$ Màs y sampl $= 4.25 \times 10^{17} \times 32 \times 1.66 \times 10^{-27} \text{ kg} = 2.3 \times 10^{-8} \text{ kg}$ (23 µg)

(II) Mae mynd o 240 Bq i 180 Bq yn golygu colled o chwarter yr actifedd cychwynnol.
Ond mae cyfradd y golled yn fwy yn y chwarter cyntaf na'r ail.
Felly mae'r gostyngiad o 240 Bq i 180 Bq yn cymryd llai na hanner yr hanner oes ac mae Rhian yn gywir.

6. (a) (i) Diffyg màs $^{7}_{3}\text{Li} = (3 \times 1.00728 + 4 \times 1.00866 - 7.01435) \text{ u} = 0.04213 \text{ u}$
Felly mae'r egni clymu $= 0.04213 \times 931 \text{ MeV} = 39.22 \text{ MeV}$,

ac mae'r egni clymu fesul niwcleon $= \frac{39.22 \text{ MeV}}{7} = 5.60 \text{ MeV}$

(ii) (I)

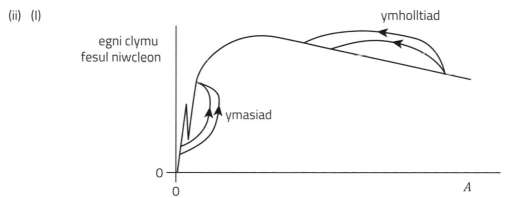

(II) Mewn ymholltiad ac ymasiad, mae nifer y niwcleonau yn aros yr un fath ond mae'r egni clymu fesul niwcleon yn cynyddu (gweler y diagram), felly mae'r egni màs yn y niwclysau'n lleihau. Gan fod egni'n cael ei gadw, mae'r egni màs sy'n cael ei golli yn cael ei ryddhau fel egni cinetig.

(b) (i) 0.800 MV

(ii) Cyfanswm EC $^{4}_{2}\text{He} = \text{EC p} + \text{egni màs p} + \text{egni màs } ^{7}_{3}\text{Li}$
$- 2 \times \text{egni màs } ^{4}_{2}\text{He}$

$\therefore$ Cyfanswm EC $^{4}_{2}\text{He} = 0.800 \text{ MeV} + (1.00728 + 7.01435 - 2 \times 4.00151) \times 931 \text{ MeV}$
$= 18.1 \text{ MeV}$

(iii) Er mwyn cadw momentwm, rhaid i'r $^{4}_{2}\text{He}$ sy'n cael ei ryddhau i'r cyfeiriad roedd y proton yn teithio iddo gael mwy o fomentwm na'r $^{4}_{2}\text{He}$ sy'n cael ei ryddhau i'r cyfeiriad dirgroes. Ond mae'r masau'n hafal, felly rhaid i'r $^{4}_{2}\text{He}$ cyntaf fod yn symud yn gyflymach a chael mwy o EC na'r ail.

Papur Enghreifftiol Uned 4

ADRAN A

1. (a)

$$C = \frac{2.0\,\mu F \times 3.0\,\mu F}{2.0\,\mu F + 3.0\,\mu F} = 1.2\,\mu F \qquad C = 2.0\,\mu F + 3.0\,\mu F = 5\,\mu F$$

(b) Colled egni gan y cynhwysydd 10 F $= \frac{1}{2}CV_1^2 - \frac{1}{2}CV_2^2$

$$= \frac{1}{2} \times 10(6^2 - 4.5^2)\,J$$

$$= 79\,J$$

Egni sydd ei angen ar gyfer 2 funud o frwsio $= 0.75\,W \times 120\,s = 90\,J$
∴ mae 10 F yn rhy fach.

(c) (i) Gan rannu trwy'r hafaliad sy'n cael ei roi â C: $\frac{Q}{C} = \frac{Q_0}{C}e^{-t/CR}$, ∴ $V = V_0 e^{-t/CR}$

Gan gymryd logiau'r meintiau [rhifiadol] ar y ddwy ochr:

$$\ln(V/V) = \ln(V_0/V) + \ln(e^{-t/CR})$$

∴ $\ln(V/V) = \ln(V_0/V) - \frac{1}{CR}\,t$

(ii) Gwerthoedd eithafol y gp yw 5.43 V a 5.88 V (ac mae'r rhain bron yn gytbell o gwmpas y gwerth cymedrig o 5.64 V).
ln 5.43 = 1.69; ln 5.88 = 1.77 felly mae'r bar cyfeiliornad wedi'i blotio'n gywir.

(iii)

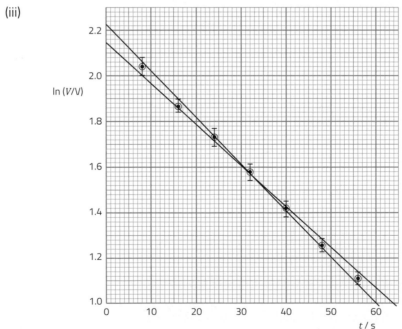

$$\text{graddiant} = -\frac{1}{CR}$$

∴ $C = -\dfrac{1}{\text{graddiant} \times R}$

Graddiant lleiaf $= \dfrac{1.00 - 2.22}{60.0\,s}$; Graddiant mwyaf $= \dfrac{1.00 - 2.14}{63.8\,s}$

∴ C lleiaf $= \dfrac{60.0\,s}{1.22 \times 68\,000\,\Omega} = 723\,\mu F$; C mwyaf $= \dfrac{63.8\,s}{1.14 \times 68\,000\,\Omega} = 823\,\mu F$

Felly $C = (770 \pm 50)\,\mu F$ (2 ff.y.)

2.　(a)　$E = \dfrac{\text{grym ar y wefr (brawf)}}{\text{gwefr (brawf)}}$

(b)　$E = \dfrac{Q}{4\pi\varepsilon_0 r^2}$,

$\therefore Q = 4\pi\varepsilon_0 r^2 E = 4\pi \times 8.85 \times 10^{-12} \times 0.10^2 \times 2.0 \text{ C}$

$\qquad = 2.22 \text{ pC}$

(c)

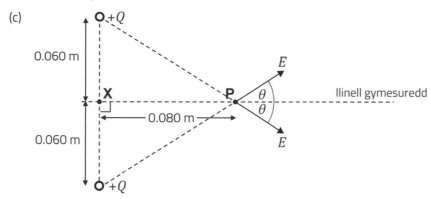

$r = \sqrt{0.060^2 + 0.080^2}$ m = 0.10 m. Felly mae E (gweler y diagram) yn 2.0 N C^{-1}

$\therefore$ Cryfder maes cydeffaith ym mhwynt **P** $= 2E \cos\theta = 2 \times 2.0 \times \dfrac{0.080}{0.100}$

$\qquad\qquad = 3.2$ N C^{-1} i'r dde

(ch) EC sy'n cael ei ennill gan ïon = EP trydanol sy'n cael ei golli. $\therefore \frac{1}{2}mv^2 = 2 \times \dfrac{Qq}{4\pi\varepsilon_0 \times 0.060 \text{ m}}$

$\therefore v = \sqrt{\dfrac{4Qq}{4\pi\varepsilon_0 m \times 0.060 \text{ m}}} = \sqrt{9.0 \times 10^9 \dfrac{4 \times 2.22 \times 10^{-12} \times 1.60 \times 10^{-19}}{1.05 \times 10^{-25} \times 0.060}}$ m s^{-1}

$\qquad = 1.4$ km s^{-1}

(d)　Pan mae'r ïon yn cychwyn o X, mae $\cos\theta$ yn cynyddu o sero, ac felly hefyd y cryfder maes *cydeffaith* a chyflymiad yr ïon. Mae Elodie wedi methu hyn. Ond wrth i'r ïon deithio ymlaen, mae'r gostyngiad (deddf sgwâr gwrthdro) yn y cryfder maes oherwydd pellter cynyddol o'r gwefrau (Q) yn dod yn ffactor pwysig, ac mae cyflymiad yr ïon yn gostwng (yn asymptotig i sero).

3.　(a)　(i)　Cyfnod = 3.2 blwyddyn = 3.2 × 3.16 × 10^7 s = 1.01 × 10^8 s

buanedd orbitol = 120 m s^{-1}

Felly mae radiws orbitol y seren = $\dfrac{120 \text{ m s}^{-1} \times 1.01 \times 10^8 \text{ s}}{2\pi}$ = 1.93 × 10^9 m

(ii)　Gan dybio bod màs y blaned yn ddibwys

$\therefore T = 2\pi\sqrt{\dfrac{d^3}{GM_s}}$, $\therefore d^3 = \left(\dfrac{1.01 \times 10^8}{2\pi}\right)^2 \times 6.67 \times 10^{-11} \times 4.67 \times 10^{30}$ m^3

$\therefore d = 4.32 \times 10^{11}$ m

(iii)　$m_p r_p = m_s r_s$

Ond $m_s \gg m_p$ felly $r_s \ll r_p$ felly, i frasamcan da, mae $r_p = d$

$\therefore m_p = m_s \dfrac{r_s}{d} = 4.67 \times 10^{30}$ kg × $\dfrac{1.93 \times 10^9 \text{ m}}{4.32 \times 10^{11} \text{ m}}$ = 2.1 × 10^{28} kg

(b)　Mae'n naturiol meddwl tybed a oes bywyd deallus ar blanedau eraill, a byddai cefnogaeth boblogaidd i brosiectau a allai arwain yn y pen draw at ei ddarganfod.

Ond oherwydd bod allblanedau tebyg i'r Ddaear yn debygol o fod yn bell iawn i ffwrdd, ac oherwydd buanedd meidraidd golau, mae cyfathrebu dwy ffordd yn annhebygol o fod yn ymarferol byth.

Gallai prosiectau eraill yr un mor, neu fwy, gwerthfawr a mwy sylfaenol ddioddef.

4.　(a)　$H_0 = \dfrac{\text{buanedd enciliol galaeth}}{\text{pellter galaeth oddi wrthyn ni}}$

(b)　(i)　$\dfrac{v}{c} = \dfrac{\Delta\lambda}{\lambda}$ a $H_0 = \dfrac{v}{D}$

felly $D = \dfrac{c}{H_0}\dfrac{\Delta\lambda}{\lambda} = \dfrac{3.00 \times 10^8 \text{ m s}^{-1}}{2.20 \times 10^{-18} \text{ s}^{-1}} \times \dfrac{694 - 656}{656}$ = 7.9 × 10^{24} m

(ii) Oed y bydysawd $-\dfrac{1}{H_0} = \dfrac{1}{2.20 \times 10^{-18} \text{ s}^{-1}} = 4.54 \times 10^{17}$ s [14×10^9 blwyddyn]

Dydy'r bydysawd ddim wedi bod yn ehangu ar raddfa gyson.

(c) $\left[\dfrac{3H_0^2}{8\pi G}\right] = \dfrac{(\text{s}^{-1})^2}{\text{N kg}^{-2}\,\text{m}^2} = \dfrac{\text{s}^{-2}}{(\text{kg m s}^{-2})\,\text{kg}^{-2}\,\text{m}^2} = \text{kg m}^{-3} = [\rho_c]$

∴ Homogenaidd

5. (a) (i) Bydd cerrynt o derfynell bositif y batri yn y cyfeiriad XY.

Yn ôl rheol Modur Llaw Chwith Fleming, bydd y grym ar y wifren tuag i fyny, felly does dim angen gwrthdroi'r batri.

(ii) Ar gyfer ecwilibriwm yn y safle gwreiddiol gyda'r swîts ar gau, $BI\ell = mg$

∴ $B = \dfrac{mg}{I\ell} = \dfrac{4.50 \times 10^{-3} \times 9.81}{4.20 \times 0.15}$ T = 70 mT

(b) Wrth i'r rhoden symud i fyny mae'n torri fflwcs magnetig, felly mae g.e.m. yn cael ei anwytho ynddi. Os yw'r switsh ar gau, mae'r rhoden yn ffurfio rhan o gylched ddargludol gyflawn, WXYZ. Felly mae cerrynt yn y rhoden, sydd o'r dde i'r chwith ar ongl (sgwâr) i gyfeiriad y maes. Felly, mae'r rhoden yn profi grym ('effaith modur') tuag i lawr.

6. (a) Mae'r cludyddion gwefr symudol yn gyfystyr â cherrynt o'r chwith i'r dde, felly maen nhw'n cael eu hallwyro tuag i fyny gan y maes magnetig. Felly mae gwefr bositif yn cael ei rhoi i dop y waffer a gwefr negatif i'r wyneb gwaelod, sydd wedi'i ddisbyddu o gludyddion gwefr. Felly, mae maes trydanol, E, tuag i lawr.

Yn fuan, dydy cludyddion ddim yn cael eu hallwyro mwyach, oherwydd mae gennyn ni gyflwr sefydlog, pan fydd

Y grym trydanol ar gludydd gwefr = –y grym magnetig ar gludydd gwefr

Felly mae meintiau'r grymoedd hyn yn hafal: h.y. $Eq = Bqv$

Ond $E = \dfrac{\text{gp rhwng } \mathbf{X} \text{ ac } \mathbf{Y}}{\text{pellter rhwng } \mathbf{X} \text{ ac } \mathbf{Y}} = \dfrac{V_H}{b}$

∴ $\dfrac{V_H}{b} = Bv$ hynny yw $V_H = bBv$

(b) Rydyn ni'n gwybod bod $I = nAvq$ lle, yn yr achos hwn, mae $A = ab$, ∴ $v = \dfrac{I}{nabq}$.

Rydyn ni'n gweld, os yw a yn llai neu os yw n yn llai, bydd v yn fwy. Os bydd y naill neu'r llall yn wir, bydd V_H yn fwy. [Mae effeithiau newid b yn canslo.]

(c) Mae'n amlwg bod y gp Hall sy'n cael ei fesur pan nad oes cerrynt trwy'r wifren yn gyfeiliornad sero. Mae ei dynnu o'r tri darlleniad cyntaf yn lleihau'r rhain i 65, 42, 32.

Oherwydd bod $B = \dfrac{\mu_0 I}{2\pi r}$, lle mae $\dfrac{\mu_0 I}{2\pi}$ yn gyson, dylai Br ac felly rV_H fod yn gyson.

Gan wirio $(r/\text{mm}) \times (V_H/V)$: $40 \times 65 = 2600$; $60 \times 42 = 2520$; $80 \times 32 = 2560$

Mae'r canlyniadau hyn yn gyson â'r ddeddf wrthdro ddisgwyliedig, gan gofio bod y data arbrofol i 2 ffigur ystyrlon yn unig.

7. (a)

(b) (i) $B = \mu_0 nI$,

∴ $\dfrac{\Delta B}{\Delta t} = \mu_0 n \dfrac{\Delta I}{\Delta t} = 4\pi \times 10^{-7} \times \dfrac{400}{0.80} \times 0.60$ T s$^{-1} = 3.77 \times 10^{-4}$ T s^{-1}

(ii) $|\text{g.e.m.}| = \dfrac{\Delta\Phi}{\Delta t} = N\pi r^2 \dfrac{\Delta B}{\Delta t} = 250 \times \pi \times 0.015^2 \times 3.77 \times 10^{-4}$ V = 67 μV

Opsiwn A: Ceryntau eiledol

8.   (a) P / kW

Sylwer bod y wedd yn fympwyol.

(b) (i)   Cyfanswm y rhwystriant $Z = \sqrt{R^2 + X^2} = \sqrt{30^2 + 40^2} = 50\ \Omega$

∴ Cerrynt, $I = \dfrac{V}{Z} = \dfrac{12\ \text{V}}{50\ \Omega} = 0.24\ \text{A}$

∴ $V_R = 0.24\ \Omega \times 30\ \Omega = 7.2\ \text{V}$ a $V_C = 0.24\ \Omega \times 40\ \Omega = 9.6\ \text{V}$

(ii)   Mae'r ddau foltedd [90°] yn anghydwedd â'i gilydd $\left[\text{felly } V_{cyf} = \sqrt{V_R^2 + V_C^2} \right]$.

(iii)   Cyfanswm yr adweithedd yw $|X_L - X_C|$, sy'n llai nag X_C cyhyd â bod $X_L < 2X_C$. Felly bydd cyfanswm y rhwystriant yn llai, bydd y cerrynt yn fwy ac felly bydd y gp ar draws y gwrthydd yn fwy. Ond os yw $X_L > 2X_C$, bydd cyfanswm y rhwystriant yn fwy a bydd y gp ar draws y gwrthydd yn llai.

(c) (i)   Mae Nigel wedi cynyddu [dyblu] y cynnydd-Y. Mae hefyd wedi addasu'r safle Y, fel bod brigau'r tonnau ar linell grid, a'r safle X fel bod safle gwaelod y tonnau yn hawdd ei ddarllen o'r raddfa. Mae'r rhain i gyd yn lleihau'r ansicrwydd yn y foltedd brig ac felly yn y cerrynt.

(ii) (I)   2 gyfnod = 6.2 Rhaniad = 124 µs, ∴ Cyfnod = 62 µs

∴ Amledd = $\dfrac{1}{62\ \text{µs}}$ = 16 kHz (2 ff.y.)

(II)   Osgled = $\dfrac{1}{2}$ × 5.5 rhaniad = 27.5 mV

∴ Cerrynt brig = $\dfrac{27.5\ \text{mV}}{12\ \text{k}\Omega}$ = 2.29 µA

∴ Cerrynt isc = 1.6 µA (2 ff.y.)

(iii)   Pe bai'r amserlin yn cael ei gynyddu i 10 µs rhaniad⁻¹ dim ond un gylchred gyfan fyddai ar y sgrin gyda hyd cylchred o 7.6 rhaniad, felly nid yw'n fwy manwl gywir.

Opsiwn B: Ffiseg feddygol

9. (a) (i) Oediad amser = 32 − 11 = 21 ms

    Pellter = buanedd × amser = 1620 m s^{-1} × 21 × 10^{-6} s = 34.02 mm

    Gan fod hyn yn adlewyrchiad, y pellter gwirioneddol yw 17 mm

    (ii) Cymhareb yr arddwyseddau = $\dfrac{(1.74 - 1.53)^2}{(1.74 + 1.53)^2}$ = 0.004 12, h.y. 0.412 %

    (iii) Mae rhwystriant acwstig meinwe filiwn o weithiau'n fwy na rhwystriant acwstig aer. Mae hyn yn golygu bod bron yr holl uwchsain yn cael ei adlewyrchu ar ffiniau meinwe–aer. Bydd swigod rhwng y trawsddygiadur a'r croen yn achosi adlewyrchiad o 100% ac yn difetha'r sgan. Mae hyn yn cael ei osgoi drwy ddefnyddio gel cyplysu (sydd wedi'i gynllunio i fod â rhwystriant acwstig tebyg i feinwe).

    (b) (i) Tonfedd leiaf = 30 pm o'r graff.

    $$eV = \frac{hc}{\lambda} \rightarrow V = \frac{hc}{e\lambda} = \frac{6.63 \times 10^{-34} \text{ J s} \times 3 \times 10^{8} \text{ m s}^{-1}}{1.60 \times 10^{-19} \text{ C} \times 30 \times 10^{-12} \text{ m}} = 41 \text{ kV}$$

    (ii) Mae'r llinell sbectrwm yn cael ei achosi gan electron mewnol y targed sy'n cael ei fwrw allan gan un o'r electronau 41 keV. Yna gall electron arall ddisgyn o lefel egni uwch i gymryd ei le. [Mae'r ddwy lefel egni yn gul fel bydd y rhain yn donfeddi penodol iawn.]

    (c) (i) Amledd Larmor = 42.6 MHz T^{-1} × B = 42.6 MHz T^{-1} × 1.50 T = 63.9 MHz

    (ii) Gan fod amledd Larmor yn amrywio ar hyd corff y claf. Bydd amledd Larmor penodol yn sganio 'sleis' benodol o'r claf – gan gynhyrchu delwedd 2D o'r sleis honno. [Wrth i'r amledd Larmor amrywio, bydd y sleisiau 2D hyn yn creu delwedd 3D o'r claf.]

    (iii) Mae gan wahanol feinweoedd grynodiadau gwahanol o niwclysau hydrogen [oherwydd crynodiadau dŵr gwahanol] sy'n cynhyrchu amseroedd ymlacio gwahanol. [Dyma'r amser mae'n ei gymryd i'r niwclysau hydrogen fflipio'n ôl i'w haliniad gwreiddiol â'r maes magnetig.] Mae'r sganiwr MRI yn canfod y gwahaniaethau hyn.

    (ch) Mantais sganiwr MRI yw nad oes unrhyw belydriad sy'n ïoneiddio yn gysylltiedig. Un o anfanteision sganiwr MRI yw nad yw'n bosibl ei ddefnyddio ar gleifion sydd â mewnblaniadau metel neu reoliadur y galon (er bod rheoliaduron y galon sy'n gyfeillgar i MRI wedi bod ar gael ers 2011).

Opsiwn C: Ffiseg chwaraeon

10.   (a)   Mae'r padl fyrddiwr yn sefydlog cyn belled â bod ei chraidd disgyrchiant uwchben y 'sail'. Mae'r craidd disgyrchiant yn uchel o'i gymharu â lled y sylfaen felly bydd symudiad bach yn achosi i'r bwrdd padlo ogwyddo (gan leihau lled y sail ymhellach) a mynd â'r craidd disgyrchiant y tu allan i'r sail.

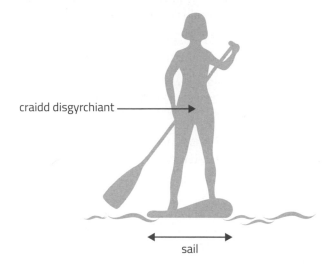

craidd disgyrchiant ————————>

sail

(b)   (i)   Mae'r aer yn cael ei allwyro tuag i fyny gan yr adenydd, gan ennill momentwm fertigol. Grym yw cyfradd newid momentwm (ail ddeddf Newton), felly mae'r car yn rhoi grym tuag i fyny ar yr aer, sy'n rhoi grym hafal a dirgroes (h.y. tuag i lawr) ar y car, yn ôl trydedd ddeddf Newton.

Dydy'r car ddim yn cyflymu'n fertigol, felly does dim unrhyw gydran fertigol o rym. Mae'r grym cyffwrdd normal yn hafal i swm pwysau'r car a'r grym tuag i lawr sy'n cael ei gynhyrchu gan yr adenydd, felly mae'n fwy na phe na bai'r adenydd yno.

(ii)   Mae cynyddu'r grym cyffwrdd normal yn cynyddu'r gafael mwyaf, sy'n rhoi cyflymiad mwyaf uwch, ac felly buaneddau cymedrig uwch ar rannau syth. Wrth fynd o amgylch tro, mae'r gafael yn rhoi'r grym mewngyrchol, felly mae mwy o afael yn caniatáu buaneddau cornelu uwch. Mae buanedd cymedrig mwy yn rhoi amser lap llai.

(c)   (i)   Cydran lorweddol y cyflymder = $6.50 \cos 65°$ m s^{-1}
Does dim grymoedd llorweddol ar y bêl, felly mae cydran lorweddol y cyflymder yn gyson.

$$\therefore \text{Amser sy'n cael ei gymryd} = \frac{x}{t} = \frac{3.0 \text{ m}}{6.50 \cos 65° \text{ m s}^{-1}} = 1.09(2) \text{ s}$$

(ii)   Uchder ar ôl amser t $= 2.50 + ut \sin\theta - \frac{1}{2}gt^2$

Felly ar ôl 1.135 s, mae h $= 2.50$ m $+ 6.5$ m s$^{-1} \times 1.092 \sin 65° - 4.905$ m s$^{-2} \times (1.092$ s$)^2$

$= 3.08$ m

Mae hyn bron yr un uchder â'r ddolen, felly bydd y bêl yn bownsio oddi ar y ddolen a ddim yn mynd trwodd.

Opsiwn CH: Egni a'r amgylchedd

11. (a) (i) Mae dwysedd dŵr llawer yn fwy na dwysedd aer (1000 kg m^{-3} o'i gymharu â 1.2 kg m^{-3}, h.y. tua 800×). Mae buanedd y dŵr yn llif y llanw yn debyg i fuanedd y gwynt.

∴ Ar gyfer yr un pŵer: $\dfrac{A_{dŵr}}{A_{aer}} \sim \dfrac{1}{800}$ ∴ $\dfrac{l_{dŵr}}{l_{aer}} \sim \dfrac{1}{\sqrt{800}} \sim \dfrac{1}{30}$, lle l yw hyd llafnau'r tyrbin.

[Sylwch bod modd cael marciau llawn am ateb ansoddol da i'r cwestiwn hwn.]

(ii) (I) Ar gyfer cyfradd llif cyfaint benodol, y mwyaf cul yw'r sianel y mwyaf yw buanedd y llif. Mae'r safle arfaethedig ar y pwynt mwyaf cul lle mae gan y dŵr yr egni cinetig mwyaf.

(II) Mae'r gwynt yn amrywiol iawn, ond mae gan y llanw uchderau rhagweladwy ac felly mae cynhyrchu pŵer yn rhagweladwy. Bydd pedwar cyfnod yn ystod y dydd pan fydd hi'n bosibl rhagweld y llif mwyaf.

(III) Ar adegau llanw uchel ac isel, ni fydd llif ('dŵr llac') ac felly dim cynhyrchu trydan. Hefyd, bydd maint y llif yn amrywio drwy gydol y dydd sy'n golygu bod angen storio egni neu ei gadw wrth gefn.

(IV) $P_{allan} = 0.35 \times \frac{1}{2}\pi l^2 \rho v^3$

∴ $l^2 = \dfrac{2P_{allan}}{0.35\,\pi\rho v^3} = \dfrac{2.0 \times 3.0 \times 10^6 \text{ W}}{0.35\,\pi \times 1020 \text{ kg m}^{-3} \times (8.0 \text{ m s}^{-1})^3}$

∴ l = 3.2 m (2 ff.y.)

(b) (i) Ymholltiad niwclear yw'r broses lle mae niwclews niwclid ymholltog, e.e. ^{235}U, yn amsugno niwtron araf (thermol) ac yn hollti'n ddau ddarn masfawr a sawl niwtron, ac yn rhyddhau swm mawr o egni.

Ymasiad niwclear yw'r broses lle mae dau niwclews ysgafn yn gwrthdaro ar egni digon uchel i nesáu at ei gilydd a chyfuno i roi un niwclews trymach (yn aml gan allyrru niwtron) a rhyddhau swm mawr o egni.

(ii) Mae'n rhaid i'r niwclysau nesáu o fewn 10^{-14} m felly mae angen iddyn nhw fod ar dymheredd uchel ($\sim 10^8$ K), felly mae angen eu hynysu o waliau'r cynhwysydd. Mae'n rhaid i'r dwysedd nifer fod yn uchel er mwyn sicrhau nifer fawr o wrthdrawiadau am gyfnod hir o amser.

(c) Gadewch i dymheredd y ffin concrit/PU fod yn θ. Mae'r llif gwres trwy'r concrit a'r PU yn hafal, felly

$\dfrac{\Delta Q}{\Delta t} = A \times 0.92 \text{ W m}^{-1}\,°\text{C}^{-1} \times \dfrac{\theta - (-5\,°\text{C})}{3.5 \text{ cm}} = A \times 0.034 \text{ W m}^{-1}\,°\text{C}^{-1} \times \dfrac{15\,°\text{C} - \theta}{2.5 \text{ cm}}$

∴ 19.3 $(\theta + 5\,°\text{C}) = 15\,°\text{C} - \theta$

∴ 20.3 $\theta = -81.5\,°\text{C}$

∴ $\theta = -4.01\,°\text{C}$

∴ Llif gwres trwy'r PU, $\dfrac{\Delta Q}{\Delta t} = 20 \text{ m}^2 \times 0.034 \text{ W m}^{-1}\,°\text{C}^{-1} \times \dfrac{19.01\,°\text{C}}{2.5 \times 10^{-2}\text{m}} = 520$ W (2 ff.y.)

Mae hyn yn llai nag 1 kW, felly mae'r awgrym yn ddilys.

Nodiadau